**11—029职业技能鉴定指**

职业标准·

U0679733

汽轮机辅机检修

（第二版）

电力行业职业技能鉴定指导中心　编

电力工程　汽轮机运行与 检修专业

中国电力出版社
CHINA ELECTRIC POWER PRESS

内 容 提 要

　　本《指导书》是按照劳动和社会保障部制定国家职业标准的要求编写的，其内容主要由职业概况、职业技能培训、职业技能鉴定和鉴定试题库四部分组成，分别对技术等级、工作环境和职业能力特征进行了定性描述；对培训期限、教师、场地设备及培训计划大纲进行了指导性规定。本《指导书》自1999年出版后，对行业内职业技能培训和鉴定工作起到了积极的作用，本书在原《指导书》的基础上进行了修编，补充了内容，修正了错误。

　　试题库是根据《中华人民共和国国家职业标准》和针对本职业（工种）的工作特点，选编了具有典型性、代表性的理论知识（含技能笔试）试题和技能操作试题，还编制有试卷样例和组卷方案。

　　《指导书》是职业技能培训和技能鉴定考核命题的依据，可供劳动人事管理人员、职业技能培训及考评人员使用，亦可供电力（水电）类职业技术学校和企业职业学习参考。

图书在版编目（CIP）数据

汽轮机辅机检修：11–029 / 电力行业职业技能鉴定指导中心编.
—2版. —北京：中国电力出版社，2012.1（2023.3重印）
（职业技能鉴定指导书. 职业标准试题库）
ISBN 978–7–5123–1752–9

Ⅰ. ①汽… Ⅱ. ①电… Ⅲ. ①火电厂–蒸汽透平–检修–职业技能–鉴定–习题集 Ⅳ. ①TM621.4–44

中国版本图书馆 CIP 数据核字（2011）第 101982 号

中国电力出版社出版、发行

（北京市东城区北京站西街19号　100005　http://www.cepp.sgcc.com.cn）
三河市百盛印装有限公司印刷
各地新华书店经售

*

2002年12月第一版

2012年1月第二版　　2023年3月北京第十四次印刷
850毫米×1168毫米 32开本 12.875印张 328千字
印数28501-29500册　定价：60.00元

电力职业技能鉴定题库建设工作委员会

主　任　徐玉华

副主任　方国元　王新新　史瑞家　杨俊平

　　　　　陈乃灼　江炳思　李治明　李燕明

　　　　　程加新

办公室　石宝胜　徐纯毅

委　员（按姓氏笔画为序）

　　　　　马建军　马振华　马海福　王　玉

　　　　　王中奥　王向阳　王应永　丘佛田

　　　　　吕光全　朱兴林　刘树林　许佐龙

　　　　　杨　威　杨文林　杨好忠　杨耀福

　　　　　李　杰　李生权　李宝英　吴剑鸣

　　　　　张　平　张龙钦　张彩芳　陈国宏

　　　　　季　安　金昌榕　南昌毅　倪　春

　　　　　徐　林　奚　珣　高　琦　高应云

　　　　　章国顺　谌家良　董双武　景　敏

　　　　　焦银凯　路俊海　熊国强

第一版编审人员

编写人员　　袁佩玉　　李群雄　　王建中

　　　　　　　　沈振飞　　钱建明　　等

审定人员　　吕子路　　马明礼　　程光俊

第二版编审人员

编写人员（修订人员）

　　　　　　李增华　　樊晓文

审定人员　　杨　林　　吕宗和　　周汝军

　　　　　　翁汉伟

说　明

为适应开展电力职业技能培训和实施技能鉴定工作的需要，按照劳动和社会保障部关于制定国家职业标准，加强职业培训教材建设和技能鉴定试题库建设的要求，电力行业职业技能鉴定指导中心统一组织编写了电力职业技能鉴定指导书（以下简称《指导书》）。

《指导书》以电力行业特有工种目录各自成册，于1999年陆续出版发行。

《指导书》的出版是一项系统工程，对行业内开展技能培训和鉴定工作起到了积极作用。由于当时历史条件和编写力量所限，《指导书》中的内容已不能适应目前培训和鉴定工作的新要求，因此，电力行业职业技能鉴定指导中心决定对《指导书》进行全面修编，在各网省电力（电网）公司、发电集团和水电工程单位的大力支持下，补充内容，修正错误，使之体现时代特色和要求。

《指导书》主要由职业概况、职业技能培训、职业技能鉴定和鉴定试题库四部分内容组成。其中，职业概况包括职业名称、职业定义、职业道德、文化程度、职业等级、职业环境条件、职业能力特征等内容；职业技能培训包括对不同等级的培训期限要求，对培训指导教师的经历、任职条件、资格要求，对培训场地设备条件的要求和培训计划大纲、培训重点、难点以及对学习单元的设计等；职业技能鉴定的依据是《中华人民共和国国家职业标准》，其具体内容不再在本书中重复；鉴定试题库是根据《中华人民共和国国家职业标准》所规定的范围和内容，以实际技能操作为主线，按照选择题、判断题、简答题、计算题、绘图题和论述题六种题型进行选题，并以难易程度组合排列，同时汇集了大量电力生产建设过程中具有普遍代表性和典型性的实际操作试题，构成了各工种的技能鉴定试题库。试题库的深度、广度涵盖了本职业技能鉴定的全部内容。题库之后还附有试卷样例和组卷方案，为实施鉴定命题提供依据。

《指导书》力图实现以下几项功能：劳动人事管理人员可根据《指导书》进行职业介绍，就业咨询服务；培训教学人员可按照《指导书》中的培训大纲组织教学；学员和职工可根据《指导书》要求，制订自学计划，确立发展目标，走自学成才之路。《指导书》对加强职工队伍培养，提高队伍素质，保证职业技能鉴定质量将起到重要作用。

本次修编的《指导书》仍会有不足之处，敬请各使用单位和有关人员及时提出宝贵意见。

电力行业职业技能鉴定指导中心

2008 年 6 月

目 录

1 ▼ 职业概况

1.1 职业名称

汽轮机辅机检修（11—029）。

1.2 职业定义

指从事火力发电厂的凝汽设备，高、低压加热器，除氧器以及管道、阀门检修维护工作的人员。

1.3 职业道德

热爱本职工作，刻苦钻研技术，遵守劳动纪律，爱护工具、设备，安全文明生产，诚实友善，团结协作，艰苦朴素，尊师爱徒。

1.4 文化程度

中等职业学校毕（结）业。

1.5 职业等级

本职业按照国家职业资格等级的规定分为初级（五级），中级（四级），高级（三级），技师（二级），高级技师（一级）共五个等级。

1.6 职业环境条件

室内作业。现场就地操作，环境温度高、湿度大，有一定噪声和灰尘，有部分高空作业。

1.7 职业能力特征

能独立和合作完成汽轮机辅机设备常规项目的检修；能根据设备运行中的异常情况对其缺陷作出正确的分析、判断，制订检修方案并进行正确处理。有领会理解和应用技术文件的能力，有用精练语言进行联系、交流的能力，并有能准确而有目的地运用数字进行运算、凭思维想象几何形体和懂得三维物体的二维表现方法的能力及识绘图的能力。

2 ▼ 职业技能培训

2.1 培训期限

2.1.1 初级工：累计不少于 500 标准学时。

2.1.2 中级工：在取得初级职业资格的基础上累计不少于 400 标准学时。

2.1.3 高级工：在取得中级职业资格的基础上累计不少于 400 标准学时。

2.1.4 技师：在取得高级职业资格的基础上累计不少于 350 标准学时。

2.1.5 高级技师：在取得技师职业资格的基础上累计不少于 350 标准学时。

2.2 培训教师资格

2.2.1 具有中级以上专业技术职称的工程技术人员和高级技师可担任初、中级工的培训教师。

2.2.2 具有高级以上专业技术职称的工程技术人员和高级技师可担任高级工、技师和高级技师的培训教师。

2.3 培训场地设备

2.3.1 具有本职业（工种）基础知识培训的教室和教学设备。

2.3.2 具有基本技能训练的实习场地及实际操作训练设备。

2.3.3 本厂生产现场实际设备。

2.4 培训项目

2.4.1 培训目的：通过培训达到《职业技能鉴定规范》对本专

业的知识和技能要求。

2.4.2 培训方式：以自学和脱产学习相结合的方式，进行基础理论知识、相关知识和操作技能训练。

2.4.3 培训重点：

（1）汽轮机辅机检修知识包括：① 凝汽器；② 高压加热器；③ 低压加热器；④ 轴封加热器；⑤ 冷却器；⑥ 除氧器；⑦ 抽气器；⑧ 管道阀门支吊架等设备的构造、性能、工作原理、主要检修方法和检修工艺规程的知识。

（2）汽轮机辅机技能知识包括：①～⑧等设备的解体、清理检查、检修、装复及调试等操作的技能。

（3）汽轮机辅机检修技术管理的知识和技能。

2.5 培训大纲

本职业技能培训大纲以模块组合（MES）—模块（MU）—学习单元（LE）的结构模式进行编写，其学习目标及内容见表1，职业技能模块及学习单元对照选择表见表 2，学习单元名称见表3。

表1　　　　　　　职业技能培训大纲学习目标及内容

模块序号及名称	单元序号及名称	学习目标	学习内容	学习方式	参考学时
MU1 发电厂检修人员职业道德	LE1 汽轮机辅机检修工的职业道德及电力法规	通过本单元学习之后，了解发电厂汽轮机辅机检修工的职业道德规范，并能自觉遵守行为规范准则和电力法规的规定	1. 热爱祖国，热爱本职工作； 2. 刻苦学习，钻研技术； 3. 爱护设备、工具； 4. 团结协作、诚实友善； 5. 遵守纪律，安全文明； 6. 尊师爱徒，严守岗位职责； 7. 电力法规的内容	自学	2

模块序号及名称	单元序号及名称	学习目标	学习内容	学习方式	参考学时
MU2 消防安全知识	LE2 消防安全知识	通过本单元学习后,了解和熟悉消防安全及救护知识,并能结合本岗位实际,认真贯彻执行	1. 消防规程中与本专业有关条文的规定; 2. 《电业安全工作规程》、《电力生产事故调查规程》、《压力容器安全技术监督规程》中与本专业有关的条文	讲课或自学	4
	LE3 消防救护措施	通过本单元学习后,掌握消防安全及救护措施,并能在实际工作中做好消防救护工作	1. 消防安全措施; 2. 消防器材的使用方法; 3. 烫伤、创伤、烧伤、触电等的紧急救护法	结合实际讲课与自学	6
MU3 基础知识及基本技能	LE4 基础知识	通过本单元学习后,了解或掌握与汽轮机辅机检修有关的基础知识	1. 识图与绘图; 2. 物体受力分析法、强度计算法; 3. 金属材料; 4. 热工学、电工学; 5. 钳工; 6. 计算机基础知识	讲课	80
	LE5 基本技能	通过本单元学习后,掌握识图与绘图的方法,钳工操作技能,金属材料切割、焊接、机械加工操作技能,电工操作技能,计算机操作技能	1. 识图与绘图; 2. 钳工操作; 3. 金属材料切割、焊接操作; 4. 机械加工操作技能; 5. 电工操作; 6. 常用应用软件的使用	结合实际学习	60
MU4 相关知识及相关技能	LE6 相关知识	通过本单元学习后,了解或掌握与汽轮机辅机相关的知识	1. 电力生产过程及热力系统; 2. 汽轮机的结构、型号、工作原理,汽轮机运行的一般知识,汽轮机自动调节知识; 3. 发电机的工作原理	结合实际讲课	20

模块序号及名称	单元序号及名称	学习目标	学习内容	学习方式	参考学时
MU4 相关知识及相关技能	LE7 相关技能	通过本单元学习后,了解和掌握与汽轮机辅机相关的技能	1. 汽轮机一般的检修工艺; 2. 机械部分的检修和装配	讲课与现场实际学习	6
MU5 热力设备检修工艺	LE8 热力设备检修工艺学的基本理论	通过本单元学习后,了解和掌握热力设备检修工艺学的基本理论	1. 热力设备检修工艺学的基本理论; 2. 各种工量器具的名称、规格、使用规则及维护、保养知识; 3. 常用检修材料的名称、性能、用途、选择等知识	结合实际讲课	4
	LE9 热力设备检修工艺学的基本工艺	通过本单元学习后,了解和掌握热力设备检修工艺学的基本工艺	1. 热力设备检修工艺学的基本工艺; 2. 常用检修材料的选择和使用技能; 3. 各种工量器具的使用及维护、保养技能	讲课与现场实际学习	6
MU6 汽轮机辅机	LE10 凝汽设备	通过本单元学习后,了解和掌握凝汽设备的工作原理及运行维护知识	1. 凝汽设备的组成及作用; 2. 凝汽器的结构,冷却水管束排列、表面泄漏、表面污脏对运行经济性的影响; 3. 冷却水管束在管板上的固定方法; 4. 抽汽器的形式、工作原理、性能,在系统中的连接; 5. 凝汽设备的启停、运行维护知识	结合实际讲课	20
	LE11 加热器	通过本单元学习后,了解和掌握高、低压加热器的工作原理及运行维护知识	1. 高、低压加热器,轴封加热器,冷却器等换热设备的形式、结构、作用及工作原理; 2. 加热器启停、运行维护知识; 3. 加热器的保护装置	结合实际讲课	16

模块序号及名称	单元序号及名称	学习目标	学习内容	学习方式	参考学时
MU6 汽轮机辅机	LE12 除氧器	通过本单元学习后，了解和掌握除氧器的工作原理及运行维护知识	1. 除氧器的形式、结构、作用及工作原理； 2. 运行中影响除氧器效果的因素； 3. 除氧器的保护装置； 4. 除氧器启停、运行维护知识	结合实际讲课	16
	LE13 管阀	通过本单元学习后，了解和掌握汽轮机辅机系统所属管道的名称、布置形式等	1. 汽轮机辅机所属管道系统的名称； 2. 管道的支吊架； 3. 管道的膨胀、补偿及保温； 4. 管道阀门的类型、结构、作用、工作原理； 5. 管道试验及运行维护知识	结合实际讲课	16
MU7 汽轮机辅机检修	LE14 汽轮机辅机检修准备工作	通过本单元学习后，掌握汽轮机辅机检修前应做的准备工作	1. 检修设备的零件图； 2. 检修所需的工器具； 3. 检修所需材料（如密封胶合剂、清洗剂、垫料、填料等）； 4. 新工器具、新材料	讲课	6
	LE15 凝汽设备的检修	通过本单元学习后，掌握凝汽设备的检修工艺及质量标准	1. 凝汽器、抽气器、冷却器的解体； 2. 凝汽器、抽气器、冷却器的检查、清理和测量； 3. 凝汽器、抽气器、冷却器的检修； 4. 凝汽器、抽气器、冷却器的装复	现场实际学习	24
	LE16 加热器的检修	通过本单元学习后，掌握加热器的检修工艺及质量标准	1. 加热器的解体； 2. 加热器的检查、清理和测量； 3. 加热器的检修； 4. 加热器的装复	现场实际学习	18

模块序号及名称	单元序号及名称	学习目标	学习内容	学习方式	参考学时
MU7 汽轮机辅机检修	LE17 除氧器的检修	通过本单元学习后，掌握除氧器的检修工艺及质量标准	1. 除氧器的解体； 2. 除氧器的检查、清理和测量； 3. 除氧器的检修； 4. 除氧器的装复	现场实际学习	18
	LE18 管阀的检修	通过本单元学习后，掌握管阀的检修工艺及质量标准	1. 管道的弯制、管道的保温、支吊架和补偿器的装设、管道的更换等的工艺及其质量标准； 2. 阀门的解体、清理和测量、检修、装复的工艺及其质量标准	现场实际学习	18
MU8 设备消缺	LE19 设备消缺	通过本单元学习后，了解汽轮机辅机设备常见故障的产生原因，并掌握设备消缺的技能	1. 管道泄漏； 2. 凝汽器真空不佳； 3. 除氧器除氧效果差； 4. 联成阀卡涩	讲课与现场实际学习	24
MU9 技术质量管理	LE20 技术质量管理知识	通过本单元学习后，了解有关的技术质量管理知识	1.《电力工业技术管理法规》中与本专业有关的条文； 2. ISO 9002 质量管理系列标准中与本专业有关的条文； 3. 汽轮机检修工艺规程中与本专业有关的条文； 4. 班组管理和生产技术管理工作的知识	讲课	6

模块序号及名称	单元序号及名称	学习目标	学习内容	学习方式	参考学时
MU9 技术质量管理	LE21 技术质量管理技能	通过本单元学习后，了解和掌握有关的技术质量管理技能	1. 收集、整理、书写检修记录、工作小结和事故分析报告； 2. 根据检修项目编制工料预算； 3. 各种工量器具及材料的质量评定标准； 4. 汽轮机辅机检修后的验收、评级工作； 5. 熟悉技术管理工作的内容和要求，搞好设备台账、图纸、资料的检查分类与存档等技术管理工作； 6. 正确地制定重大特殊项目的各项技术方案； 7. 主持编写本专业工艺规程及有关的规章制度； 8. 在检修中推广应用新技术、新工艺、新材料和新设备	结合实际学习	18
MU10 培训指导和安全生产	LE22 培训指导	通过本单元学习后，了解技能培训和传授技艺方面的要求	1. 制订培训大纲； 2. 讲解技术问题； 3. 具有丰富的检修经验和较高的技艺，能解决检修中的技术难题并传授技艺	结合实际学习	6
	LE23 安全生产	通过本单元学习后，了解安全措施的编制与落实的意义	1. 编制施工安全措施； 2. 正确签发检修工作票； 3. 对班组成员进行安全基本知识、安全防护意识、安全防护技能的教育、培训，落实实际作业中的危险因素控制措施，进行安全指导	结合实际学习	6

表 2

职业技能模块及学习单元对照选择表

模块	MU1	MU2	MU3	MU4	MU5	MU6	MU7	MU8	MU9	MU10
内容	发电厂检修人员职业道德	消防安全知识	基础知识及基本技能	相关知识及相关技能	热力设备检修工艺	汽轮机辅机	汽轮机辅机检修	设备消缺	技术质量管理	培训指导和安全生产
参考学时	2	10	140	26	10	68	84	24	24	12
适用等级	初级 中级 高级 技师 高级技师	初级 中级 高级 技师 高级技师	初级 中级 高级 技师 高级技师	初级 中级 高级 技师 高级技师	初级 中级 高级 技师 高级技师	初级 中级 高级 技师 高级技师	初级 中级 高级 技师 高级技师	中级 高级 技师 高级技师	初级 中级 高级 技师 高级技师	高级技师 高级技师
LE 学习单元选择 — 初	1	2、3	4、5	6、7	8、9	10、11、12、13	14、15、16、17、18		20	
中	1	2、3	4、5	6、7	8、9	10、11、12、13	14、15、16、17、18	19	20	
高	1	2、3	4、5	6、7	8、9	10、11、12、13	14、15、16、17、18	19	20、21	22、23
技师	1	2、3	4、5	6、7	8、9	10、11、12、13	14、15、16、17、18	19	20、21	22、23
高级技师	1	2、3	4、5	6、7	8、9	10、11、12、13	14、15、16、17、18	19	20、21	22、23

表3   学习单元名称表

单元序号	单元名称	单元序号	单元名称
LE1	汽轮机辅机检修工的职业道德及电力法规	LE11	加热器
		LE12	除氧器
LE2	消防安全知识	LE13	管阀
LE3	消防救护措施	LE14	汽轮机辅机检修准备工作
LE4	基础知识	LE15	凝汽设备的检修
LE5	基本技能	LE16	加热器的检修
LE6	相关知识	LE17	除氧器的检修
LE7	相关技能	LE18	管阀的检修
LE8	热力设备检修工艺学的基本理论	LE19	设备消缺
		LE20	技术质量管理知识
LE9	热力设备检修工艺学的基本工艺	LE21	技术质量管理技能
		LE22	培训指导
LE10	凝汽设备	LE23	安全生产

3 职业技能鉴定

3.1 鉴定要求

鉴定内容和考核双向明细表按照本职业（工种）《中华人民共和国职业技能鉴定规范·电力行业》执行。

3.2 考评人员

考评人员是在规定的工种（职业）、等级和类别范围内，依据国家职业技能鉴定规范和国家职业技能鉴定试题库电力行业分库试题，对职业技能鉴定对象进行考核、评审工作的人员。

考评人员分考评员和高级考评员。考评员可承担初、中、高级技能等级鉴定；高级考评员可承担初、中、高级技能等级和技师、高级技师资格考评。其任职条件是：

3.2.1 考评员必须具有高级工、技师或者中级专业技术职称以上的资格，具有15年以上本工种专业工龄；高级考评员必须具有高级技师或者高级专业技术职称的资格，取得考评员资格并具有1年以上实际考评工作经历。

3.2.2 掌握必要的职业技能鉴定理论、技术和方法，熟悉职业技能鉴定的有关法律、法规和政策，有从事职业技术培训、考核的经历。

3.2.3 具有良好的职业道德，秉公办事，自觉遵守职业技能鉴定考评人员守则和有关规章制度。

鉴定试题库

4

4.1 理论知识（含技能笔试）试题

4.1.1 选择题

下列每题都有 4 个答案，其中只有 1 个正确答案，将正确答案填在括号内。

La5A1001 直线或平面垂直于投影面时，在该投影面上的投影分别积聚成点或直线，这种投影性质称为（**B**）。

（A）真实性；（B）积聚性；（C）类似性；（D）从属性。

La5A1002 千分尺属于（**D**）量具。

（A）标准；（B）专用；（C）游标；（D）微分。

La5A1003 HSn70-1 海军黄铜管是多年来在（**B**）使用很广泛的管材。

（A）清洁冷却水中；（B）淡水中；（C）清洁的海水中；（D）含沙较高的海水中。

La5A1004 下列冷却介质中，冷却效果最好的介质是（**C**）。

（A）油；（B）氢气；（C）水；（D）空气。

La5A1005 在高参数大容量机组的发电厂中,因机组容量一般相互配合,几乎都采用(**A**)主蒸汽管道。

(A)单元制;(B)切换母管制;(C)集中母管制;(D)扩大单元制。

La5A2006 下列说法中,正确的是(**C**)。

(A)换热器中,冷流体是由热流体来加热的,所以冷流体出口温度不可能超过热流体出口温度;(B)水冷壁正对火焰,火焰温度极高,所以水冷壁壁面工作温度超过过热器壁面工作温度;(C)汽轮机汽缸包有保温材料,既可减小热损失,又可减小汽缸金属壁面的温差;(D)若换热器中热冷流体中任一种流体温度保持不变,则热冷流体换热量为零。

La5A3007 用$\phi 12$直柄麻花钻头钻孔时,应选用的钻头装夹工具是(**B**)。

(A)钻套;(B)钻夹头;(C)钻套或钻夹头;(D)其他夹具。

La4A1008 活络扳手的主要优点是通用性大,在螺栓(帽)尺寸不规范时使用较方便,另外扳力方向(**D**)。

(A)可任意方向;(B)只能顺时针方向;(C)只能逆时针方向;(D)只能沿活动块方向。

La4A2009 锉削精度可达(**C**)mm。
(A)0.1;(B)0.5;(C)0.01;(D)1。

La4A2010 移动电动工具时应(**A**)。
(A)握持工具手柄,用手带动电线;(B)拉橡皮线拖动工具;(C)握持工具手柄拖动电线;(D)切断电源开关后再拉橡皮线拖动电动工具。

La4A3011 已知主、俯视图 A-1（a），正确的左视图是图 A-1（b）中的（**D**）。

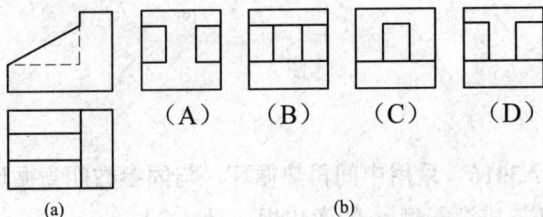

图 A-1

La4A3012 电动工具操作时，控制对电动工具施加压力的大小，应视（**C**）来确定，以防止电动机超载。

（A）切削量大小；（B）电动机电流大小；（C）电动机转速下降多少；（D）钻进快慢。

La4A3013 检修中常用的风动扳手与电动扳手的最大区别是（**B**）。

（A）其反扭力矩大；（B）其反扭力矩小；（C）维护量大；（D）振动大。

La4A3014 采用回热循环与同参数的朗肯循环相比，其循环热效率 η_t 与汽耗率 d 的变化规律是（**B**）。

（A）η_t 增大，d 减小；（B）η_t 增大，d 增大；（C）η_t 减小，d 增大；（D）η_t 减小，d 减小。

La3A2015 已知零件的俯视图 A-2（a）和一组全剖的主视图 A-2（b），正确的剖视图是图 A-2（b）中的（**B**）。

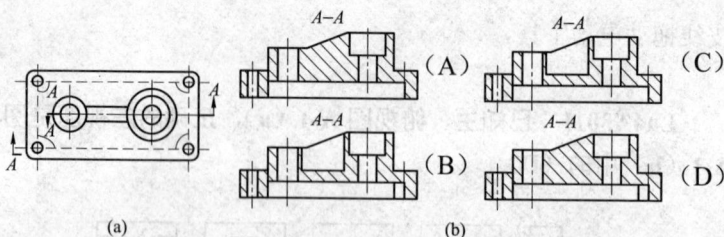

图 A-2

La3A3016 采用中间再热循环，与同参数朗肯循环相比，汽耗率 d 与排汽干度 x_2 的变化规律是（**C**）。

（A）d 增大，x_2 增大；（B）d 增大，x_2 减小；（C）d 减小，x_2 增大；（D）d 减小，x_2 减小。

La3A4017 其他条件均相同的情况下，下述表面式换热设备中换热效果最好的是（D）。

（A）密封不严，管束顺排，管外壁粗糙；（B）密封良好，管束顺排，管外壁光滑；（C）密封良好，管束叉排，管外壁光滑；（D）密封良好，管束叉排，管外壁粗糙。

La2A2018 合金元素的含量（**B**）的合金钢称为高合金钢。

（A）大于 5%；（B）大于 10%；（C）大于 15%；（D）在 5%～10%之间。

La2A3019 通常要求法兰垫片需具有一定的强度和耐热性，其硬度应（**B**）。

（A）比法兰高；（B）比法兰低；（C）与法兰一样高；（D）与法兰接近。

La2A4020 其他运行条件不变，当凝汽器真空恶化时，循

环热效率 η_t 和排汽干度 x_2 的变化规律是（B）。

（A）η_t 增大，x_2 减小；（B）η_t 减小，x_2 增大；（C）η_t 增大，x_2 增大；（D）η_t 减小，x_2 减小。

La1A2021 图 A-3 螺纹连接的画法中，正确的图形是（D）。

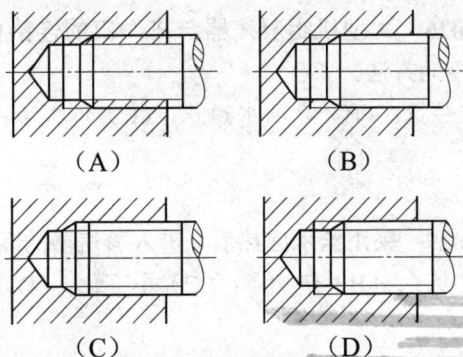

（A） （B）

（C） （D）

图 A-3

La1A4022 在传递重载、冲击及双向扭矩的平键连接中，应使键在轴槽中和在轮毂槽中（B）。

（A）分别固定和滑动；（B）都固定；（C）都滑动；（D）分别滑动和固定。

La1A5023 一对渐开线标准直齿圆柱齿轮正确啮合的条件是（A）。

（A）模数和压力角分别相等；（B）重合度必须大于 1；（C）模数相等，压力角和齿数可不同；（D）模数不相等，压力角和齿数相等。

Lb5A1024 N-11220-1 型凝汽器，其中 11220 表示（B）。

（A）冷却水量为 11 220t/h；（B）有效冷却面积为 11 220m^2；

（C）冷却水管根数为 11 220 根；（D）乏汽容积流量为 11 220t/h。

Lb5A1025 在大直径给水管道中要求较小的流体阻力，所以采用（C）。

（A）截止阀；（B）旋塞；（C）闸阀；（D）蝶阀。

Lb5A1026 大型机组凝汽器与排汽口的连接目前广泛采用（C）连接的方法。

（A）法兰盘；（B）套筒水封式；（C）伸缩节；（D）与乏汽管焊接。

Lb5A1027 采用给水回热后，进入凝汽器的蒸汽量（A）。

（A）减少了；（B）增加了；（C）不变化；（D）不能确定。

Lb5A1028 运行中轴封加热器的水侧压力（B）汽侧压力。

（A）低于；（B）高于；（C）等于；（D）低于或等于。

Lb5A1029 止回阀用于（A）。

（A）防止管道中介质的倒流；（B）调节管道中介质的压力；（C）对管路中的介质起接通和截断作用；（D）控制管路中介质的流量。

Lb5A1030 热弯管子时的加热温度不得超过（C）℃，其最低温度对碳素钢管、合金钢管分别是（C）℃。

（A）1050，600、700；（B）900，700、800；（C）1050，700、800；（D）1050，800、900。

Lb5A1031 高压管道系统的连接普遍采用（C）。

（A）法兰；（B）螺纹；（C）焊接；（D）螺纹及法兰。

Lb5A2032 管道两个焊口之间的距离应（**C**）管子外径，且不可小于 **150mm**。

（A）等于；（B）小于；（C）大于；（D）大于或等于。

Lb5A2033 喷射式抽气器主要由工作喷嘴、混合室以及扩散管等组成，其工作时（**D**）的压力应低于凝汽器抽气口的压力。

（A）工作喷嘴内部；（B）扩散管进口；（C）扩散管出口；（D）混合室。

Lb5A2034 凝汽器铜管胀管时，铜管应在管板两端各露出（**B**）mm。

（A）0.5～1；（B）2～3；（C）4～5；（D）5～6。

Lb5A2035 波纹管补偿器是用 **3～4mm** 钢板压制和焊接制成的，一般波纹节有 **3** 个左右，最多不超过（**C**）个。

（A）4；（B）5；（C）6；（D）7。

Lb5A2036 机组运行时，凝汽器的真空是依靠（**C**）来建立的。

（A）抽气器抽真空；（B）凝结水泵将凝结水排出；（C）冷却水使蒸汽快速凝结为水；（D）向空排汽门的自动排汽。

Lb5A2037 弯制管子，弯头弯曲部分的不圆度，对于公称压力大于等于 **9.8MPa** 的管道不得大于（**C**）。

（A）4%；（B）5%；（C）6%；（D）7%。

Lb5A2038 凝汽器冷却水铜管在管板上的连接通常采用较多的方法是（**C**）。

（A）管环连接；（B）密封圈连接；（C）胀管法连接；

（D）焊接。

Lb5A2039 （A）在建立真空时，具有抽吸能力大、消耗能量小、运行噪声低的优点。

（A）水环式真空泵；（B）机械离心式真空泵；（C）射水抽气器；（D）射气抽气器。

Lb5A3040 目前大型机组中广泛采用（D）式除氧器，其出水含氧量小于 0.007mg/L，是当前比较理想的一种类型。

（A）淋水盘；（B）喷雾淋水盘；（C）填料式；（D）喷雾填料。

Lb5A3041 凝汽器在排汽口处的若干排冷却水管最好采用（C）的排列方式，以防止产生过大的汽阻并得到较好的传热效果。

（A）三角形；（B）正方形；（C）向心辐向；（D）转移轴线。

Lb5A3042 在管道上开孔，孔径小于（B）mm 时不得用气割开孔。

（A）50；（B）30；（C）20；（D）10。

Lb5A3043 在运行中，除氧器排气口的大小一定时，除氧器的（B）决定了排气量的大小。

（A）进水量大小；（B）压力大小；（C）进汽量大小；（D）补充水量大小。

Lb5A4044 碳钢的可焊性随含碳量的高低而不同，低碳钢焊后（D）。

（A）强度增加，淬脆倾向变大；（B）焊缝易生气孔；

（C）易出现裂纹；（D）缺陷少。

Lb5A4045 （**A**）高压加热器结构紧凑、外形尺寸小、材料消耗小，但加工工艺复杂、操作要求严格。

（A）U 形管；（B）圆形盘香管；（C）椭圆形盘香管；（D）蛇形管。

Lb5A4046 使用较大的滚动轴承和轴，在强度要求较高的条件下，当轴头磨损，与轴承内圈配合松动时可采用（**B**）方法进行检修解决。

（A）冲子打点；（B）喷涂、镀硬铬；（C）镶套；（D）临时车制。

Lb4A1047 转子经过静平衡后，剩余不平衡重量在额定转速下所产生的离心力不超过这个转子重量的（**C**）认为合格。

（A）1%～2%；（B）2%～3%；（C）4%～5%；（D）6%～7%。

Lb4A1048 凝汽器灌水试验的目的是（**B**）。

（A）进行凝结水泵的试运转；（B）检查冷却水管的胀接质量和与凝汽器汽侧连接的各种管道的安装质量；（C）进行抽气器的试运行；（D）进行凝汽器支座弹簧的压缩试验。

Lb4A1049 为了防止油系统失火，油系统管道、阀门、接头、法兰等附件承压等级应按耐压试验压力选用，一般为工作压力的（**C**）倍。

（A）1.5；（B）1.8；（C）2.0；（D）2.2。

Lb4A1050 （**A**）支架允许管道在支承件上只有一个方向的位移。

（A）导向；（B）滑动；（C）滚珠；（D）滚柱。

Lb4A1051　凝汽器铜管结垢后，进行带负荷清洗的最好方法是（**A**）。

（A）胶球清洗法；（B）反冲洗法；（C）通风干燥法；（D）机械清洗法。

Lb4A1052　安全阀定期做手动或自动的排汽或放水试验的目的是（**D**）。

（A）测开启压力；（B）测回座压力；（C）测排放量；（D）防止阀瓣与阀座黏住。

Lb4A2053　电动阀门开向转矩和关向转矩的经验整定值之比（**B**）。

（A）不小于 1；（B）不小于 1.5；（C）不小于 2；（D）不小于 3。

Lb4A2054　现场用于汽轮发电机组的水平仪大致可分为（**D**）。

（A）机械水平仪、长条型水平仪；（B）长条型水平仪、方框水平仪；（C）机械水平仪、合像水平仪；（D）合像水平仪、方框水平仪。

Lb4A2055　汽轮发电机组的负荷不变，循环水入口温度不变，循环水量增加，排汽温度（**B**）。

（A）升高；（B）降低；（C）不变；（D）不能确定。

Lb4A3056　汽轮机（**C**），滑压运行的除氧器内工作蒸汽压力下降较大时，会在给水泵进口等处发生部分汽蚀。

（A）正常运行；（B）负荷突然增加；（C）负荷突然减小；

（D）不正常运行。

Lb4A2057 加热器冷却水管入口管端侵蚀的化学反应会产生磁性氧化铁膜，其反应过程在（**C**）下，有利于磁性氧化铁的形成。

（A）低含氧量的中性和碱性溶液中以及在 150℃的温度；
（B）低含氧量的中性和碱性溶液中以及在 180℃的温度；
（C）低含氧量的中性和碱性溶液中以及 230℃以上的温度；
（D）酸性溶液中以及在 180℃的温度。

Lb4A2058 （**C**）既是不锈耐酸钢，又是耐热不起皮钢。
（A）2Cr13；（B）4Cr13；（C）1Cr18Ni9；（D）1Cr11MoV。

Lb4A3059 保温的管道，两保温管道表面之间的净空距离不小于（**C**）mm。
（A）50；（B）100；（C）150；（D）200。

Lb4A3060 合金钢 12Cr1MoV 允许使用的上限温度为（**D**）℃。
（A）540；（B）550；（C）560；（D）570。

Lb4A3061 加热器停用后，其汽侧常充以纯度为（**A**）的氮气予以防腐。
（A）99%以上；（B）99%以下；（C）90%以下；（D）90%以上。

Lb4A3062 凝汽器铜管压扁试验是将试件压扁至原直径的（**D**），且做两次试验。
（A）1/2；（B）1/3；（C）2/3；（D）3/5。

Lb4A3063 除氧器安全阀的动作压力应为工作压力的（**B**）倍。

（A）1.00～1.10；（B）1.10～1.25；（C）1.25～1.35；（D）1.35～1.50。

Lb4A3064 凝汽器铜管扩胀试验是将试件打入（**B**）的车光锥体，使内径比原管内径胀大（**B**）。

（A）45°，20%；（B）45°，30%；（C）30°，30%；（D）30°，20%。

Lb4A3065 合像水平仪的侧窗口滑块对准刻度线"**5**"，微调按钮上的"**0**"对准起点线，水平仪横刻度游标位置在 0 以上的 1～2 之间，旋钮逆时针旋转，圆盘刻度对准 **20**，则旋钮端低（**A**）mm/m。

（A）3.8；（B）1.20；（C）−3.8；（D）−1.2。

Lb4A3066 管道水平部分敷设应有一定的坡度，蒸汽管道应顺流向下方倾斜，管道坡度一般不小于（**B**）。

（A）1/1000；（B）2/1000；（C）3/1000；（D）4/1000。

Lb4A3067 一般对截止阀的密封水压试验，水应自阀瓣的（**D**）引入。

（A）左侧；（B）右侧；（C）上方；（D）下方。

Lb4A4068 管子的最大允许工作压力是随着介质温度的升高而（**C**）的。

（A）不变；（B）升高；（C）降低；（D）不变或升高。

Lb4A4069 大型机组在凝汽器喉部接管中放置最后一级加热器的目的是（**C**）。

（A）防止凝结水过冷却；（B）增加凝汽器除氧效果；（C）充分利用汽轮机排汽余热，提高机组的热效率；（D）便于抽出凝汽器内积聚的空气。

Lb3A2070 汽轮机组热力系统是一个有机的整体,汽轮机组的运行实际上是（**B**）的运行。

（A）工质；（B）机组热力系统；（C）热力设备；（D）汽水系统。

Lb3A2071 在狭窄场所或管道安装得密集的地方,应留有足够的位置作为（**D**）及敷设保温材料的空间。

（A）吊运管道；（B）管道检修；（C）支吊管道；（D）管道膨胀。

Lb3A3072 在焊缝金属内部,有非金属杂物夹渣产生的原因是熔化金属冷却太快、（**B**）、运条不当,妨碍了熔渣浮起。

（A）焊口不清洁；（B）焊接速度太快；（C）焊接电流太大；（D）焊接速度太慢。

Lb3A3073 将占总数（**B**）的冷却水管束与其他管束分开,组成空气冷却区对空气进行再次冷却,以减小抽气器的负荷。

（A）5%；（B）8%～10%；（C）20%；（D）30%。

Lb3A3074 大气式除氧器的饱和温度为（**B**）℃。

（A）＜100；（B）104～109；（C）100～200；（D）＞200。

Lb3A3075 阀门气动和液动传动装置的活塞缸体经过镶套后,应符合技术要求,并经过（**C**）倍公称压力的试验验收。

（A）1.15；（B）1.25；（C）1.5；（D）2.0。

Lb3A3076 300MW 及以上机组中，汽轮机抽气设备通常选用（**D**）。

（A）短喉管射水抽气器；（B）长喉管射水抽气器；（C）射汽抽气器；（D）真空泵。

Lb3A3077 高压管道对口焊接时，坡口及其附近的内外壁（**D**）mm 范围内表面均应打磨干净，消除油漆垢、锈等，使其发出金属光泽。

（A）2～3；（B）3～5；（C）5～10；（D）10～15。

Lb3A3078 为减小细长的冷却水管的挠度，两管板之间设置若干个中间隔板，中间隔板的管孔中心线最高点以比两端（**C**）mm 为宜。

（A）低 5～10；（B）低 15～20；（C）高 5～10；（D）高 15～20。

Lb3A3079 凝汽器汽阻影响凝结水的过冷度，因此凝汽器汽阻不应超过（**B**）Pa。

（A）266；（B）665；（C）1330；（D）1596。

Lb3A4080 对（**C**）加热器疏水水位的控制要求最高。

（A）不带疏水冷却段的卧式；（B）顺置立式；（C）带疏水冷却段的倒置立式；（D）带疏水冷却段的卧式。

Lb3A5081 辅机发生（**C**）时，可以先启动备用辅机，然后停用故障辅机。

（A）强烈振动；（B）启动或调节装置起火或燃烧；（C）不正常声音；（D）需立即停用的人身事故。

Lb2A2082 在凝汽设备运行中，起维持凝汽器真空作用的设备是（**D**）。

（A）凝汽器；（B）凝结水泵；（C）循环水泵；（D）抽气器。

Lb2A3083 凝汽器的端差是指进入凝汽器饱和蒸汽温度与（**C**）温度之差。

（A）凝汽器排汽；（B）凝结水；（C）冷却水出口；（D）冷却水进口。

Lb2A3084 凝汽器在正常运行中，凝汽器的真空（**A**）凝结水泵入口的真空。

（A）大于；（B）小于；（C）等于；（D）小于等于。

Lb2A4085 对凝汽器的冷却倍率=冷却水量/排汽量，一般凝汽器的冷却倍率取（**B**）。

（A）30～40；（B）50～60；（C）70～80；（D）80～90。

Lb2A4086 汽轮机运行中发现凝结水电导率增加，应判断为（**C**）。

（A）凝结水过冷却；（B）负压系统漏空气使凝结水溶解氧量增加；（C）凝汽器铜管泄漏；（D）凝汽器水位过低。

Lb2A5087 凝汽器内的蒸汽凝结过程可以看作（**C**）。

（A）等容过程；（B）等焓过程；（C）等压过程；（D）绝热过程。

Lb2A5088 低压加热器疏水可采用逐级自流的方式流至某一压力较低的加热器中，再用疏水泵打入（**D**）。

（A）凝汽器；（B）下级加热器；（C）除氧器；（D）该级加热器出口的主凝结水管路。

Lb1A3089 喷雾填料式除氧器的除氧通常分为（**B**）阶段。

（A）一；（B）二；（C）三；（D）四。

Lb1A3090 运行中低压加热器排气通常排入（**B**）。

（A）大气；（B）冷凝器；（C）低一级加热器；（D）除氧器。

Lb1A3091 高压加热器进行给水加热时，一般要经过（**B**）阶段的加热。

（A）二；（B）三；（C）四；（D）五。

Lb1A3092 《火力发电机组及蒸汽动力设备水汽质量》规定：工作压力为（**C**）MPa 以上的锅炉，给水溶氧量应小于（**C**）μg/L。

（A）3.8，15；（B）5.9，15；（C）5.9，7；（D）12.7，7。

Lb1A3093 给水中含氧量超过（**C**）mg/L 时，给水管道和省煤器在短期内就会出现穿孔的点状腐蚀。

（A）0.01；（B）0.02；（C）0.03；（D）0.04。

Lb1A3094 汽轮机负荷突然增加时，滑压运行的除氧器内工作压力升高，给水中的含氧量（**A**）。

（A）增加；（B）减小；（C）不变；（D）增加或减小。

Lb1A3095 凝汽器满水、抽气工作失常和（**A**），以及真空系统严密性突然遭到破坏等情况，会引起凝汽器中真空急剧下降。

（A）循泵故障使循环水中断；（B）循泵故障使循环水量不足；（C）冷却水进口温度升高；（D）凝汽器冷却水管表面脏污。

Lb1A3096 汽轮机凝汽器真空升高时，凝汽器端差（**D**）。

（A）增大；（B）减小；（C）不变；（D）变化不一定。

Lb1A4097 大容量机组的高压加热器不能投入运行，机组出力（**C**），煤耗率增大 3%～5%。

（A）增大 3%～5%；（B）降低 3%～5%；（C）降低 8%～10%；（D）不变。

Lb1A4098 （**A**）不可能造成高压加热器疏水冷却段的疏水端差上升。

（A）疏水高水位；（B）管束结垢；（C）疏水冷却段包壳泄漏；（D）水锈。

Lb1A4099 加热器经济运行的主要指标是（**D**），该指标数值越小，加热器的工作越完善。

（A）水位；（B）给水温度；（C）给水压力；（D）端差。

Lb1A4100 加热器蒸汽侧自动保护装置的作用是，当汽轮机保护装置动作时，防止加热器内的（**C**）经过抽气管流入汽轮机内。

（A）凝结水；（B）给水；（C）蒸汽；（D）疏水。

Lb1A4101 在主蒸汽管道、高温再热管道金属监督中，当发现管道的相对蠕变变形量达到（**C**）时应更换管子。

（A）0.5%；（B）1%；（C）1.5%；（D）2%。

Lb1A5102 经加工硬化了的金属材料，为了恢复其原有性能，常进行（**D**）处理。

（A）正火；（B）调质；（C）去应力退火；（D）再结晶退火。

Lb1A5103 凝汽器铜管在（**B**）时，容易造成脱锌腐蚀。

（A）水流速大；（B）管内水温度高；（C）管内水温度低；（D）水流速小。

Lb1A5104 射水抽气器最容易发生（**B**），这是由于抽气器的工作水不清洁所引起一种（**B**）。

（A）喷嘴进水口的腐蚀，氧化腐蚀；（B）喷嘴进水口的冲蚀，机械损伤；（C）扩散管的冲蚀，机械损伤；（D）扩散管的腐蚀，氧化腐蚀。

Lb1A5105 实际运行中,凝汽器的蒸汽凝结区和空气冷却区是很难区分的。低负荷时，空气冷却区的范围（**A**），蒸汽冷却区（**A**）。

（A）扩大，缩小；（B）缩小，扩大；（C）扩大，扩大；（D）缩小，缩小。

Lc5A1106 携带式行灯变压器的外壳必须有良好的接地线，高压侧应带（**B**），低压侧带（**B**），并且两者（**B**）互相插入。

（A）插座，插头，不能；（B）插头，插座，不能；（C）插座，插头，能；（D）插头，插座，能。

Lc5A1107 汽轮发电机组的冷源损失占全部热量的（**B**）左右。

（A）23%；（B）60%；（C）77%；（D）85%。

Lc5A1108 1kWh 电可供"220V 40W"的灯泡正常发光的时间是（**C**）h。

（A）20；（B）45；（C）25；（D）30。

Lc5A2109 电流通过人体的途径不同，通过人体心脏电流大小也不同。（**B**）的电流途径对人体伤害较为严重。

（A）从手到脚；（B）从左手到脚；（C）从右手到脚；（D）从脚到脚。

Lc5A2110 工作如不能按计划期限完成，必须由工作负责人（**B**）工作延期手续。

（A）口头通知；（B）办理；（C）工作结束后申请；（D）边加班边申请。

Lc5A3111 高压汽轮机运行中，若发现在相同的流量下监视段压力增加（**A**）以上，应考虑进行通流面的检查清洗。

（A）5%；（B）15%；（C）20%；（D）30%。

Lc4A1112 汽轮机在运行中，如果发现真空降低到某一数值后就不再继续下降了，可认为（**C**）有不严密的地方漏入空气。

（A）凝汽器；（B）回热系统；（C）管道阀门；（D）再热系统。

Lc4A1113 在脚手架工作面的外侧，应设（**A**）m 高的栏杆，并在其下部加设 0.18m 高的护板。

（A）1；（B）1.2；（C）0.8；（D）0.9。

Lc4A2114 为了解决中间再热汽轮机的功率延滞问题，在其调节系统中设置了（**A**）。

（A）动态校正器；（B）微分器；（C）电磁加速器；（D）功率限制器。

Lc4A2115 设备点检是一种科学的设备管理方法，属于

（A）管理体制。

（A）设备维修；（B）设备运行；（C）企业；（D）点检员。

Lc4A3116 喷嘴调节的凝汽式汽轮机的调节级，其最危险的工况是（D）的时候。

（A）额定流量；（B）最大流量；（C）所有调节汽阀全开；（D）只有一个调节汽阀全开，其余均关闭。

Lc4A3117 在指挥人员发出的信号与行车司机预见不一致时，司机应（A）。

（A）发出询问信号；（B）执行指挥人员指令；（C）拒绝执行指挥人员指令；（D）按本人判断执行。

Lc3A21118 型号为 HN642-6.41 的汽轮机为（B）。

（A）凝汽式汽轮机、额定功率 642MW；（B）核电汽轮机、额定功率 6420MW；（C）高压凝汽式汽轮机、额定功率 6420MW；（D）核电汽轮机、额定功率 642MW。

Lc3A3119 电路中某元件的电压为 $u=10\sin(314t+45°)$V，电流为 $i=5\sin(314t+135°)$A，则该元件为（C）。

（A）电阻；（B）电感；（C）电容；（D）无法确定。

Lc3A4120 在微型计算机之间传播计算机病毒的媒介是（C）。

（A）键盘；（B）鼠标；（C）电子邮件；（D）电磁波。

Lc3A5121 在一定的蒸汽参数和转速的条件下，单流式汽轮机所能达到的最大功率主要受到（D）的限制。

（A）蒸汽初参数；（B）汽轮机转速；（C）蒸汽初、终参数；（D）末级动叶通流面积。

Lc2A2122 在机组 A 修前（**B**），由"运行人员提出运行分析报告"，作为检修人员确定检修项目的依据之一。

（A）两个月；（B）三个月；（C）四个月；（D）半年。

Lc2A2123 汽轮发电机有一对磁极，发电机发出 **50Hz** 的交流电，其转速应为（**A**）r/min。

（A）3000；（B）1500；（C）1000；（D）750。

Lc1A3124 如果一台 **PC** 机要通过拨号方式接入 **Internet**，下列设备中（**C**）是不可缺少的。

（A）扫描仪；（B）打印机；（C）调制解调器；（D）解压卡。

Lc1A4125 为防止水泵出现汽蚀现象，水泵的几何安装高度（**B**）允许真空吸上高度。

（A）应大于；（B）应小于；（C）应等于；（D）不用考虑。

Lc1A4126 汽轮机的冷热态启动是按启动前（**A**）的水平分类的。

（A）汽轮机内缸或转子温度；（B）进入汽轮机的蒸汽温度；（C）蒸汽与汽缸温度差；（D）周围环境温度。

Lc1A4127 质量控制是为达到（**D**）所采取的作业技术和活动。

（A）质量计划；（B）质量策划；（C）质量改进；（D）质量要求。

Lc1A4128 介质流过流量孔板时，压力有所降低，（**D**）。

（A）流量有所增加，流速不变；（B）流量有不变，流速不变；（C）流量不变，流速有所降低；（D）流量不变，流速有所增加。

Lc1A5129 通过原则性热力系统图不能了解（**C**）。

（A）蒸汽的初终参数；（B）疏水的方式；（C）给水泵给水运行的方式；（D）回热再热循环的方式。

Jd5A1130 如需要塑性和韧性高的材料，应使用（**D**）。

（A）中碳钢；（B）合金钢；（C）高碳钢；（D）低碳钢。

Jd5A1131 刀口直尺属于（**A**）量具。

（A）简单；（B）游标；（C）微分；（D）专用量具。

Jd5A1132 划线时，对于表面粗糙的大型毛坯可选用（**D**）涂料。

（A）粉浆；（B）酒精色溶液；（C）硫酸铜溶液；（D）石灰水。

Jd5A1133 使用锯弓锯割时，锯割行程往复一般应不小于锯条长度的（**C**）。

（A）2/3；（B）3/4；（C）3/5；（D）4/5。

Jd5A1134 已知主、俯视图和立体图 A-4（**a**），正确的左视图是图 A-4（**b**）中的（**C**）。

Jd5A1135 常用的润滑剂有（**D**）、润滑脂和二硫化钼三大类。

（A）变压器油；（B）压缩机油；（C）火油；（D）润滑油。

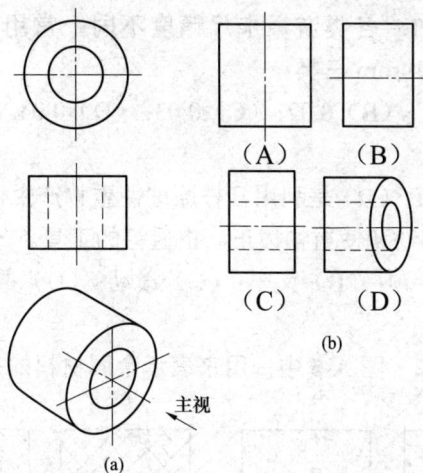

(A)　(B)

(C)　(D)

(b)

主视

(a)

图 A-4

Jd5A2136 **J422** 电焊条适用于焊接一般结构钢和（**D**）。

（A）普低钢；（B）高碳钢；（C）合金钢；（D）低碳钢。

Jd5A3137 常用电焊条药皮的类型有酸性和碱性两大类，酸性焊条用（**B**）电源。

（A）直流；（B）交流；（C）工频；（D）低压。

Jd5A3138 加工螺纹，手攻时螺纹与工件端面不垂直，机攻时没对准工件中心会发生（**B**）。

（A）烂牙；（B）螺孔攻歪；（C）螺孔中径变大；（D）螺孔中径变小。

Jd5A3139 用钢板卷制圆管时，圆口周长的展开线应为管子的（**B**）。

（A）外径；（B）中径；（C）内径；（D）外径或中径或内径。

Jd5A4140　各类游标卡尺精度不同，常用的有（**B**）、0.05mm 及 0.10mm 三类。

（A）0.01；（B）0.02；（C）0.03；（D）0.04。

Jd4A1141　（**D**）是利用杠杆原理使重物产生位移，使重物少许抬高、移动和使重物拨正、止退等的工具。

（A）千斤顶；（B）叉车；（C）滚动；（D）撬棒。

Jd4A1142　图 A-5 中，用来表示金属材料的是（**A**）。

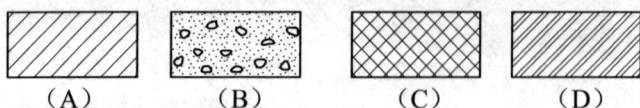

（A）　　　（B）　　　（C）　　　（D）

图 A-5

Jd4A2143　已知主、俯视图为图 A-6（a），正确的 A 向视图是图 A-6（b）中的（**D**）。

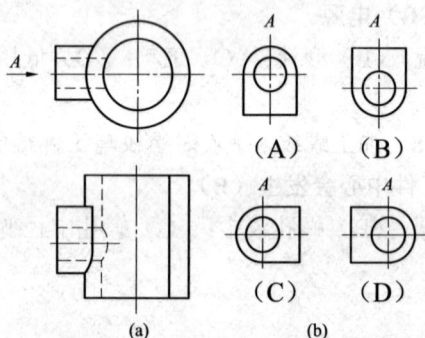

图 A-6

Jd4A2144　图 A-7 中正确的重合断面图是（**A**）。

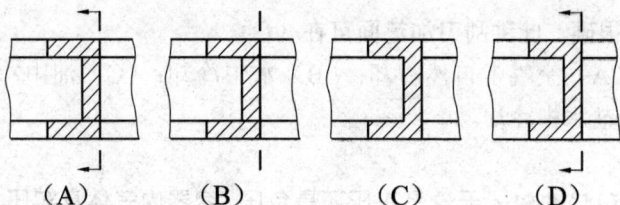

（A）　　　　（B）　　　　（C）　　　　（D）

图 A-7

Jd4A2145　起吊重物时必须绑牢，吊钩要挂在物品的重心上，吊钩钢丝绳应保持垂直，（**C**）使用吊钩倾斜吊、拖吊重物。

（A）必要时；（B）有安全措施时；（C）禁止；（D）有部门批准时。

Jd4A2146　一般地，锯条装得过松或过紧、工件抖动或松动、锯缝歪斜、新锯条在旧锯缝中卡住等，容易使（**B**）。

（A）锯缝崩裂；（B）锯条折断；（C）锯齿很快磨损；（D）工件损坏。

Jd4A3147　用字母 M 及公称直径×螺距表示的是（**B**）。

（A）粗牙普通螺纹；（B）细牙普通螺纹；（C）英制螺纹；（D）锯齿形螺纹。

Jd4A3148　ϕ30H7/f6 为（**B**）。

（A）基轴制间隙配合；（B）基孔制间隙配合；（C）基轴制过渡配合；（D）基孔制过盈配合。

Jd4A3149　外径千分尺测量时，螺旋套筒旋转一周，则测量杆移动（**C**）mm。

（A）0.01；（B）1.0；（C）0.5；（D）0.02。

Jd4A3150　刮削有色金属的三角刮刀和蛇头刮刀，其刀刃不必很硬，此种刮刀加热面可在（**C**）。

（A）空气中自然冷却；（B）水中冷却；（C）油中冷却；（D）盐水中冷却。

Jd4A4151 无论是正压还是负压，容器内气体真实压力都称为（**A**）。

（A）绝对压力；（B）表压力；（C）大气压力；（D）相对压力。

Jd3A2152 某图样的标题栏中的比例为 1:5，该图样中有一个图形是单独画出的局部剖视图，其上方标有 1:2，则该图形（**B**）。

（A）不属于局部放大图，是采用缩小比例画出的局部剖视图；（B）是采用剖视画出的局部放大图；（C）是局部放大图，不属于剖视图；（D）是采用缩小比例画出的局部剖视图。

Jd3A2153 锉削时不能用手摸锉削后的工件表面，以免（**B**）。

（A）工作表面生锈；（B）再锉时锉刀打滑；（C）破坏加工表面粗糙度；（D）再锉时锉刀阻力增加。

Jd3A3154 弯曲有焊缝的管子，焊缝必须放在其（**C**）的位置。

（A）弯曲外层；（B）弯曲内层；（C）中性层；（D）水平位置。

Jd3A3155 如图 A-8 所示，该标注表示在垂直于轴线的任一正截面上实际圆必须位于（**A**）为公差值 **0.02mm** 的两同心圆之间的区域内。

（A）半径差；（B）半径；（C）直径差；（D）直径。

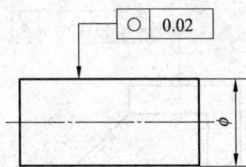

图 A-8

Jd2A2156 锪圆柱形沉头孔时，应先用直径（**B**）锪钻直径的麻花钻头打孔。

（A）大于；（B）小于；（C）等于；（D）近似于。

Jd2A2157 用小钻头钻硬材料时，应取（**D**）。

（A）高转速，小进给量；（B）高转速，大进给量；（C）较低转速，较大进给量；（D）较低转速，较小进给量。

Jd2A3158 已知主、俯视图如图 **A-9**（**a**）所示，正确的左视图是图 **A-9**（**b**）中（**C**）。

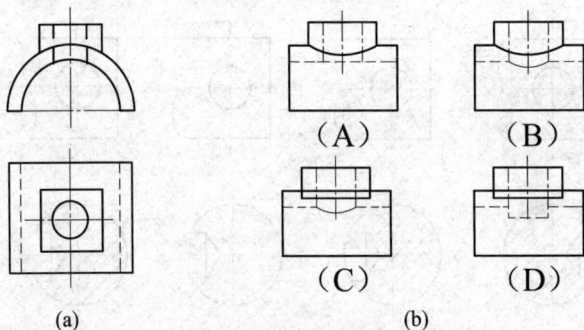

（A） （B）

（C） （D）

（a） （b）

图 A-9

Jd1A3159 如图 **A-10** 所示，该标注表示上表面必须位于距离为（**B**）且平行于基准平面 *A* 的两平行平面之间。

（A）公差值大于 0.05mm；（B）公差值等于 0.05mm；（C）公差值小于 0.05mm；（D）公差值小于等于 0.05mm。

41

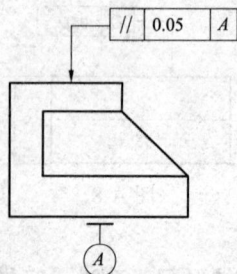

图 A-10

Jd1A4160 钻削同一规格螺纹底孔时，脆性材料底孔应（**A**）韧性材料底孔直径。

（A）稍大于；（B）等于；（C）稍小于；（D）等于或稍小于。

Jd1A4161 已知主视图如图 A-11（a）所示，正确的移出断面图是图 A-11（b）所示中的（**D**）。

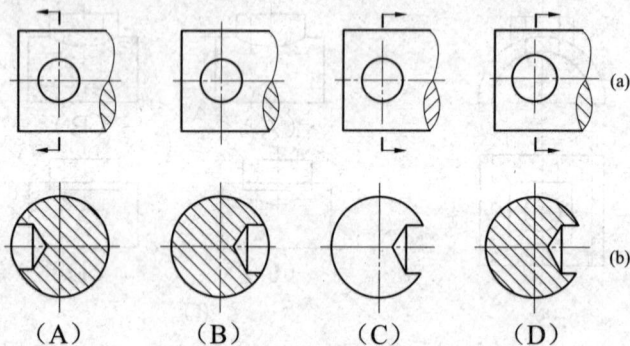

（A）　　　（B）　　　（C）　　　（D）

图 A-11

Jd1A5162 图 A-12 中，正确的 *B*—*B* 全剖视图是（**B**）。

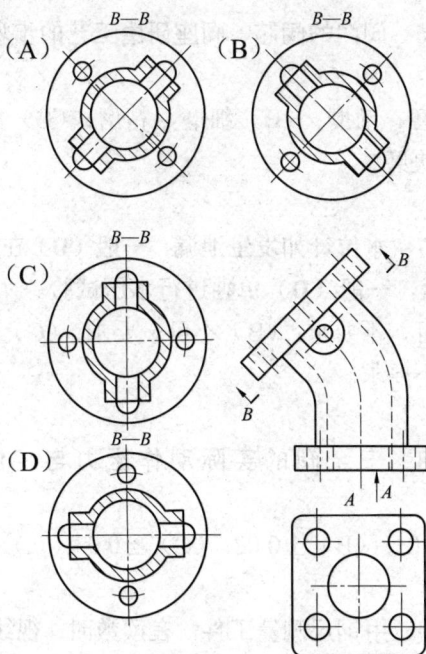

图 A-12

Je5A1163 工作温度在 **450~600℃** 之间的阀门为（**C**）。

（A）低温阀；（B）中温阀；（C）高温阀；（D）耐热阀。

Je5A1164 有一个阀门牌号是 **Z96Y—250，DN125**，此阀叫（**D**）。

（A）电动截止阀；（B）单向止回阀；（C）弹簧安全阀；（D）电动高压闸阀。

Je5A1165 公称直径为 **50~300mm** 的阀门为（**B**）。

（A）小口直径阀门；（B）中口径阀门；（C）大口径阀门；（D）特大口径阀门。

Je5A1166 阀门的阀芯、阀座研磨工艺的步骤有粗磨、中磨、（**B**）。

（A）粗磨、细磨；（B）细磨、精磨；（C）快磨、慢磨；（D）慢磨、快磨。

Je5A1167 水位计如发生泄漏，一般（**D**）在运行中修理，水位计检修后，一般（**D**）单独进行水压试验。

（A）不可，不要求；（B）不可，要求；（C）可以，要求；（D）可以，不要求。

Je5A1168 安全阀的实际动作压力与定值相差应是（**D**）MPa。

（A）±0.01；（B）±0.02；（C）±0.03；（D）±0.05。

Je5A1169 用钢尺测量工件，在读数时，视线必须跟钢尺的尺面（**C**）。

（A）相水平；（B）倾斜成一角度；（C）相垂直；（D）相平行。

Je5A1170 刮刀是刮削的主要工具，分为（**D**）两大类。

（A）三角刮刀、曲面刮刀；（B）平面刮刀、蛇头刮刀；（C）三角刮刀、蛇头刮刀；（D）平面刮刀、曲面刮刀。

Je5A1171 把精度0.02/1000mm的水平仪放在1000mm的直尺上，如果在直尺一端垫高0.02mm，这时气泡便偏移（**A**）。

（A）一格；（B）两格；（C）三格；（D）四格。

Je5A1172 薄板料的切断可以夹在虎钳上进行，凿切板料的时候，用扁凿沿着钳口并（**A**）自右向左凿切。

（A）斜对着板料（约成45°角）；（B）平对着板料；（C）垂

直对着板料；（D）斜对着板料（约成 20°角）。

Je5A1173 闸阀和截止阀经解体检查合格后在复装时，应查明阀瓣处于（**D**）位置方可拧紧阀盖螺栓。

（A）关闭；（B）1/4 开度；（C）1/5 开度；（D）开启。

Je5A1174 当工件很大或由于孔的位置不能把工件放在机床上钻孔时，常用（**D**）钻孔。

（A）手钻；（B）板钻；（C）风钻；（D）磁力电钻。

Je5A1175 电磁阀属于（**D**）。

（A）电动阀；（B）慢速阀；（C）中速动作阀；（D）快速动作阀。

Je5A2176 轴承座上的油挡环与轴径之间的间隙，一般上部间隙与下部间隙的大小关系是（**C**）。

（A）一样大；（B）下部间隙较大；（C）上部间隙较大；（D）无严格要求。

Je5A2177 管道安装后，对管道进行严密性试验的试验压力为设计压力的（**B**）倍。

（A）2.50；（B）1.25；（C）1.10；（D）0.95。

Je5A2178 凝汽器铜管安装的质量要求之一是必须保证铜管胀口有足够的严密性，防止（**B**）漏入汽侧而使凝结水水质恶化。

（A）凝结水；（B）冷却水；（C）氧气；（D）空气。

Je5A2179 为防止高压加热器停用后的氧化腐蚀，规定停用时间少于（**C**）h，可将水侧充满给水。

（A）20；（B）40；（C）60；（D）80。

Je5A2180 U 形管加热器冷却水管的弯头最小弯曲半径应是管子直径的（**B**）倍。

（A）1.2；（B）1.5；（C）2；（D）2.5。

Je5A2181 阀门填料压盖，填料室与阀杆的间隙要适当，一般为（**A**）mm。

（A）0.2～0.3；（B）2～3；（C）0.8～1；（D）0.02～0.03。

Je5A2182 焊接弯头和热压弯头，其端面垂直度偏差应不大于外径的（**D**），且不大于（**D**）mm。

（A）0.5%，2；（B）0.5%，3；（C）1%，2；（D）1%，3。

Je5A2183 游标卡尺，尺框上游标的"**0**"刻度或与尺身的"**0**"刻度对齐，此时量爪之间的距离应为（**D**）。

（A）0.01；（B）0.02；（C）0.1；（D）0。

Je5A2184 发电厂对速度快、精度高的联轴器找中心广泛采用（**B**）找中心的方法。

（A）单桥架塞尺；（B）双桥架百分表；（C）塞尺；（D）简易找中心。

Je5A2185 起锯时，锯条与工件的角度均成（**C**）左右。
（A）5°；（B）10°；（C）15°；（D）20°。

Je5A2186 铰削时，铰刀旋转方向和退刀时的方向应分别为（**B**）方向。

（A）顺时针、逆时针；（B）顺时针、顺时针；（C）逆时针、顺时针；（D）逆时针、逆时针。

Je5A2187 刮削原始平板时，在正研刮削后，需进行对研刮削，其目的是为了（**B**）。

（A）增加接触点数；（B）纠正对角度部分的扭曲；（C）使接触点分布均匀；（D）减少接触点数。

Je5A2188 高温高压蒸汽管道一般采用（**C**）厚壁管。

（A）不锈钢；（B）高碳钢；（C）低合金钢；（D）低碳钢。

Je5A2189 平面刮削的精度，用（**C**）来表示。

（A）平面度；（B）不直度；（C）显示点数目；（D）圆度。

Je5A2190 麻绳、棕绳或棉纱绳在潮湿状态下的允许荷重应（**D**）。

（A）减少 50%；（B）减少 30%；（C）减少 20%；（D）减少 10%。

Je5A2191 錾子的后角是为了减少后刃面与切削表面之间的摩擦，一般情况下，后角为（**A**）。

（A）5°～8°；（B）8°～12°；（C）10°～12°；（D）15°～20°。

Je5A3192 凝汽器冷却水管的穿管顺序是（**D**）。

（A）先从上部开始，按照管束排列形式，一层一层地穿；（B）先从两侧开始，按照管束排列形式，由两侧向中央穿；（C）先从中央开始，按照管束排列形式，由中央向两侧穿；（D）先从底部开始，按照管束排列形式，由下而上一层一层地穿。

Je5A3193 钻孔前，先打冲眼，可以减少钻头的（**D**）。

（A）定心；（B）校正；（C）振摆；（D）偏斜。

Je5A3194 为了识别不同介质的管道，应在保温层外面刷漆。管道保温漆色规定：主蒸汽管道、给水管道、油管道分别应刷（A）色。

（A）红、绿、黄；（B）红、黄、绿；（C）绿、黄、红；（D）黄、绿、红。

Je5A3195 安装、搬运阀门时，不得以（C）作为起吊点，阀门安装除特殊要求外，一般不允许手轮朝（C）。

（A）阀座，下；（B）阀盖，下；（C）手轮，下；（D）手轮，上。

Je5A3196 对管道保温材料的要求之一是（C）。

（A）导热系数及密度小；（B）导热系数及密度大；（C）导热系数及密度小，且有高的强度；（D）导热系数及密度大，且有一定的强度。

Je5A3197 塞规按最大极限尺寸做的叫（C），按最小极限尺寸做的叫（C）。

（A）过端，过端；（B）过端，不过端；（C）不过端，过端；（D）不过端，不过端。

Je5A3198 管道的磨损厚度不允许大于壁厚的（A），如果磨损厚度过大，应对管道进行更换。

（A）1/10；（B）1/8；（C）1/6；（D）1/4。

Je5A3199 钼钢、铬钼钢、铬钼钒钢管道焊接前的预热温度为（B）℃。

（A）200～250；（B）250～300；（C）350～400；（D）400～450。

Je5A4200 原始平板刮削时，应该采用（C）块平板互相研刮。

（A）一；（B）二；（C）三；（D）四。

Je5A4201 在压紧阀门填料盖时，应留有供以后压紧盘根的间隙，其间隙对公称直径 100mm 以上和公称直径 100mm 以下的阀门分别为（C）mm。

（A）10～20，20；（B）20～30，20；（C）30～40，20；（D）30～40，30。

Je4A1202 高压加热器 JG—460—Ⅱ型，其中 460 表示（B）。

（A）加热温度；（B）加热面积；（C）给水流量；（D）高加重量。

Je4A1203 阀门型号 J963Y—200V，对此阀的正确详细的表述是（D）。

（A）电动截止阀；（B）直角式焊接电动截止阀；（C）焊接式截止阀；（D）直通式焊接电动截止阀。

Je4A1204 用在 550℃高温螺栓的丝扣在检修组装时应涂抹（A）。

（A）石墨粉；（B）二硫化钼粉；（C）白铅粉；（D）黄油。

Je4A1205 高加疏水调节阀（回转式阀）的滑阀与滑阀套径向间隙为 0.15～0.21mm，窗口重叠度为（A）mm。

（A）5；（B）2；（C）10；（D）8。

Je4A1206 用于锉削加工余量小、精度等级高和表面粗糙度要求高的工件应选用（C）。

（A）粗锉；（B）中锉；（C）细锉；（D）粗锉、中锉、细锉都可以。

Je4A1207　伞行齿与阀杆连接呈方孔或锥方孔，锥方孔的锥度为（**C**）。

（A）1:3；（B）1:5；（C）1:10；（D）1:20。

Je4A2208　电动装置与阀门直接相连时，连接法兰带有止口，止口间隙应为（**B**）mm。

（A）0.01～0.15；（B）0.02～0.05；（C）0.06～0.08；（D）0.09～0.10。

Je4A2209　起重机械和起重工具的负荷不准超过（**A**）。

（A）铭牌规定；（B）计算荷重；（C）试验荷重；（D）损坏荷重。

Je4A2210　找中心用垫片垫下轴瓦时，垫片不应超过（**C**）层。

（A）5；（B）4；（C）3；（D）2。

Je4A2211　相对相位法找平衡过程中启动转子时，要把转子稳定在（**D**）转速下。

（A）共振；（B）额定；（C）50%额定；（D）平衡。

Je4A2212　为了便于操作和识别系统，按国家规定，过热蒸汽管道底色应涂（**A**）。

（A）银色；（B）银色（黄环）；（C）银色（绿环）；（D）白色。

Je4A2213　发电厂汽水油系统管道中用于调节介质流量

的阀门是（**B**）。

（A）节流阀；（B）调节阀；（C）减压阀；（D）安全阀。

Je4A2214 压力容器的类别划分，要考虑其设计压力、（**B**）和介质危害性。

（A）材料强度等级；（B）容积；（C）结构形式；（D）作用。

Je4A2215 对有晶间腐蚀倾向的压力容器，一般要增加（**B**）。

（A）射线探伤；（B）金相试验；（C）着色探伤；（D）超声波探伤。

Je4A2216 安全阀一般至少（**C**）校验一次。

（A）半年；（B）每季；（C）一年；（D）每次大修。

Je4A2217 安全阀的回座压力，一般应为起座压力的 4%～7%，最大不得超过起座压力的（**A**）。

（A）10%；（B）12%；（C）15%；（D）20%。

Je4A2218 在组装凝汽器的冷却水管时，管板和隔板的管孔应使冷却水管保持（**B**）。

（A）在一条水平线上；（B）中间高、两边低，形成微微上拱；（C）中间低、两边高，形成自然垂弧；（D）一端高、一端低，形成一定坡度。

Je4A2219 为防止高压加热器水侧超压，应在水侧给水进口阀和出口阀之间设置一个安全阀或超压报警装置，安全阀接管最小直径为（**D**）mm。

（A）5；（B）10；（C）15；（D）20。

Je4A2220 轴承代号 **302**，其轴承内径为（**B**）mm。

（A）10；（B）15；（C）20；（D）25。

Je4A2221 选择螺栓材料应比螺母材料（**A**）。

（A）高一个工作等级的钢种；（B）选择一样；（C）低一个工作等级的钢种；（D）高一个工作等级或低一个工作等级的钢种均可。

Je4A2222 焊件表面的铁锈、水分未清除，容易产生（**C**）。

（A）未焊透；（B）夹渣；（C）气孔；（D）虚焊。

Je4A3223 水泵采用诱导轮的目的是（**B**）。

（A）增加静压；（B）防止汽蚀；（C）防止冲击；（D）防止噪声。

Je4A3224 阀门阀座密封面或衬里材料代号 **T**、**X**、**H** 分别表示（**A**）。

（A）铜合金、橡胶、合金钢；（B）合金钢、铜合金、橡胶；（C）橡胶、铜合金、合金钢；（D）橡胶、铜合金、合金钢。

Je4A3225 凝汽器铜管（$\phi25$）胀接前，铜管与管板之间的间隙一般应在（**A**）mm 之内。

（A）0.25～0.40；（B）0.5～1；（C）1；（D）1～2。

Je4A3226 阀门研磨的质量标准是：阀头与阀座密封部分应接触良好，表面无麻点、沟槽、裂纹等缺陷，接触面应在全宽的（**D**）以上。

（A）1/2；（B）1/3；（C）1/4；（D）2/3。

Je4A3227 微启式安全阀阀瓣的开启高度为阀座喉径的

（**C**）。

（A）1/20～1/10；（B）1/30～1/20；（C）1/40～1/20；（D）1/40～1/10。

Je4A3228　全启式安全阀阀瓣的开启高度为阀座喉径的（**C**）。

（A）1/2；（B）1/3；（C）1/4；（D）1/5。

Je4A3229　研磨阀门时，研磨头与研磨杆用固定螺丝连接，研磨头的研磨面应与研磨杆中心线（**C**），不能歪斜，使用时应按（**C**）方向旋转，以免固定螺丝松开。

（A）平行，顺时针；（B）垂直，逆时针；（C）垂直，顺时针；（D）垂直，任意。

Je4A3230　在压力容器内外部检验时，发现容器内壁表面有裂纹，进行打磨消除后，剩余壁厚若仍大于容器强度校核厚度，则该压力容器安全状况等级可评为（**B**）级。

（A）1；（B）2；（C）3；（D）4。

Je4A3231　在压力容器进行超压水压试验时，一般在（**D**）压力下进行宏观检查。

（A）工作；（B）试验；（C）无；（D）设计。

Je4A3232　安全门检修组装后应做（**D**）试验。

（A）密封和强度；（B）强度和动作；（C）刚度和密封；（D）密封和动作。

Je4A3233　云母水位计的垫子采用（**A**）制作。

（A）金属；（B）石棉；（C）塑料；（D）橡皮。

Je4A3234 轴承合金补焊时,焊口处以外其他部位的温度不允许超过(**D**)℃。

(A)30;(B)50;(C)70;(D)100。

Je4A3235 蠕变监督是在蒸汽温度较高、应力具有一定代表性、管壁较薄的同一批钢管(**B**)段上进行的。

(A)垂直;(B)水平;(C)倾斜;(D)垂直或水平。

Je4A4236 在加热器的疏水管道上布置疏水调节阀时,合理的布置应该是把疏水调节阀布置在疏水管道的(**B**)。

(A)靠近加热器处;(B)靠近接收疏水的容器入口;(C)中部位置;(D)任意位置。

Je4A4237 清理检查高压联成阀,应明确阀杆导向套筒及填料底环无磨损、冲蚀、划沟等缺陷,与阀杆的配合间隙为(**C**)mm。

(A)0.05~0.10;(B)0.15~0.20;(C)1.00~2.00;(D)2.50~3.00。

Je4A4238 管道内径的等级用公称直径表示,它是管道的(**A**)。

(A)名义计算直径;(B)实际直径;(C)实际外径;(D)实际内径。

Je4A4239 回转式给水调节阀圆筒形阀芯的不圆度不得超过(**C**)mm。

(A)0.01;(B)0.02;(C)0.03;(D)0.04。

Je4A4240 弯管时,管子加热到1000~1050℃,呈(**C**)色。

（A）樱桃红；（B）桃红；（C）橙黄；（D）黄色。

Je4A5241 在蒸汽温度高于 **350** ℃ 和内径大于等于 **200mm** 的蒸汽管道上应装设（**C**），并定期检查支吊架的运行情况。

（A）膨胀补偿器；（B）串联疏水门；（C）膨胀指示器；（D）带截止门的疏水管。

Je3A2242 按汽流的方向不同，凝汽器可分为四种。目前，采用较多的是汽流（**C**）凝汽器。

（A）向下式；（B）向上式；（C）向侧式；（D）向心式。

Je3A2243 火力发电厂中，测量主蒸汽流量的节流装置都选用（**B**）。

（A）标准孔板；（B）标准喷嘴；（C）长径喷嘴；（D）文丘里管。

Je3A2244 A 级检修开工前（**C**）左右，检修工作的负责人应组织有关人员检查落实项目、主要材料和备品配件，以及人力的准备和安排有关部门的协作配合等。

（A）10 天；（B）半月；（C）一月；（D）一月半。

Je3A2245 高、低压加热器加热管泄漏堵管数超过加热管总数的（**C**）时，应更换新管或加热器。

（A）4%；（B）7%；（C）10%；（D）15%。

Je3A2246 一般高压加热器人孔门密封垫的材料是（**A**）。

（A）金属缠绕垫；（B）钢垫；（C）紫铜垫；（D）青铜垫。

Je3A3247 运行时凝汽器真空系统找漏的常用方法是

（**C**）。

（A）荧光法；（B）烛光法；（C）氦气捉漏法；（D）高位上水法。

Je3A3248　为了保证检修质量，电厂检修实行三级质量监督和保证体系，即（**D**）三级验收。

（A）个人、班组、车间；（B）工作负责人、班组、车间；（C）个人、班组、厂部；（D）班组、车间、厂部。

Je3A3249　电弧焊粉中的主要成分是铁、锰、硅、镍，其中（**B**）毒性最大。

（A）铁；（B）锰；（C）硅；（D）镍。

Je3A3250　低合金高强度钢的容器焊后热处理的目的是（**B**）。

（A）改善组织；（B）消除残余应力；（C）去除氧气；（D）去氢降低冷裂倾向。

Je3A3251　射水抽气器以（**A**）作为射水泵的工作水。

（A）工业水或循环水；（B）凝结水；（C）软化水；（D）锅炉给水。

Je3A3252　焊缝咬边的主要危害是（**C**）。

（A）焊缝不美观；（B）减少焊缝面积；（C）引起应力集中；（D）焊缝不严易漏。

Je3A3253　下列不属于金属表面缺陷的是（**C**）。

（A）裂纹；（B）机械损伤；（C）咬边；（D）锈蚀。

Je3A3254　在管道安装时，对蒸汽温度高于（**B**）℃的蒸汽管道应设置监察段，以便进行组织变化及蠕变监督。

（A）300；（B）430；（C）450；（D）480。

Je3A3255 （**D**）材料的管道在 **500℃** 以下经过长时间的运行，会产生石墨化。

（A）CrMo910；（B）15CrMo；（C）12CrMoV；（D）15Mo。

Je3A3256 检修报告的主要内容有：设备名称、设备（**A**）、检修方法或手段，达到（**A**）程度及验收情况等。

（A）解体后状况、质量标准；（B）解体前状况、工艺水平；（C）位置、质量标准；（D）解体后状况、文明生产。

Je3A3257 安全措施应包括（**B**）等方面的人身和设备安全措施。

（A）设备拆卸、运输；（B）设备拆装、运输起吊；（C）设备组装、运输；（D）设备组装、运输起吊。

Je3A3258 发电厂主要设备的 A 级检修项目分（**C**）两类。

（A）标准项目、非标准项目；（B）一般项目、非标准项目；（C）标准项目、特殊项目；（D）一般项目、特殊项目。

Je3A4259 检修的种类有（**C**）四类。

（A）保养、维护、修理、事故；（B）一般、标准、特殊、非标；（C）定期检修、状态检修、改进性检修、故障检修；（D）常规、非标、特殊、改进。

Je3A4260 压力管道三通在运行 **5** 万 **h** 后进行第一次检查，其抽查比例为三通总数的（**B**）。

（A）5%；（B）10%；（C）15%；（D）20%。

Je3A4261 淋水盘式除氧器的进水管接在除氧塔（头）的 **（B）** 部，蒸汽管接在除氧塔（头）的 **（B）** 部。

（A）上，上；（B）上，下；（C）下，上；（D）下，下。

Je3A5262 电接点水位计的测量筒应垂直安装，垂直偏差不得大于 **（B）**，其底部应装设排污阀门。

（A）1°；（B）2°；（C）3°；（D）5°。

Je3A5263 大型机组凝汽器的清洗多通过运行胶球清洗装置进行清洗，胶球清洗装置的投运应在 **（A）**。

（A）凝汽器运行中定期进行；（B）凝汽器脏污后；（C）凝汽器停用后；（D）根据水质监督决定。

Je3A5264 检修记录应做到及时、正确、完整，通过检修核实及补充 **（B）** 的图纸。

（A）材料、配件；（B）备品、配件；（C）材料、配件；（D）材料、备品。

Je2A2265 为提高直接空冷凝汽器的传热性能，防止凝结水的冻结，空冷凝汽器管束通常采用 **（C）**。

（A）顺流式；（B）逆流式；（C）顺流式为主，逆流式为辅；（D）逆流式为主顺流式为辅。

Je2A3266 高压加热器自密封装置的四合环块相互拼接密合，与槽配合间隙上下 0.501mm、径向 **（B）** mm。

（A）0；（B）约1；（C）约5；（D）约23。

Je2A3267 **（A）** 是三级台账的基础，内容应详尽、正确，建账范围应包括所辖全部设备。

（A）班组设备台账；（B）车间技术台账；（C）厂部技术

台账；（D）各职能部门技术台账。

Je2A3268 凝汽器冷却水管更换钛管时用的胀管及切管机具必须彻底清洗，每胀管（**B**）根即用酒精清洗一次。

（A）1；（B）2～3；（C）4～5；（D）6～7。

Je2A3269 设备的级别评定根据设备状况的优劣，分为一、二、三类。其中（**C**）类设备称为完好设备。

（A）一；（B）三；（C）一和二；（D）一和三。

Je2A3270 阀门齿轮传动装置的齿轮，当磨损严重或有严重的点状剥蚀时，可用（**A**）进行处理。

（A）堆焊法；（B）镶套法；（C）栽桩法；（D）调整换位法。

Je2A4271 更换凝汽器铜管，新铜管两端胀口应打磨光亮，无油污、氧化层、尘土、腐蚀及纵向沟槽。管头加工长度应比管板厚度（**A**）mm。

（A）长10～15；（B）长5～10；（C）短10～15；（D）短5～10。

Je2A4272 任何情况下，疏水管道的内径不应小于（**C**）mm。

（A）10；（B）15；（C）20；（D）25。

Je2A4273 （**B**）是为了消除密封面上的粗纹路，进一步提高密封面的平整度和降低表面粗糙度。

（A）粗研；（B）精研；（C）抛光；（D）磨削。

Je2A4274 在加热器 A 级检修中，（**D**）检修项目属于特殊项目检修。

（A）加热器筒体、疏水弯头测厚；（B）加热器筒体焊缝探伤；（C）加热器水压实验；（D）更换热交换管子15%。

Je2A5275　主蒸汽管道的蒸汽吹扫时，靶板上的斑痕肉眼见不多于（B）点，即为合格。

（A）5；（B）10；（C）20；（D）30。

Je2A5276　在对压力容器检测时，对于焊缝深度小于或等于**12mm**的对接焊缝，其焊缝余高为（A）**mm**。

（A）0～1.5；（B）1.5～2.5；（C）2.5～3；（D）3～4。

Je2A5277　当阀门密封面沟槽缺陷的深度超过（B）**mm**时，通常采用磨削、车削来修复。

（A）0.1；（B）0.3；（C）0.4；（D）0.5。

Je1A3278　当主蒸汽管道引出管运行达**8万h**时，应对其组织进行抽查，抽查位置一般选在（C）。

（A）直管；（B）弯管；（C）硬度偏低部位；（D）角缝周围。

Je1A3279　高温紧固件应根据温度选择钢号，螺母材料硬度一般比螺栓材料（B），硬度值（B）。

（A）高一些，高20～50HB；（B）低一些，低20～50HB；（C）高一些，高30～60HB；（D）低一些，低30～60HB。

Je1A3280　热交换器铜管及胀口如有泄漏，则应补胀处理，但补胀应不超过（B）次。

（A）1；（B）2；（C）3；（D）任意。

Je1A3281 凝汽器大修后真空系统灌水试验检查严密性可采用加压法，加压压力一般不超过（**C**）kPa。

（A）30；（B）40；（C）50；（D）70。

Je1A3282 安全阀应装设通向室外的排汽管，其室外水平段长度不宜超过（**C**）倍的安全阀排汽口径。

（A）2；（B）3；（C）4；（D）5。

Je1A3283 用火焰校直法对阀杆进行校直时，一般加热带宽度接近阀杆的直径，长度为直径的（**B**）倍。

（A）1.2～1.5；（B）2～2.5；（C）3～3.5；（D）5～6。

Je1A3284 一般用途的阀杆螺母的磨损以不超过梯形螺纹厚度的（**B**）为准，超过者应更换。

（A）1/2；（B）1/3；（C）1/4；（D）1/5。

Je1A3285 凝汽器铜管采用退火法消除铜管内应力时，退火温度应为（**B**）℃。

（A）200～250；（B）300～350；（C）400～450；（D）500～550。

Je1A3286 气控疏水阀门调整时，通常接通压缩空气，将阀门门杆调整到关闭位置后，再操纵控制装置将阀门开足，（**D**），然后将阀门门杆与气控装置的螺母紧固。

（A）不要再做任何调动；（B）把门杆向开的方向再调上 1～5mm；（C）把门杆向开的方向再调上 2～3mm；（D）把门杆向关的方向再调下 2～3mm。

Je1A3287 压力容器的定期检验（**B**）年至少一次外部检查。

（A）0.5；（B）1；（C）2；（D）3。

Je1A3288 运行中停半边凝汽器进行清扫过程中，人孔门打开后应（**C**）。

（A）立即开始清扫；（B）通风冷却后开始清扫；（C）根据运行班长的指示决定是否开始清扫；（D）根据脏污程度决定是否进行清扫。

Je1A3289 检查焊缝表面裂纹的常用方法是（**D**）。

（A）超声波探伤；（B）磁粉探伤；（C）X 射线探伤；（D）着色检验。

Je1A4290 A 修后的总结，应有完整的技术文件，对所检修的设备进行（**B**）并对（**B**）作出评估。

（A）评级，设备；（B）评级，检修；（C）检查，检修；（D）检查，设备等级。

Je1A4291 A 修是按照预定计划，对设备进行全面的检查、试验、清理和修理，有时可能带有（**C**）。

（A）局部的恢复或消除一般性缺陷；（B）改造工作或消除一般性缺陷；（C）局部的恢复或改造工作；（D）改造工作或易损部件的更换。

Je1A4292 凝汽器冷却水管的胀管顺序是（**B**）。

（A）进水侧胀管→出水侧切管、胀管→进水侧翻边；（B）出水侧胀管→进水侧切管、胀管、翻边；（C）进水侧胀管→出水侧切管、胀管、翻边；（D）进水侧胀管、翻边→出水侧切管、胀管、翻边。

Je1A4293 用百分表对联轴器找中心时应该（**B**）。

（A）在圆周的直径对称方向上装两块百分表，在端面上装一块百分表；（B）在圆周上装一块百分表，在端面的直径对称方向上等距离装两块百分表；（C）在圆周和端面上各装一块百分表；（D）在圆周和端面的直径对称方向上等距离的各装两块百分表。

Je1A4294 高压加热器设置自动旁路保护装置的目的是（A）。

（A）保证锅炉给水的供应；（B）保护加热器汽侧；（C）保护加热器水侧；（D）保护高加联成阀。

Je1A4295 加热器检修必须在设备冷却后进行，设备应进行自然冷却，如时间紧迫需人工冷却时，必须控制温度降低速度，不得超过（B）℃/min，严禁往加热器内灌冷水或用压缩空气进行强制冷却。

（A）1；（B）2；（C）3；（D）4。

Je1A5296 除氧器等压力容器，如出厂技术资料齐全、压力容器使用登记及时、技术登录簿登录内容完整、报请上级特种设备安全监督管理部门办理使用登记批准手续的，其安全状况等级可评为（A）级。

（A）1；（B）2；（C）3；（D）4。

Je1A5297 措施（C）不能有效防止高加疏水管道被冲蚀。

（A）装设疏水冷却器；（B）疏水管采用 T 形管连接；（C）疏水低水位运行；（D）疏水调节阀靠近疏水接受器入口安装。

Je1A5298 在加热器中，表面质量的差异、内部缺陷、材质不同、所处的环境不同等会发生（A）。

（A）电化学腐蚀；（B）应力腐蚀；（C）氧过腐蚀；（D）酸

碱腐蚀。

Je1A5299 机组运行中，高压加热器事故停运，给水进出口阀门关闭严密，而进汽阀门有泄漏时，可能引起（**D**）。

（A）汽侧安全阀动作；（B）水侧安全阀动作；（C）加热管胀口泄漏；（D）加热器爆管。

Je1A52300 高压加热器疏水水位迅速上升到极限值而保护未动作时应（**D**）。

（A）迅速关闭加热器进水门；（B）迅速关闭加热器出水门；（C）迅速关闭加热器进出水门；（D）迅速开启保护装置旁路门。

Jf5A1301 凡是离地面（**C**）m 以上的地点进行的工作都应视为高处作业。

（A）3；（B）5；（C）2；（D）4。

Jf5A1302 移动式照明中行灯电压一般不超过（**B**）V。

（A）50；（B）36；（C）24；（D）12。

Jf5A1303 发现有人触电，首先应立即（**C**）。

（A）组织抢救；（B）人工呼吸；（C）切断电源；（D）心肺复苏。

Jf5A1304 在没有脚手架或者没有栏杆的脚手架上工作，高度超过（**B**）m 时必须使用安全带，或采取其他安全措施。

（A）2.5；（B）1.5；（C）1；（D）3。

Jf5A1305 使用电钻等电气工具时必须戴（**C**）。

（A）帆布手套；（B）纱布手套；（C）绝缘手套；（D）皮手套。

Jf5A2306 所有高温管道、容器等设备上的保温层应保证完整。当环境温度为 **25℃** 时，保温层外表面的温度一般不超过（**C**）℃

（A）40；（B）45；（C）50；（D）55。

Jf5A2307 凡在容器、槽箱内进行工作的人员，应根据具体工作性质，工作人员不得少于（**B**）人，其中（**B**）人在外面监护。

（A）2，2；（B）2，1；（C）4，1；（D）3，1。

Jf5A2308 压力容器的定期检查分为外部检查、（**A**）和全面检查三种。

（A）内部检查；（B）部分检查；（C）强度检查；（D）重点检查。

Jf5A2309 心肺复苏法支持生命的三项基本措施的顺序是（**A**）。

（A）通畅气道、口对口（鼻）人工呼吸、胸外按压（人工循环）；（B）胸外按压（人工循环），口对口（鼻）人工呼吸、通畅气道；（C）口对口（鼻）人工呼吸、通畅气道、胸外按压（人工循环）；（D）创伤急救、口对口（鼻）人工呼吸、胸外按压（人工循环）。

Jf5A2310 设备的（**B**）实质上是对设备有形磨损和无形磨损的寿命补偿。

（A）改造；（B）更新；（C）检修；（D）保养。

Jf5A2311 生产厂房内外工作场所的井、坑、孔、洞或沟道，必须覆以与地齐平的（**B**）。

（A）光滑的盖板；（B）坚固的盖板；（C）防滑的盖板；

（D）带沟槽的盖板。

Jf5A3312 高压电气设备是指对地电压在（**B**）V 以上者。
（A）380；（B）250；（C）220；（D）400。

Jf5A3313 安全色标分别为（**C**）、黄色、蓝色、绿色。
（A）紫色；（B）灰色；（C）红色；（D）黑色。

Jf5A4314 安全带在进行静荷重试验时，试验荷重和试验时间分别为（**B**），无变形、破裂情况者为合格。
（A）250kg，10min；（B）225kg，5min；（C）200kg，3min；
（D）300kg，5min。

Jf4A1315 班组民主管理不包括（**A**）。
（A）政治民主；（B）经济民主；（C）生产技术民主；
（D）奖惩民主。

Jf4A1316 班组加强定额管理工作中的劳动定额是指（**A**）。
（A）工时定额、产量定额；（B）质量定额、产量定额；
（C）成品定额、工时定额；（D）质量定额、成品定额。

Jf4A1317 质量方针是总方针的一个组成部分，由（**C**）批准。
（A）职工代表大会；（B）中层以上干部讨论；（C）最高管理者；（D）全体职工讨论。

Jf4A2318 如发现有违反《电业安全工作规程》，并足以危及人身和设备安全者，应（**C**）。
（A）汇报领导；（B）汇报安全部门；（C）立即制止；

（D）给予行政处分。

Jf4A2319 已执行的工作票应保存（**D**）个月。

（A）8；（B）6；（C）4；（D）3。

Jf4A2320 火力发电厂采用（**D**）作为国家考核指标。

（A）全厂效率；（B）厂用电率；（C）发电煤耗率；（D）供电煤耗率。

Jf4A2321 设备从全新状态投入生产后，由于新技术的出现，原有的设备丧失其原有使用的价值而被淘汰所经历的时间称为设备的（**A**）寿命。

（A）技术；（B）物理；（C）经济；（D）使用。

Jf4A2322 浸有油类等的棉纱头（回丝）及木质材料着火时，可用泡沫灭火器和（**A**）灭火。

（A）黄砂；（B）二氧化碳灭火器；（C）干式灭火器；（D）四氯化碳灭火器。

Jf4A3323 在混凝土或砖石基础内设置的套管，露出基础外的长度不应小于（**C**）mm。

（A）10；（B）20；（C）30；（D）40。

Jf4A3324 生产厂房内外工作场所的常用照明，应该保证足够的亮度。在操作盘、重要表计、主要楼梯、通道等地点还必须设有（**A**）。

（A）事故照明；（B）日光灯照明；（C）白炽灯照明；（D）更多的照明。

Jf4A3325 根据《发电企业设备检修导则》规定，若制造厂无明确要求，一般安排新机组投产后（**B**）年进行第一次 **A/B** 级检修。

（A）0.5；（B）1；（C）1.5；（D）2。

Jf4A4326 根据环境保护法的有关规定，机房噪声一般不超过（**B**）**dB**。

（A）80～85；（B）85～90；（C）90～95；（D）95～100。

Jf3A2327 在（**A**）进行动火工作时，应签发二级动火工作票。

（A）油管道支架及其支架上其他管道；（B）燃油管道；（C）大修中的凝汽器内；（D）易燃易爆物品仓库。

Jf3A2328 在吊起重物时，其绳索间的夹角一般不得大于（**C**）。

（A）30°；（B）60°；（C）90°；（D）120°。

Jf3A3329 200MW 以上机组蒸汽管道、再热蒸汽管道运行（**C**）万 **h** 时，应对管系及支吊架进行全面检查和调整。

（A）5；（B）8；（C）10；（D）15。

Jf3A3330 二氧化碳灭火剂具有灭火不留痕迹、有一定的电绝缘性能等特点，因此适宜于扑救（**D**）**V** 以下的带电电器、贵重设备、图书资料、仪器仪表等场所的初起火灾，以及一般可燃液体的火灾。

（A）220；（B）380；（C）450；（D）600。

Jf2A2331 二级动火工作票由工作负责人填写，检修班长或技术员签发，车间安全员或班长技术员签字，（**D**）。

（A）总工程师批准；（B）安监科长批准；（C）保卫科长

批准；（D）车间主任或车间技术负责人批准。

Jf2A2332 触电人心脏停止跳动时，应采用（**B**）方法进行抢救。

（A）口对口呼吸；（B）胸外心脏挤压；（C）打强心针；（D）摇臂压胸。

Jf2A3333 发电厂的检修管理集中地表现在机组的（**A**）过程中。

（A）A修；（B）B修；（C）C修；（D）D修。

Jf1A3334 根据《电业生产事故调查规程》，如生产区域失火，直接经济损失超过（**A**）万元者，认定为电力生产事故。

（A）1；（B）1.5；（C）2；（D）3。

Jf1A3335 如果触电者触及断落在地上的带电高压导线，在尚未确认线路无电且救护人员未采取安全措施（如穿绝缘靴等）前，不能接近断线点（**C**）m范围内，以防跨步电压伤人。

（A）4～6；（B）6～8；（C）8～10；（D）10～12。

Jf1A3336 （**B**）不属于安全事故分析中要坚持的"四不放过"原则。

（A）事故原因分析不清不放过；（B）事故未做定性不放过；（C）事故责任者和应受教育者没有受到教育不放过；（D）没有采取防范措施不放过。

Jf1A4337 （**A**）备品是指主要设备的零、部件。这些零、部件具有在正常运行情况下不易被磨损，正常检修中不需要更换；但损坏后将造成发供电设备不能够正常运行或直接影响主要设备的安全运行；而且不易修复、制造周期长或加工需用特殊材料的特点。

（A）配件性；（B）设备性；（C）材料性；（D）一般性备品。

Jf1A4338　质检点是指在工序管理中根据某道工序的重要性和难易程度而设置的关键工序质量控制点，这些控制点不经质量检查签证不得转入下道工序。其中 H 点为（**B**）。

（A）现场见证点；（B）停工待检点；（C）文件见证点；（D）试验点。

Jf1A5339　特殊工序是指（**C**）。

（A）需要有特殊技巧或工艺的工序；（B）有特殊质量要求的工序；（C）加工质量不能通过其后产品验证和试验确定的工序；（D）关键工序。

Jf1A5340　在全面质量管理中，PDCA 循环法是一种科学的质量管理工作程序。它反映了做工作和提高质量必须经过的四个阶段。这四个阶段不停地循环进行下去，就称作 PDCA 循环法。其循环的内容是（**C**）。

（A）计划—实施—检查—总结；（B）计划—检查—实施—总结；（C）计划—实施—检查—处理；（D）计划—实施—总结—评比。

4.1.2 判断题

判断下列描述是否正确。对的在括号内打"√"，错的在括号内打"×"。

La5B1001 图样的比例是指图形与其实物相应要素的线性尺寸之比。　　　　　　　　　　　　　　（√）

La5B1002 锯条安装时锯齿的齿尖应向前。　　（√）

La5B1003 一个电厂的汽轮机及其辅助设备应尽量选用不同牌号的汽轮机油。　　　　　　　　　（×）

La5B1004 汽轮机辅助设备（凝汽器、加热器及油冷却器）中传热过程的共同特点是热辐射影响完全可以不予考虑。　　　　　　　　　　　　　　　　（√）

La5B1005 热力发电厂的生产主要依靠锅炉、汽轮机、发电机三大设备。　　　　　　　　　　　（√）

La5B3006 样板是检查、确定工件尺寸、形状和相对位置的一种量具。　　　　　　　　　　　　（√）

La5B3007 润滑油随着时间的延续，汽轮机油质会因氧化作用逐渐恶化，因此需对运行中的汽轮机油进行调换。（×）

La4B1008 电动葫芦在吊运中，斜吊重物时应仔细捆绑好物件，防止脱落。　　　　　　　　　　（×）

La4B2009 管子割刀是切割管子的专用工具，它切割的管材断面垂直、割口无缩口现象。　　　　　（×）

La4B3010 展开图是按照物体各个表面的实际形状大小，并依其一定的顺序摊开而画出的平面图形。　（√）

La4B3011 锉刀一般用 T12—T13 碳素工具钢制成。　　　　　　　　　　　　　　　　　（√）

La4B3012 使用划线借料的方法可以使不合格的毛坯得到补救，加工后零件仍能符合要求。　　　（×）

La4B3013 喷灯常用的燃油有汽油或煤油，两种油料混合

使用效果好。 （×）

La4B3014 流体与壁面间的温差越大，换热量越大。对流换热热阻越小，则换热量越大。 （√）

La3B2015 回热加热器采用过热段的目的是减小端差，提高热经济性。 （√）

La3B3016 装配图按其用途不同，一般可分为设计装配图和施工装配图两种类型。 （√）

La3B3017 凝汽器内的工作压力决定于冷却水进口温度t_{w1}、冷却水温升Δt和传热端差δt。 （√）

La3B4018 采用回热循环可以提高循环热效率的实质，是提高了工质的平均吸热温度。 （√）

La2B2019 金属晶粒大小对其机械性能影响较大，通常在常温下，金属的晶粒越细，其强度、硬度和冲击韧性越高。 （√）

La2B3020 合金弹簧钢的含碳量一般在 0.5%～0.7%之间。 （√）

La2B4021 滚动轴承钢中的含铬量在 0.50～1.65 之间，钢中较高的铬元素含量可提高钢的淬透性和抗蚀能力。 （√）

La1B3022 钢的淬透性是指钢能淬硬的淬硬层深度。钢的淬透性仅与钢的化学成分有关。 （×）

La1B5023 当齿轮副的中心距公差由精度等级确定以后，齿轮副的侧隙主要由齿厚偏差确定。 （√）

Lb5B1024 对通过热流体的管道进行保温是为了减小热损失和环境污染。 （√）

Lb5B1025 松开水泵叶轮螺栓时，一般都是右旋。（×）

Lb5B1026 凝汽器管束形成结垢一般发生在汽侧。（×）

Lb5B1027 凝汽器运行中的高度真空主要是靠真空泵的工作和轴封供汽的工作来维持的。 （√）

Lb5B1028 单元机组的除氧器应有可靠的启动和备用汽源。 （√）

Lb5B1029 高、低压加热器一般采用混合式加热器。

（×）

Lb5B1030 蒸汽管道用钢选择的主要依据是蒸汽压力。

（×）

Lb5B1031 一台机组的各高压加热器的加热面积不一样，给水流量一样。 （√）

Lb5B2032 低压加热器一般采用U形表面式加热器。

（√）

Lb5B2033 大型汽轮机的除氧器一般都采用真空式除氧器。 （×）

Lb5B2034 高压加热器的疏水，一般采用逐级自流法，一直流至除氧器为止。 （√）

Lb5B2035 除氧器除作为给水脱氧设备外，还是给水加热设备。 （√）

Lb5B2036 当凝汽器内的压力高于某一数值时，自动排汽门就会自动开启，使蒸汽排到大气中去。 （√）

Lb5B2037 管道中心歪斜的管口可以强行对口。 （×）

Lb5B2038 射汽式抽气器运行中的主要故障是污垢堵塞喷嘴、冷却器中的主凝结水中断、冷却器中的流水器失灵等。

（√）

Lb5B2039 射水式抽气器混合室的汽、气混合物入口处装有自动止回阀，当抽气器发生故障时，止回阀门可以防止工作水被吸入凝汽器中。 （√）

Lb5B3040 除氧头筒体及附件用1Cr18Ni9Ti不锈钢板制，主要是为了防止除氧筒壁及附件腐蚀。 （√）

Lb5B3041 凝结水泵的出口水压是负压，因而要求具有良好的密封性能和抗汽蚀性能。 （×）

Lb5B3042 高压除氧器除氧后凝结水的含氧量高于大气式除氧器除氧后凝结水的含氧量。 （×）

Lb5B3043 凝汽器的中间隔板中，每一块隔板的管孔中心相对于管板的管孔中心抬高不同的高度，以保证管子与隔板紧密接触，并具有热补偿作用，还能减小管壁上水膜的厚度，提高蒸汽与冷却水的传热效果。　　　　　　　　　　（√）

Lb5B3044　与射水抽水器相比，一些大型机组中采用的离心式真空泵具有耗能低、耗水量小以及噪声小的优点。

（√）

Lb5B3045　高压加热器投运率指高压加热器投入运行小时数与其相应的汽轮发电机组（主机）运行小时数之比的百分数。　　　　　　　　　　　　　　　　　　　　　　（√）

Lb5B3046　表面式加热器的热经济性比混合式加热器的热经济性高。　　　　　　　　　　　　　　　　　（×）

Lb5B4047　标志凝汽设备运行情况好坏的主要指标有凝汽器的真空是否符合要求、凝结水的过冷度是否最小及凝结水的品质是否好。　　　　　　　　　　　　　　（√）

Lb5B4048　立式循环水泵具有占地面积少、叶片安装角度可调节、水泵效率高等优点，被我国火力发电厂普遍使用。

（×）

Lb4B1049　除氧器安装高度对给水泵运行无影响。（×）

Lb4B1050　二硫化钼锂基脂适用于工作温度低于 120℃、环境温度低于 60℃ 的高转速、大荷重的轴承润滑。　　（√）

Lb4B1051　压力容器脆性断裂时，破口的断面呈暗灰色纤维状，没有闪烁金属光泽，断口齐平，而与主应力方向垂直。

（×）

Lb4B1052　调节阀进出口必须设有关断类阀门。　（√）

Lb4B1053　闸阀是双侧密封的阀门。　　　　　（√）

Lb4B1054　除氧塔进汽口位置应在疏水口、凝结水口、化学补充水口的下方。　　　　　　　　　　　　　　（√）

Lb4B2055　凝汽器灌水检漏时，对胀口渗漏可用胀管器加胀加以消除。　　　　　　　　　　　　　　　　（√）

Lb4B2056　机械胀管的允许范围与管子的外径有关，在管

子外径一定的条件下，管壁厚度越大，机械胀管的可胀性就越差。　　　　　　　　　　　　　　　　　　　　　　　（√）

Lb4B2057　循环水管由于工作温度低，其热伸长值较小，管道本身的弹性即可作为热伸长的补偿。　　　　　　（√）

Lb4B2058　工业水系统的供水范围：机炉的辅助设备的冷却水、轴封用水及凝汽器冷却水。　　　　　　　　　　（×）

Lb4B2059　高压加热器管束检漏时，可用加压泵加压至汽侧压力的 1.25 倍，时间为 5min。　　　　　　　　　（×）

Lb4B2060　安全阀属自动阀，当管路压力大于允许压力时该阀自动打开，当管路压力恢复至等于或小于允许压力时该阀自动关闭。　　　　　　　　　　　　　　　　　　　（√）

Lb4B3061　压力表测量值可以不考虑传压管液柱高度的修正。　　　　　　　　　　　　　　　　　　　　　　　（×）

Lb4B3062　主蒸汽管道疏水和再热蒸汽管道疏水不能接入同一台疏水扩容器中。　　　　　　　　　　　　　　（√）

Lb4B3063　安全阀检修组装后应做密封试验和动作试验。

　　　　　　　　　　　　　　　　　　　　　　　　　（√）

Lb4B3064　加热器因泄漏而退出运行时，应先切断水侧，再切断汽侧。　　　　　　　　　　　　　　　　　　（×）

Lb4B3065　高压加热器随主机滑停中，由于各个高压加热器之间的汽压差减小，疏水流动不畅而引起高压加热器水位升高。　　　　　　　　　　　　　　　　　　　　　　（√）

Lb4B3066　若真空系统严密、抽气器工作正常时，凝汽器端差增大，则表明凝汽器污脏。　　　　　　　　　　（√）

Lb4B3067　带黑铅粉的石棉制品的盘根适用于温度在500℃以上的高压阀门。　　　　　　　　　　　　　　（√）

Lb4B3068　滚珠或滚柱支架可减小管道与支承间的摩擦力，保证管道水平面内的自由膨胀。　　　　　　　　　（√）

Lb4B3069　焊件表面的铁锈、水分未清除，容易产生夹渣。

　　　　　　　　　　　　　　　　　　　　　　　　　（×）

Lb4B3070 高温高压管道焊接后一般采用高温回火工艺进行热处理。 （√）

Lb4B4071 当安全阀安装必须设进口管时,进口管的截面积应不小于安全阀进口截面积,并避免采用弯头等附件。

（√）

Lb4B4072 加热器入口管端侵蚀是一种侵蚀和腐蚀共同作用的损坏过程。损坏部位一般发生在碳钢管加热器管束的给水入口端约 200cm 的范围内。 （×）

Lb4B4073 阀体泄漏的主要原因是制造缺陷,即浇铸不好,有砂眼、裂纹、气孔及阀体曾补焊时的拉裂。 （√）

Lb3B2074 凝汽器冷却水管在管板上的固定方法通常采用胀管法。 （√）

Lb3B2075 由给水泵经高压加热器至锅炉省煤器进口的这段管路称为高压给水管道系统。 （√）

Lb3B2076 架设百分表需卡住表杆外套时,要卡死,以防止百分表固定不牢。 （×）

Lb3B3077 管道焊接时,由于电流强度不足、间隙及坡口角度小、焊接速度快、钝边大、焊口边缘不干净以及焊条太粗等原因,会造成未焊透情况出现。 （√）

Lb3B3078 热力设备管道是在常温下安装、高温下运行的,热膨胀补偿不当,会使管道和附件承受巨大的应力,造成管道及附件的变形和损坏。 （√）

Lb3B3079 为提高射水抽气器的效率,应尽可能提高其工作水温。 （×）

Lb3B3080 凝汽器冷却水管表面结垢,将使传热端差增大,凝汽器压力升高,汽轮机运行经济性降低。 （√）

Lb3B3081 加热器蒸汽温度与给水出口温度差越小,加热器运行越完善。 （√）

Lb3B3082 板式换热器是由一组波纹金属板组成的,板上有孔,供传热的两种液体通过。换热器具有换热效率高、传热

端差小等特点。 （√）

Lb3B3083　热交换器 U 形管制作时，$R \leqslant 100mm$ 应先灌黄沙，敲实后才可进行弯管工作。 （√）

Lb3B3084　对空冷凝汽器来说，空气是在排列紧密的翅片间流动，排汽是在管内流动，空冷器内冷热流体是不互相混合的交叉流动。 （√）

Lb3B5085　冷补偿是在管道冷态时预加一个与热应力方向相反的冷紧力，以减小运行中管道的应力和管道对支吊点的作用力。 （√）

Lb2B2086　凝汽器的真空越高，汽轮机的运行经济性越高。 （×）

Lb2B3087　一般轴封加热器的作用是回收轴封漏气，用来加热给水，减少工质和热量损失。 （×）

Lb2B3088　一般每台汽轮机均配有两台凝结水泵，每台凝结水泵的出力等于凝汽器额定负荷时的凝结水量。 （×）

Lb2B3089　从安全角度看，高压加热器停运必须降低或限制汽轮机出力。 （√）

Lb2B4090　Ω形和Π形弯曲管补偿器具有补偿能力大、运行可靠、制造方便等优点。 （√）

Lb2B5091　内置式无头除氧器结构紧凑、造价低、除氧效果好、适应负荷变化能力强，但工作过程中排汽损失较大。

（×）

Lb2B5092　疏水泵的疏水方式节省的是高一级压力的蒸汽，因此效率较逐级自流疏水方式高，但疏水泵打的是具有较高温度的水，故障可能性较大，即可靠性较逐级自流疏水方式低。 （√）

Lb1B2093　汽轮机及附属设备的铸铁部件出现裂纹或损伤时，一般采用冷焊进行处理。 （×）

Lb1B2094　双压式凝汽器的采用，可在一定程度上提高机组的安全经济性。 （√）

Lb1B2095 凝汽器运行时,温度越低越好。 （×）

Lb1B3096 凝汽器冷却水管在排列时应考虑有侧向通道使蒸汽进入内层管束,以避免内层管束的热负荷过低。（√）

Lb1B3097 发电厂全面性热力系统图是指全厂所有热力设备,包括运行和备用以及连接这些设备的管道和附件的总系统图。
（√）

Lb1B3098 300MW 及以上机组广泛采用卧式加热器,其主要原因是卧式加热器的传热效果好。 （√）

Lb1B3099 由于混合式加热器所组成的回热系统复杂,布置困难,在现代电厂实际应用的给水回热系统中,均采用表面式加热器。 （×）

Lb1B3100 一般表面式加热器的端差小于混合式加热器的端差,因此表面式加热器得到广泛应用。 （×）

Lb1B4101 喷嘴式除氧器喷嘴的堵塞或腐蚀,会使雾化效果变差,汽水传热面积减小,影响除氧效果。 （√）

Lb1B4102 凝汽器管束之间设置的中间挡水板可以避免凝结水的再次冷却,减小过冷度,从而提高热经济性。（√）

Lb1B4103 凝汽器铜管应做耐压试验、剩余应力试验、压扁试验、扩胀试验,合格后方可组装。 （√）

Lb1B4104 CMS2000 型液体盘根可取代线速度在一定范围内的水泵的轴端密封盘根,它具有可再利用、减小劳动强度及减少磨损、延长泵轴或轴套使用寿命的优点。 （√）

Lb1B4105 高压加热器的疏水冷却段可把疏水的热量传给进入加热器的给水,同时使疏水温度维持在饱和温度。

（×）

Lb1B4106 大容量机组除氧器采用滑压运行方式的主要目的是随时把除氧水加热到饱和温度。 （×）

Lb1B4107 随凝结水进入除氧器的绝大部分非冷凝气体是在喷雾除氧段中被除去。 （√）

Lb1B5108 造成火力发电厂效率低的主要原因是汽轮机

排汽热损失大。 （✓）

Lc5B1109 当电路中参考点改变时，各点电位也将改变。
（✓）

Lc5B1110 进入凝汽器内工作时应有专人在外面监护，清点进出入工具的数量，防止遗留在凝汽器内。 （✓）

Lc5B1111 在汽轮机运行中，当新蒸汽的压力下降时必须相应地限制汽轮机的出力。 （✓）

Lc5B2112 如果检修的管段上没有法兰盘而需要用气割或电焊等方法进行检修时，应开启该管段上的疏水门，证实内部确无压力或存水后，方可进行气割或焊接工作。 （✓）

Lc5B3113 汽轮机油系统中所有的油每小时经过油箱的次数越多，油在油箱中的分离效果越差，油质越容易劣化。
（✓）

Lc5B3114 国产 125MW 机组的电磁超速保护装置能在机组由大于 60%额定负荷突然减至 25%额定负荷以下时动作，暂时切断汽轮机的进汽，防止机组超速。 （✓）

Lc4B1115 一般中间再热循环的再热温度与初始温度相近。 （✓）

Lc4B1116 把交流 50～60Hz、10mA 及直流 50mA 确定为人体的安全电流值。 （×）

Lc4B2117 过热蒸汽流经喷嘴后，其压力降低、温度降低、比体积增大、流速增大。 （✓）

Lc4B2118 为提高汽轮机调速汽阀的严密性，通常应采取的方法是清理密封面氧化皮之后进行研磨，并应保持阀芯及阀座的型线不变。 （✓）

Lc4B3119 测量汽轮机转子的推力间隙，是在推力轴承就位的情况下将转子推向前后极限位置所测得的转子移动量，与轴承体本身的窜动量无关。 （×）

Lc4B3120 在金属容器内应使用 36V 以下的电气工具。
（×）

Lc3B3121 热力系统的箱类容器,如疏水箱、疏水扩容器、低位疏水箱,都应保温,并涂与管道颜色相同的油漆,水箱内壁应涂以防腐漆。　　　　　　　　　　　　（√）

Lc3B3122 对设备检修技术记录、试验报告等技术资料,应作为技术档案整理、保存。　　　　　　　　　（√）

Lc3B3123 在画原则性热力系统图时,同类型、同参数的设备在图上只表示一个。　　　　　　　　　（√）

Lc2B3124 目前计算机网络使用的有线介质有双绞线、同轴电缆和微波。　　　　　　　　　　　　（×）

Lc2B3125 设备的改造实质上是对设备有形磨损和无形磨损的完全补偿。　　　　　　　　　　　（×）

Lc1B4126 反动式汽轮机是利用蒸汽的冲动力和反动力同时对动叶片做功。　　　　　　　　　　（√）

Lc1B4127 速度变动率 δ 是表征调节系统品质的重要指标之一,一般 δ 的范围为 1%～3%。　　　（×）

Lc1B4128 多级汽轮机的重热系数的大小表明前面级的损失能被后面级回收的热量的多少,因此重热系数越大,回收损失的热量越多,多级汽轮机的效率越高。　　（×）

Jd5B1129 图样上的尺寸是零件的最后完工尺寸,尺寸以毫米为单位时,也需标注单位的代号或名称。　　（×）

Jd5B1130 薄板中间凸起,直接锤击凸起部位,使其压缩变形而达到矫正。　　　　　　　　　　（×）

Jd5B1131 用相同刀具切削铸铁、铸钢要比切削钢材的切削速度低些。　　　　　　　　　　　（√）

Jd5B1132 氧—乙炔气割时利用易燃气体和助燃气体混合物燃烧作为热源,将金属加热到熔点,并在氧气射流中剧烈氧化使局部熔化,然后再由高压氧气流使金属切开。（√）

Jd5B1133 在现代起重作业中,绵纶绳可以代替钢丝绳使用。　　　　　　　　　　　　　　　（×）

Jd5B1134 汽轮机凝汽器底部若装有弹簧,要加装临时支

撑后方可进行灌水查漏。　　　　　　　　　　　　（✓）

Jd5B2135　气焊火焰有中性焰、氧化焰和碳化焰三种，中性焰适用于焊接一般碳钢和有色金属。　　　　　　（✓）

Jd5B3136　外螺纹的牙顶用粗实线表示。　　　（✓）

Jd5B3137　划线能确定工件的加工余量，使机械加工有明确的尺寸界线。　　　　　　　　　　　　　　　（✓）

Jd5B3138　起吊重物放在地上应稳妥地放置，防止倾倒或滚动，必要时可让重物长期悬吊在空中，以免倒塌。（×）

Jd5B3139　起重设备进行动力试验的荷重超过最大工作荷重的 10% 时，荷重悬吊于起重钩上。　　　　（✓）

Jd4B1140　直线与平面平行的条件是：直线必须平行于该平面所包含的一条直线。　　　　　　　　　（✓）

Jd4B1141　千斤顶顶升重物时，可以在原压把上加长压把长度。　　　　　　　　　　　　　　　　　（×）

Jd4B2142　零件图是直接用于指导零件制造和检验的依据。　　　　　　　　　　　　　　　　　　　（✓）

Jd4B2143　形状公差中平面度公差带是指距离为公差值的两平行平面之间的区域。　　　　　　　　　（✓）

Jd4B2144　锉削加工余量小，精度等级高和表面粗糙度要求高的工件时，应选用中锉。　　　　　　　（×）

Jd4B2145　游标卡尺是测量零件内径、外径、长度、宽度、厚度、深度或孔距的常用工具。　　　　　　（✓）

Jd4B3146　12CrMoV 钢管手弧焊时，应选择 E7015 焊条。
　　　　　　　　　　　　　　　　　　　　　　（×）

Jd4B3147　滚动轴承一般不用于承受轴向力或承受部分轴向力。　　　　　　　　　　　　　　　　　（×）

Jd4B3148　起重机械和起重工具的起重负荷不准超过试验负荷。　　　　　　　　　　　　　　　　　（×）

Jd4B4149　在装配图中两个零件的接触表面或基本尺寸相同的配合面，只画一条线。　　　　　　　　（✓）

Jd4B4150 吊环是起吊设备的专用工具，也可作为拆装设备的工具使用。（√）

Jd3B2151 研磨剂中磨粉的粗细是以粒度号数表示的，号数越小，则磨粉越细。（×）

Jd3B3152 在装配图中，宽度小于或等于 2mm 的狭小面积的剖面，可用涂黑代替剖面符号。（√）

Jd3B3153 在剖视图中，内螺纹的牙顶用粗实线画出，剖面线画到牙底线为止。（×）

Jd3B3154 在手工攻丝时，不允许用倒转的方法断屑、排屑。（×）

Jd3B5155 松节油是适用于精刮的显示剂。（√）

Jd2B2156 零件上尺寸为 $\phi 60^{-0.009}_{-0.039}$ 的孔最大可以加工到 $\phi 60$。（×）

Jd2B3157 装配图中，安装尺寸是指将设备或部件安装到工作位置所涉及的有关尺寸。（√）

Jd2B5158 麻花钻头的顶角影响切削刃上切削抗力的大小，顶角愈小，则轴向抗力愈小。（√）

Jd1B2159 孔和轴的配合种类可分为过盈配合、间隙配合和过渡配合三种。（√）

Jd1B3160 錾削时形成的切削角度有前角、后角和楔角，三个角度之和为 90°。（√）

Je5B1161 大螺栓的拧紧程序都是先进行冷紧，后进行热紧。（√）

Je5B1162 凝汽器灌水检漏，不能边加水边检查管口胀口泄漏情况。（×）

Je5B1163 高参数蒸汽管路和给水管路的法兰结合面之间，应选用铜或铝的齿形垫片。（×）

Je5B1164 管道在穿过墙壁、楼板时，管段焊口可以在墙壁或楼板内。（×）

Je5B1165 管道支吊架应牢固完整，弹簧支吊架的弹簧应

完好不歪斜，测量压缩长度与原始值比较，偏差大时应做分析和必要的调整。　　　　　　　　　　　　　　　　（√）

Je5B1166　淬火的水温一般不超过 30℃。　　　（√）

Je5B1167　安全阀一经校验合格就应加锁或铅封，严禁任意提高安全阀起座压力或使安全阀失效。　　　　　　（√）

Je5B1168　升降止回阀应装在水平管道上。　　（√）

Je5B1169　阀门盘根接口处应切成 90°。　　　（×）

Je5B1170　常用的润剂脂有钙基润剂脂、钠基润剂脂、钙钠润剂脂和锂基润剂脂。　　　　　　　　　　　　　　（√）

Je5B1171　钻头的后角大，切削刃锋利，而钻削时易产生多角形。　　　　　　　　　　　　　　　　　　　（√）

Je5B1172　麻花钻有两条形状相同的螺旋槽，其作用是形成两条切削刃的前角，并可导向。　　　　　　　　　（×）

Je5B1173　三角皮带的公称长度是指三角皮带的外圆长度。　　　　　　　　　　　　　　　　　　　　　（×）

Je5B1174　研磨圆柱表面时，工件和研具之间必须是作相对旋转运动的。　　　　　　　　　　　　　　　　（√）

Je5B2175　高压法兰拆下后，应用红丹粉检查法兰密封面变形情况，并作必要的研磨。　　　　　　　　　　　（√）

Je5B2176　为了保证某种运行工况，压力容器可以稍许超压运行，但必须监视。　　　　　　　　　　　　　（×）

Je5B2177　抽气止回阀检修应测量弹簧自由长度，并做好记录。　　　　　　　　　　　　　　　　　　　（√）

Je5B2178　抽气器检修装复时，螺栓和新石墨纸板垫不需要涂黑铅粉。　　　　　　　　　　　　　　　　（×）

Je5B2179　阀门研磨时，磨具最好采用合金钢制成。

　　　　　　　　　　　　　　　　　　　　　　　（×）

Je5B2180　如管道水平布置的话，一定保持水平，不能有倾斜。　　　　　　　　　　　　　　　　　　　（×）

Je5B2181　机械设备拆卸时，应该按照与装的顺序和方向

进行。　　　　　　　　　　　　　　　　　　　　　　　（×）

Je5B2182　平面刮刀中精刮刀的楔角 β 磨成 97.5° 左右，刀刃圆半径应比细刮刀小些。　　　　　　　　　　　　（√）

Je5B2183　钻床的代号用汉语拼音字母"Z"表示，标注于型号的中间。　　　　　　　　　　　　　　　　　（×）

Je5B2184　游标尺的读数装置由尺身和游标两部分组成。
　　　　　　　　　　　　　　　　　　　　　　　　　（√）

Je5B2185　不准使用螺纹或齿条已磨损的千斤顶。（√）

Je5B2186　当錾削一般钢材和中等硬度材料时，楔角取 $30° \sim 50°$。　　　　　　　　　　　　　　　　　　　（×）

Je5B2187　为了使板牙容易对准工件和切入材料，圆杆端都要有倒角 15° ～40°。　　　　　　　　　　　　　（×）

Je5B2188　刮削余量的合理选择与工件面积、刚性和刮削前的加工方法等因素有关，一般在 0.05～0.4mm 之间。（√）

Je5B2189　留铰孔余量的一般原则是孔径大，留铰量小；孔径小，留铰量大；材料硬，留铰量小；材料软，留铰量大。
　　　　　　　　　　　　　　　　　　　　　　　　　（×）

Je5B3190　部分机组的凝汽器用弹簧支持在基础上，借助弹簧来补偿排汽缸的膨胀。　　　　　　　　　　　（√）

Je5B3191　紧固管道法兰螺栓时，应按对称紧固顺序拧紧，以免紧偏。　　　　　　　　　　　　　　　　（√）

Je5B3192　管子焊接口距离弯管起弧点不得小于管子外径，且不小于 150mm。　　　　　　　　　　　　　（×）

Je5B3193　凝汽器堵管或泄漏管子的数量超过总数的 10%时，应采取部分更换铜管的措施。　　　　　　　（√）

Je5B3194　碳钢管弯制后可不进行热处理，只有合金钢管弯制后，才对弯曲部分进行热处理。　　　　　　（√）

Je5B3195　光面塞规是一种用来测量工件内尺寸的精密量具，做成最大极限尺寸和最小极限尺寸两种。　（√）

Je5B3196　刃磨好的钻头应达到切削部分的角度要求，两

条主切削刃要等长，顶角应被钻头的中心线平分。 （✓）

Je5B3197 在铰削中铰刀旋转困难时，仍按逆时针方向慢慢顺扳，同时用力抽出铰刀。 （×）

Je5B3198 铰圆锥孔时，一般按大端钻孔。 （×）

Je5B4199 阀门安装前应清理干净、关闭，焊接阀门时稍开启，安装截止阀、止回阀及节流阀时应注意介质流动方向应符合制造厂设计规定。 （✓）

Je5B4200 传动装置的万向接头最大变换方向为 40°，齿轮（蜗轮）换向器允许的变换方向为 90°。 （×）

Je4B1201 0.5 级仪表的精确度比 0.25 级仪表的精确度高。 （×）

Je4B1202 水位计的玻璃管如果污染不严重，不用清洗就可装复。 （×）

Je4B1203 碳钢的可焊性随着含碳量的高低而不同，低碳钢易焊接。 （✓）

Je4B1204 更换管材、弯头和阀门时，应特别注意使用温度和压力等级是否符合要求。 （✓）

Je4B1205 直径大于 194mm 的管子的对接焊应采用两人对接焊，以减小焊接应力与变形。 （✓）

Je4B1206 导向支架除承受管道重量外，还能限制管道位移的方向。 （✓）

Je4B2207 检修水泵叶轮拆卸时，叶轮和每级节段上不能敲上钢印编号，以免损坏。 （×）

Je4B2208 阀门的填料、垫片应根据介质和参数选用。 （✓）

Je4B2209 管道的焊口应尽量少布置在支吊架上。（×）

Je4B2210 阀门检修后必须进行水压试验，其压力为工作压力的 1.25 倍，保压 5min 不泄漏为合格。 （✓）

Je4B2211 热弯头加热时，碳素钢加热到 950～1000℃，即

当管面的氧化层成蛇皮状并开始剥落时，即可开始弯管。（√）

Je4B2212　更换管道和管件，当管道和管件吊装到安装位置时，应对标高、坡度或垂直度、同心度进行调整。　（√）

Je4B2213　当阀门研磨时，如缺乏研磨工具，可用阀芯和阀座直接对研。　（×）

Je4B2214　当蒸汽管道布置在油管道的阀门、法兰等可能漏油的部位时，一般应将蒸汽管置于油管上方。　（√）

Je4B2215　管道附件或管道焊口上可以开口或连接支管。

（×）

Je4B2216　蝶阀一般适用于大管径、低压力管道流体的接通、截断或流量调节。　（√）

Je4B2217　阀门试压指的是阀体密封性试验。　（×）

Je4B2218　自动胀管机一般由电子控制部分、动力部分和胀管器三部分组成。　（√）

Je4B2219　压力容器安装焊缝内在质量抽查比例为 5%。

（×）

Je4B2220　管子本身破裂缺陷不能用补焊手段消除，只能换管。　（√）

Je4B3221　调整电动机地脚螺栓垫片时，手指不能伸入电动机地脚内。　（√）

Je4B3222　给水的温度超过 200℃以上时，高压加热器入口管端侵蚀损坏就非常严重。　（×）

Je4B3223　油管的法兰垫片可以用塑料垫片。　（×）

Je4B3224　在进行加热器钢管胀接时，若管子管端硬度大于管板硬度或管子硬度 HB＞170，则胀管前管端应进行退火处理，退火长度不小于管板厚度加 30mm。　（×）

Je4B3225　对任何类别的压力容器，当材料不明时，都可按 Q235A 材料对待。　（×）

Je4B3226　表面裂纹最有效的检验方法是肉眼宏观检查和表面探伤检查。　（√）

Je4B3227 可以在没有补偿装置的直管段上连续安装两个固定支架。 （×）

Je4B3228 当压力管道的球化达到 1 级时，应对该压力管道进行更换。 （×）

Je4B3229 进水或进汽压力高于容器工作压力的各类压力容器应装设安全阀。 （√）

Je4B3230 在安装Ω形或Π形补偿器时，必须进行预先热拉，热拉长度不小于其补偿能力的一半。 （×）

Je4B3231 冷拉管道安装冷拉焊口使用的工具，应待整个焊口焊完、热处理之前拆除。 （×）

Je4B3232 阀门的密封面沟槽缺陷深度超过 0.3mm 时，可采用车削的方法修复。一般是在车床上车一刀后再进行研磨。 （√）

Je4B3233 阀门冷态时关得过紧，热态时易胀住而影响开启。 （√）

Je4B3234 压力容器和管道焊接时，焊接坡口一般有 U 形、X 形、V 形、双 V 形四种。 （√）

Je4B4235 对管道的金属，监督应定期进行金相组织分析及性能试验。例如采用割管或钻屑进行分析试验，以了解材质在运行过程中的变化。 （√）

Je4B4236 在运行中的管道上打卡子以消除轻微的漏泄，要特别注意操作方法的正确性。 （√）

Je4B4237 如阀体泄漏，对泄漏处用 4%硝酸溶液浸蚀，可显示出全部裂纹。 （√）

Je4B4238 常用的无损探伤有射线、超声波、磁粉渗透探伤和着色探伤四种。 （√）

Je4B4239 抽汽止回阀拆卸检修时，应测量弹簧自由长度，并做好记录。 （√）

Je4B4240 高压加热器钢管泄漏，可用铰刀将内径略铰大一段(约 50mm 深)，然后用堵头堵上,堵头应缩进管板平面 1～

2mm，再用电焊封焊。 （√）

Je3B1241 给水的 pH 值越大，高压加热器入口管端侵蚀损坏就越严重。 （√）

Je3B2242 壁厚大于 30mm 的低碳钢管子与管件、合金钢管子与管件，在焊接前应预热，焊接后应热处理。 （√）

Je3B2243 编制检修计划时，应对设备进行调查了解，分析设备存在的重大缺陷，摸清设备底细。 （√）

Je3B3244 工作压力大于 6.4MPa 的汽水管道对口焊接时，应采用钨极氩弧焊打底，以保证焊缝的根层质量。 （√）

Je3B3245 管道检修前，检修管段的疏水门必须打开，以排除阀门不严密时泄漏的水或蒸汽。 （√）

Je3B3246 检修费用包括主、辅设备的大小修费用和主、辅设备的维护费用。 （√）

Je3B3247 施工期间是检修活动高度集中的阶段，必须做好各项组织工作。 （√）

Je3B3248 检修人员在每项检修工作完毕后，要按照质量标准自行检查，合格后才能交工，由有关人员验收。 （√）

Je3B3249 凝汽器的管板和隔板用锡黄铜或不锈钢制作。 （×）

Je3B3250 管子对口焊接前应打磨出合适的坡口并留 2～3mm 的对口间隙。 （√）

Je3B3251 胶球清洗的硬胶球直径应比铜管直径稍大。 （×）

Je3B3252 卧式加热器配置的滚轮式壳体支座，在加热器安装后要注意固定，以防跑动。 （×）

Je3B3253 拆开后的加热器管道疏水口要及时用破布等封堵好。 （×）

Je3B4254 进入除氧器水箱作业时，必须使用 36V 及以下照明工具，同时加装必要的通风装置。 （×）

Je3B4255 阀门密封面间应具有一定硬度差。 （√）

Je3B4256　分段验收记录的内容有检修项目、技术记录及检修人员和验收人员的签名。　　　　　　　　　　　　（×）

Je3B5257　蒸汽温度高于 300℃，管径大于 200mm 的管道，应装有膨胀指示仪。　　　　　　　　　　　　　　（√）

Je3B5258　管道与设备连接，应在设备定位、紧好地脚螺栓后，自然与设备连接。　　　　　　　　　　　　　（√）

Je3B5259　高压高温厚壁主蒸汽管道升温过程中，管内壁受热压应力，管外壁受热拉应力。　　　　　　　　　（√）

Je3B5260　及时做好检修记录，其内容包括设备技术状况、系统结构的改变、检验和测试数据等。　　　　　（√）

Je2B2261　设备技术台账应考虑系统性、单元性及主设备的附件。　　　　　　　　　　　　　　　　　　　（√）

Je2B2262　高压管的管壁较厚、焊缝较大，宜采用不同的焊接层数，打底应采用大直径焊条。　　　　　　（×）

Je2B3263　设备的劣化故障期所产生的故障主要是由于设计和制造中的缺陷造成的，因而故障率较高。　　　（×）

Je2B3264　阀门安装，在特殊情况下手轮可朝下布置。　　　　　　　　　　　　　　　　　　　　　　　（√）

Je2B3265　进行管道系统严密性水压试验时，当试验压力超过 0.49MPa，如发现泄漏，应降压。消除缺陷后再进行试验。　　　　　　　　　　　　　　　　　　　　　　　（√）

Je2B3266　工作压力小于 2.45MPa 时，压力表精确度不低于 2.5 级；工作压力大于或等于 2.45MPa 时，压力表精确度不低于 1.5 级。　　　　　　　　　　　　　　　　　（√）

Je2B3267　通过人孔门进入高压加热器内部，使用 220V 电动磨光机进行清理打磨时，一定要注意用电安全。　　（×）

Je2B3268　高压加热器联成阀能使加热器给水快速切断和旁通。　　　　　　　　　　　　　　　　　　　　　（√）

Je2B4269　重要设备大修后，应组织有关人员认真总结经验，不断提高检修质量和工艺水平。　　　　　　（√）

Je2B4270 蒸汽温度为 540℃的主蒸汽管道，其对接焊口的位置离管道支吊架边缘不得小于 50mm。　　　　　（×）

Je2B4271 法兰平面同管子轴线垂直，法兰所用垫片内径比法兰内径大 2～3mm，石棉垫应涂黑铅粉。　　　　　（✓）

Je2B5272 高压加热器堵漏时如钢管损坏严重，为防止周围钢管被漏管高压冲刷，还要酌情闷堵一些该管周围的钢管。

（✓）

Je2B5273 碳钢管加热器短期停用时，为防止腐蚀，可采用在壳侧充满蒸汽，管侧充满 pH 值经过调整的给水，或加入其他化学抑制剂。　　　　　（✓）

Je1B2274 设备检修工作结束后，检修工作人员联系运行值班人员，即可投入设备试运行，运行正常后移交值班人员。

（×）

Je1B2275 卧式除氧器进水室布置弓形不锈钢罩板的目的是安装较多的恒速喷嘴。　　　　　（✓）

Je1B3276 为了发电安全，对设备结构和系统有重大改变的项目应列入特殊项目中。　　　　　（✓）

Je1B3277 设备或系统异动，未经许可造成异常事故者必须追究责任。　　　　　（✓）

Je1B3278 《电力工业锅炉压力容器检验规程》规定压力大于 8MPa 为高压管道，故再热冷段和热段不被视为高压管道。

（×）

Je1B3279 凝汽器铜管压扁试验应在铜管中间取 20mm 的铜管，压扁至原直径的一半，并反复两次。若铜管外表无裂纹等损伤即为合格。　　　　　（✓）

Je1B3280 高温螺栓的螺纹、螺杆粗糙度应低于 5.0、2.5。

（×）

Je1B3281 铰刮泄漏高压加热器管孔时，应注意使用硫化切割油进行冷却。　　　　　（×）

Je1B3282 高压除氧器安全阀必须用全启式安全阀。（√）

Je1B3283 磁浮式液位计使用过程中，要定期开启底部排污阀冲洗表体内壁，以防结垢。 （×）

Je1B3284 压力容器内部有压力时，在投运的升（降）温特殊生产过程，使用单位可按设计要求制订有效的操作要求和防护措施，带温带压紧固设备的螺栓。 （√）

Je1B3285 凝结泵安装在凝汽器热水井下面 0.5～0.8m 处的目的是防止凝结泵汽化。 （√）

Je1B3286 高压加热器的管子和管板连接方式有先胀后焊，但没有先焊后胀。 （×）

Je1B3287 焊接对口一般应做到内壁平齐，错口不应超过壁厚的 10%，且不大于 1mm。 （√）

Je1B3288 凝汽器水位高影响真空，影响射水泵工况。
（×）

Je1B3289 若进锅炉的给水温度低，机组各个高压加热器的给水端差高，则说明在高压加热器系统的旁路阀中有给水短路现象。 （√）

Je1B4290 高低压加热器的水侧和汽侧都应装有安全阀，但水侧出口装有止回阀时可不设安全阀。 （×）

Je1B4291 在凝汽器管板和管口涂装特种防腐防漏涂料，可防止管板的热电偶腐蚀和管口的冲刷腐蚀，防止胀口处渗漏。
（√）

Je1B4292 串联疏水门放疏水时，应先开足第一只，第二只调节；关闭时先关第二只，再关第一只。 （√）

Je1B4293 为防止有害气体对冷却管的侵蚀，凝汽器空冷区的冷却管常选用含砷锡黄铜管而不用镍铜管。 （×）

Je1B4294 外部放空气系统，在各级加热器之间，不应逐级串联。可将不同工作压力的加热器引出的放空气管连接在一起。
（×）

Je1B5295 防止除氧器自生沸腾措施主要有，将高压加热器的疏水引向低压加热器，或对高压加热器加装疏水冷却器。
（√）

Je1B5296 凝汽器铜管扩胀试验是切取 50mm 长的铜管，打入 45° 的车光锥体，扩管至管内径比原铜管内径大 30%，若不出现裂纹等损伤即为合格。 （√）

Je1B5297 凝汽器铜管胀管时，管头和管板孔应用砂布打磨干净，且不许在纵向有 0.10mm 以上的槽道。 （√）

Je1B5298 运行中的凝汽器停半侧检修时，其停用侧的汽侧抽气阀不需要关闭。 （×）

Je1B5299 汽轮机负荷突然增加或下降时，除氧器滑压运行的除氧效果均降低。 （×）

Je1B5300 高压加热器冷态启动或运行工况变动时，温度变化率都应限制在 55℃/h 内，必要时可允许变化率低于 110℃/h，但不能超过此值。 （√）

Jf5B1301 火灾和火警通常是指违背人们意志而发生的非常性的着火事故。 （√）

Jf5B1302 在电力生产过程中，因伤歇工满一个工作日者，即构成轻伤事故。 （√）

Jf5B1303 在起重机吊着重物下面停留或通过时应十分小心。 （×）

Jf5B1304 高处作业向下抛扔物件时，应看清下面无人行走或站立。 （×）

Jf5B1305 在通道上使用梯子时，应设监护人或设临时遮拦。 （√）

Jf5B2306 工作人员接到违反《安全规程》的命令时应先执行，有问题再汇报。 （×）

Jf5B2307 抢救伤员时发现系开放性骨折，不得将外露的断骨推回伤口内，应立即送医院进行处理。 （√）

Jf5B2308 浓酸强碱一旦溅入眼睛或皮肤上，首先应采用 2% 稀碱液中和方法进行清洗。 （×）

Jf5B2309　不熟悉电气工具和使用方法的工作人员，不准擅自使用。　　　　　　　　　　　　　　　　　（√）

Jf5B2310　凝汽器的人孔门平面应平整、无贯穿槽痕，橡皮垫完好不老化。　　　　　　　　　　　　　　（√）

Jf5B4311　维护工作中所需用少量的润滑油和日常需要的油壶、油枪可以存放在设备附近，方便随时使用。（×）

Jf4B1312　油管道的法兰和阀门，以及轴承、调速系统等如有漏油现象，应立即用油盘接住，并及时用棉纱擦拭干净。

（×）

Jf4B1313　光谱定性分析复查的目的是鉴别合金钢和非合金钢以及包含哪几种元素的合金钢，以防材料误用。（√）

Jf4B1314　弯管的外侧壁厚减薄和弯曲段失圆是弯管工艺的必然结果，问题在于控制其不超标。　　　　（√）

Jf4B2315　焊缝的凸起高度越大，表示越有加强作用，因此焊的质量愈好。　　　　　　　　　　　　　　（×）

Jf4B2316　水平蒸汽管和水平水管的坡向相反。　　（√）

Jf4B2317　凝汽器铜管内表面镀膜结束后，应将凝汽器内冲洗干净并吹干，以加强膜的黏合力。　　　　　（√）

Jf4B2318　除氧器水箱的安装位置应保证纵横中心线标高等符合图纸要求。　　　　　　　　　　　　　（√）

Jf4B2319　浮子式疏水器安装前浮筒应拆下，称重后全部浸入水中 24h，再称重。浮筒应严密不漏。　　（√）

Jf4B2320　工作票签发人、工作许可人、工作负责人对工作的安全负有责任。　　　　　　　　　　　　（√）

Jf4B3321　工作负责人应对工作许可人正确说明哪些设备有压力、高温和有爆炸危险。　　　　　　　　（×）

Jf4B3322　检修工作结束前，如必须改变设备的隔离方式，必须重新签发工作票。　　　　　　　　　　（√）

Jf3B2323　先停设备、后报调度补批非计划检修，则不应定为事故。　　　　　　　　　　　　　　　　（×）

Jf3B2324 大修后，应在 30 天内写出大修总结报告。
（√）

Jf3B3325 大修使用螺旋和液压千斤顶升至一定高度时，都必须在重物下垫以垫板，以防突然下降，发生事故。（×）

Jf3B4326 具体地说，企业标准化工作就是对企业生产活动中的各种技术标准的制定。
（×）

Jf3B4327 常用的寿命评估为常规肉眼检查、无损探伤和破坏性检验三级管理法。
（√）

Jf2B2328 检修特殊项目主要是技术复杂、工作量大、工期长、耗用器材多和费用高的项目。
（√）

Jf2B3329 在油系统管道的支吊架上，进行短时间的焊接工作，可以不开动火工作票。
（×）

Jf2B3330 工作票填写时，填错后只要把错的部分划掉或者用粗线条描写，此张工作票可继续使用。
（×）

Jf1B2331 施工技术措施是对施工技术方案的进一步细化和补充，因此施工技术措施应具体详细、简单明了，内容具有针对性、可操作性。
（√）

Jf1B2332 对设备制造上存在的某些关键问题，国内尚无解决办法时，只要是不限制出力，能安全运行的设备，可以不作为三类设备。
（√）

Jf1B3333 大修工序一般分为"拆、修、装"三个阶段进行，修是指对设备进行清扫、检查、处理设备缺陷，更换易磨损部件，落实特殊项目的技术措施，这是检修的重要环节。
（√）

Jf1B3334 大修人员的组织措施，应从检修准备工作开始进行分工安排。
（√）

Jf1B3335 检修工作开始以前，工作许可人或工作负责人到现场检查安全措施，确已正确地执行，然后在工作票上签字，才允许开始工作。
（×）

Jf1B3336 石英玻璃管水位计应同时装设平衡管。（√）

Jf1B3337 运行中的机组进行加热器、疏水系统长时间的检修，隔断阀门须可靠关闭，并加锁挂警告牌。 （×）

Jf1B3338 在编写施工计划时，对重大特殊项目所需费用产生的效益，特别是改进工程应做出效益分析。 （√）

Jf1B4339 状态检修是指通过状态监测从设备运行状态变化的规律发现故障即将发生的可能性，从而按计划进行检修。

（√）

Jf1B5340 设备点检管理中，设备的劣化倾向管理是定期管理的重要组成部分，是通过对设备劣化的数据进行记录并做统计分析，找出劣化规律，实行预知维修的一种管理方式。

（√）

4.1.3　简答题

La5C1001　汽轮机辅机一般包括哪些设备？

答：汽轮机辅机包括：

（1）凝汽器和保证凝汽器正确工作的抽气器，管束清洗装置，水位自动调节器；

（2）低压加热器；

（3）除氧器；

（4）高压加热器；

（5）轴封加热器；

（6）冷油器；

（7）疏水扩容器；

（8）各种水泵；

（9）冷却汽轮发电机组的冷却设备。

La5C2002　水平仪的主要用途是什么？常用的有哪几种？

答：水平仪主要用于检验工件平面的平直度、相互位置的平行度和垂直度，以及在设备安装时调整设备的水平位置。

常用的水平仪有条形普通水平仪、框式普通水平仪和光学合像水平仪。

La5C3003　零件图应具备哪几项内容？

答：零件图应具备的内容有：

（1）用一组视图完整、清晰地表达零件各部分的形状和结构。

（2）标注各种尺寸，以确定零件各部分的大小和相互位置。

（3）用符号或文字表明零件的表面粗糙度，尺寸公差，形状、位置公差和热处理等技术要求。

（4）在标题栏中填写零件名称、材料、数量、图形比例等。

La5C3004 錾削的挥锤方法有臂挥、肘挥、腕挥。请问肘挥的锤击频率为多少？

答：肘挥的锤击频率为 40～60 次/min。

La4C3005 除氧器能够除氧的基本条件是什么？

答：凝结水在除氧器中由蒸汽加热到除氧器压力下的饱和温度，在加热过程中被除氧的水必须保证与加热蒸汽有足够的接触面积，并将从水中分离逸出的氧及游离气体及时排走。

La4C3006 什么是原则性热力系统？

答：原则性热力系统是把主要热力设备按工质热力循环顺序连接起来的系统，一般只表示设备在正常工作时相互之间的联系。同类型、同参数的设备在图上只表示一台，备用设备及配件在图上不表示。

La4C3007 在一次蒸汽给水回热循环中，若给水温度不变，则蒸汽压力高些好还是低些好？为什么？

答：应尽量采用压力低的蒸汽为好，因为这样可使压力较高的蒸汽在汽轮机中多做功，也同时减少了在加热器中的不等温传热的温差，减少温差传热的不可逆损失。

La4C3008 内径千分尺的用途是什么？

答：使用内径千分尺可测量精密度为 0.01mm 零件孔的内径，通常配置一套不同长度的测量杆（接长杆）进行测量。

La4C3009 汽轮机排汽在凝汽器中的放热是什么热力过程？在这过程中工质的温度、比体积、焓值如何变化？

答：汽轮机排汽在凝汽器中的放热是既定压、又定温的过程。在这过程中工质的温度不变，比体积减小，焓值减小。

La4C4010　简述手提砂轮机的用途？

答：手提砂轮机适用于一些大型、笨重、不便于搬运的设备金属表面的磨削、去除飞边毛刺、清理焊缝、除锈以及抛光等加工。

La3C3011　为什么火电厂中广泛采用回热循环，而再热循环只用在超高压及以上机组上？

答：因为火电厂中采用回热循环可以提高循环热效率及带来其他一些有利因素，且不受蒸汽压力限制；而再热循环的主要目的是提高排汽干度，在超高压机组中这一矛盾比较突出，在中高压机组中基本上能满足排汽干度要求。此外，采用再热后设备的投资、运行费用增大，因此，一般只在超高压及以上机组中采用再热循环。

La2C4012　什么是金属的疲劳？

答：金属材料在交变应力的长期作用下，其承受的应力远低于材料的屈服极限，所发生断裂的现象称金属的疲劳。

La2C5013　螺纹连接有哪四种主要类型？

答：螺纹连接有如下四种主要类型：螺栓连接、螺钉连接、双头螺柱连接和紧定螺钉连接。

La1C5014　什么是金属材料的强度和强度极限？温度升高时有什么变化？

答：金属能够抵抗外力破坏作用的能力叫金属的强度，金属在发生破坏前所承受的最大载荷限度称为强度极限，当金属温度升高时其强度一般都会降低。

La1C5015 简述表压、真空值、绝对压力的意义和相互关系？

答：用表计测得的压力称为表压力，它是工质的绝对压力与大气压力的差值，关系式表达为 $p_e = p_{abs} - p_{大气}$。

真空值是真空计测得的数值，它表示大气压超出绝对压力的差额，关系式表达为 $p_真 = p_{大气} - p_{abs}$。

绝对压力是指工质的真实压力，关系式表达为 $p_{abs} = p_e + p_{大气}$。

Lb5C1016 流体在管道中流动有哪些损失？

答：流体在管道内流动有沿程阻力损失和局部阻力损失两种。

Lb5C1017 电厂中高压给水管道系统的构成形式有哪几种？

答：电厂中典型的高压给水管道系统有：

（1）集中母管制给水系统；

（2）切换母管制给水系统；

（3）单元制给水系统；

（4）扩大单元制给水系统。

Lb5C1018 联轴器的作用是什么？分为几种？

答：联轴器的作用是把从动机与原动机的轴连接起来，并传递原动力和扭力矩。

联轴器分为刚性联轴器、半挠性联轴器和挠性联轴器三种。

Lb5C1019 除氧器的作用是什么？

答：除氧器的作用是除去锅炉给水中的氧气及其他气体，保证给水的品质；同时，它本身又是回热系统中的一个混合式加热器，起到加热给水的作用。

Lb5C1020 高压加热器为什么要加装旁路保护装置？

答：在高压加热器发生故障时，为了不中断锅炉给水供应而设置自动旁路保护装置。

Lb5C2021　电厂的转动设备对轴承合金有哪些要求？

答：根据轴承的工作条件，要求轴承合金具有低的磨合性和抗咬合性，有足够的强度、硬度与韧性以及良好的导热性和耐蚀性能等。

Lb5C2022　解释汽轮发电机组的汽耗率和热耗率。

答：汽轮发电机组的汽耗率是指汽轮发电机组每生产 1kWh 的电能所消耗的蒸汽量。汽轮发电机组的热耗率是指汽轮发电机组每生产 1kWh 的电能消耗的热量。

Lb5C2023　水泵的轴端密封填料（盘根）如何选用？

答：一般水泵可用油浸棉线或软麻填料、油浸石棉盘根（柔性石墨填料）、橡胶石棉盘根及聚四氟乙烯圈；对于在高速、高压条件下不宜用填料密封的，应采用机械密封、浮动环密封或螺旋密封等方式。

Lb5C2024　滚动轴承的特点是什么？

答：滚动轴承的特点是轴承间隙小、保证轴的对中性好、摩擦力小、结构紧凑、尺寸小、维修方便，但其受重载能力较差。

Lb5C2025　水泵密封环有何作用？

答：水泵密封环是由静止部件的密封环和转动部件的叶轮口环配合构成的，用以分隔进水低压区和出水高压区，以减少水泵的容积损失。

Lb5C2026　金属材料的机械性能和工艺性能是指什么？

答：金属材料的机械性能是指金属材料在外力作用下表现

出来的特性，如强度、弹性、硬度、塑性、冲击韧性、疲劳强度等。金属材料的工艺性能是指铸造性、可锻性、焊接性和切削加工性能等。

Lb5C2027　管件材质选用根据什么来决定？

答：管件材质选用主要根据管道内介质的温度来决定。除此以外还应考虑介质的压力、腐蚀性等。

Lb5C3028　Z948W—10 型阀门中各种符号的含义是什么？

答：Z 表示闸阀，9 表示电动机驱动，4 表示法兰连接，8 表示暗杆平行式双闸板，W 表示密封面由阀体直接加工，10 表示公称压力为 1.0MPa，阀体材料为灰铸铁。

Lb5C3029　弹簧式安全阀的工作原理是什么？

答：阀门在关闭时，阀瓣上面受到弹簧的作用力，下面受到介质的作用力。当介质的压力高于阀门的动作压力时，介质作用力克服弹簧力使阀瓣上移，安全阀自动开启。当系统中的压力回降到工作压力时，弹簧作用力克服介质作用力使阀瓣下移，安全阀自动关闭。

Lb5C3030　阀门进行强度试验的目的是什么？如何试验？

答：对阀门进行强度试验的目的是检查阀体和阀盖的材料强度及铸造、补焊的质量。其试验在试验台上进行，用泵试压，试验压力为工作压力的 1.5 倍，并在此压力下保持 5min，无泄漏、渗漏现象，强度试验为合格。

Lb5C3031　阀门电动装置构成部件有哪些？

答：阀门电动装置构成部件有电动机、减速机构、行程控制装置、行程指示器、转矩控制装置、手动—电动切换机构、手动传动部件、电气附件等。

Lb5C3032　喷雾填料式除氧器有什么优点？

答：喷雾填料式除氧器优点有：

（1）加强了传热效果；

（2）能够深度除氧，除氧后水的含氧量可小于 7μg/L；

（3）在低负荷或低压加热器停用时除氧效果无明显变化。

Lb5C3033　表面式加热器的疏水装置有什么作用？

答：疏水装置的作用是可靠地将加热器中的疏水及时排出，同时又维持加热器汽侧压力和凝结水水位，不让蒸汽同疏水一起流出。

Lb5C3034　闸阀的工作原理是什么？

答：在闸阀的阀体内设有一块与介质流向成垂直方向的平面阀板，靠此阀板的升降来开启或关闭介质的通路。

Lb5C3035　阀门盘根填料有哪些？应具有哪些性能？

答：盘根有麻制品、棉制品、橡胶石棉制品、石棉制品、石棉石墨制品、纯石墨制品和金属材料制品。

盘根应具有一定的弹性，能起密封作用，与阀杆的摩擦要小，要能承受一定的温度和压力，在温度和压力的作用下要不易变形、变质，工作可靠。

Lb5C4036　管道、管件的检验有哪些内容？

答：管道系统中部分管段、管件经多年运行将出现冲刷减薄、腐蚀、裂纹等问题，需及时发现并更换，保证机组安全稳定运行。更换已超标管段、管件前，必须对拟选用管道和管件进行如下检验：

（1）新管子、管件的内、外壁应无裂纹、重皮、鼓包、砂眼、凹陷等缺陷，用手锤轻敲听音检查；

（2）检查、核对新管段、管件规格、壁厚、材质，应符合设计要求；

（3）热压弯头、弯管的椭圆度应在合格范围内，任何一点实测壁厚不得小于连接直管的最小允许壁厚，弯曲半径和角度符合规范要求；

（4）合金管道、管件应进行光谱检验，合金元素及含量符合合格证要求。

Lb5C4037 什么情况下采用疏水冷却器？

答：在加热器疏水温度较高时，不宜采用疏水泵，为了减少疏水自流入相邻的较低压加热器而产生排挤蒸汽现象，常采用疏水冷却器，使疏水的温度降低。一般在排挤蒸汽最严重的地方要采用疏水冷却器。

Lb5C4038 管道支吊架的作用是什么？类型有哪些？

答：管道支吊架用于支承和悬吊管道及工作介质的重量，使管道承受的应力不超过材料的许用应力；同时，支吊架在管道胀缩时起到活动和导向的作用，并对管道位移的大小和方向加以限制，使管道在相对固定位置上安全运行。支吊架有支架和吊架两部分。支架有活动支架、固定支架和导向支架；吊架有普通吊架、弹簧吊架和恒力吊架。

Lb5C5039 凝结水水质不合格会带来什么问题？

答：凝结水经回热加热后进入锅炉，若水质不合格将使锅炉受热面结垢，传热恶化，不但影响经济性，还可能引发事故；凝结水水质不合格，还会使蒸汽夹带盐分，使汽轮机叶片结盐垢，影响汽轮机运行的经济性及安全性；凝结水水质不合格，蒸汽携带的盐分还会积聚在阀门的阀瓣和阀杆上，使阀门卡涩。

Lb4C3040　高、低压加热器在运行中为什么要保持一定的水位？

答：水位过高，会淹没部分管束，减少蒸汽与管束的接触面，影响传热效果，严重时可能造成汽轮机进水；水位过低，则有部分蒸汽不凝结，流入下一级加热器，降低了加热器的效率。因此在运行中必须对加热器水位严格监视。

Lb4C3041　凝汽器的作用有哪些？

答：凝汽器的作用有：

（1）在汽轮机末级排汽口造成真空，使蒸汽在汽轮机中膨胀到尽可能低的压力，增大蒸汽的热能转变为机械能的能力，提高循环热效率。

（2）将乏汽凝结为水供给锅炉，回收高品质的水。

（3）正常运行中，还可起到一级真空除氧的作用，提高水的品质，防止设备腐蚀。

Lb4C4042　检修后阀门的严密性试验有何要求？

答：检修装配后，阀门的严密性由水压试验进行检查。对于新换和拆下检修的阀门，通常在试验台上进行；水压试验压力为工作压力的 1.25 倍，试验压力保持 5min，然后，降至工作压力下进行检查，不泄漏即为合格。当阀门与管道连接时，其严密性试验与管道系统一起进行。

Lb4C4043　常用的起重机械有哪些？

答：常用的起重机械有千斤顶（油压千斤顶、螺旋千斤顶、齿条千斤顶），链条葫芦，滑轮和滑轮组，绞车起吊支架（独脚桅杆、人字桅杆、三角支架等），吊车（桥式吊车、龙门吊车等）。

Lb4C4044　管子弯制后出现哪些情况判为不合格？

答：管子弯制后有下列情况之一时为不合格：

（1）内层表面存在裂纹、分层、重皮和过烧等缺陷。

（2）对于公称压力大于等于 10MPa 管道,弯曲部分不圆度大于 6%。

（3）对于公称压力小于 10MPa 管道,弯曲部分不圆度大于 7%。

（4）弯管外弧部分壁厚小于直管的理论计算壁厚。

Lb4C4045 表面式加热器的疏水方式有哪几种？发电厂中通常是如何选择的？

答：表面式加热器的疏水方式有疏水逐级自流和疏水泵两种方式。实际应用的往往是两种方式的综合,即高压加热器的疏水采用逐级自流方式,最后流入除氧器;低压加热器的疏水一般也是逐级自流,但有时也将 1 号或 2 号低压加热器的疏水用疏水泵打入该级加热器出口的主凝结水管中,避免疏水流入凝汽器中。

Lb4C4046 较长时间在汽、水管道上进行检修工作时的安全措施是什么？

答：在汽、水管道上进行长时间检修工作时,检修管段应用带尾巴的堵板与运行中的管段隔断,或将它们之间的两个串联、严密不漏的阀门关严,两个串联门之间的疏水门或放水门应予打开。关闭的阀门和打开的疏水门或放水门应上锁并挂警告牌。

Lb4C5047 层流和紊流有什么不同特点？在火力发电厂的汽水系统管道中介质是什么流动状态？

答：各层间液体互不混杂,液体质点的运动轨迹是直线或有规则的平滑曲线,这种运行状态称为层流运动,当管道中的介质为层流状态时,管道中轴线处的介质流动速度最大,越靠近管壁处的介质流动速度越小。

液体流动时液体质点之间有强烈的互相混杂，各质点都呈现出杂乱无章的紊乱状态，运动轨迹不规则，除了沿流动方向的位移外，还有垂直于流动方向的位移，这种运行状态称为紊流运动，当管道中的介质为紊流状态时，靠近管壁附近的一薄层介质呈层流状态。

火力发电厂的汽水系统管道中介质流动绝大多数属于紊流运动状态。

Lb3C3048　试述胀管法及其特点。

答：将管子插入管板孔后利用胀管器把管端直径胀大，使管子产生塑性变形，从而和管板紧密接触，并在接触表面形成弹性应力，保证连接强度和严密性。胀管法安装方便，若在胀口处加涂料，其严密性可进一步提高。

Lb3C4049　为什么大型机组的回热加热系统中要装置蒸汽冷却器？

答：由于采用了表面式加热器，金属有热阻存在，给水不可能加热到蒸汽压力对应的饱和温度，不可避免地存在端差。对于高参数、大容量再热机组的高压加热器和部分低压加热器，都配置有蒸汽冷却器，利用蒸汽的过热度，将其端差减少至零或负值，从而提高热经济性。

Lb2C4050　热膨胀补偿器安装时为什么要对管道进行冷态拉伸？

答：为了减少膨胀补偿器工作时产生过大的应力，在安装时根据设计提供的数据对管道进行冷态拉伸，使管道在冷态下有一定的拉伸应力，减少管道热态应力。冷态拉伸值随介质温度不同而不同，当介质温度 250℃时，冷态拉伸值为热伸长量的50%；250～400℃时，冷态拉伸值为热伸长量的 70%；400℃以上时，为热伸长量的 100%。

Lb2C5051　引起射汽抽气器工作不正常的原因有哪些？

答： 引起射汽抽气器工作不正常的原因有：

（1）蒸汽喷嘴堵塞。由于抽气器喷嘴孔很小，一般在抽气器前装有滤网。

（2）冷却水量不足。这主要是在启动过程中再循环门开度过小引起的。

（3）疏水器失灵或铜管满水，使冷却器满水影响蒸汽凝结。

（4）汽压调整不当。

（5）喷嘴式扩压管长期吹损。

（6）汽轮机真空严密性差，漏汽量大。

（7）冷却器受热面脏污。

（8）疏水U形管泄漏或堵塞。

（9）喷嘴位置调整不当。

Lb1C4052　简述水在加热气化过程经历的状态及其含义。

答： 在一定的压力下，水加热气化时经历未饱和水（过冷水）—饱和水—湿饱和蒸汽—干饱和蒸汽—过热蒸汽几个状态，不同状态下气体性质不同，过热度较高的过热蒸汽气体性质接近理想气体，在工程应用上把过热度较高的过热蒸汽按照理想气体处理。

Lb1C4053　锅炉上为什么必须装设安全阀？装设的个数和排放量有何规定？

答： 为保证锅炉在不超过设计压力下安全可靠工作，防止异常工况锅炉超压发生爆炸，锅炉上必须装设安全阀，装设安全阀的个数依据锅炉本体系统构成确定。一般规定：饱和蒸汽系统、过热器系统、再热器系统必须装设安全阀，汽包和过热器出口管道上所安装的全部安全阀排汽量总和必须大于锅炉最大连续蒸发量，再热器进、出口管道上所安装的全部安全阀排汽量总和为再热器最大设计流量。

Lb1C5054 简述压力容器的内部检修项目。

答：压力容器的内部检修项目：筒体内表面、封头、筋板及所有焊缝、应力集中部位有无断裂、裂纹、变形、局部过热等异常缺陷，并用表面探伤方法按比例抽查上述部位；容器上的各种接管座开孔处内壁有无介质腐蚀、冲刷磨损；筒体、封头等经过上述检验，发现内外表面有腐蚀时，应对相关部位进行测厚，如存在最小壁厚部位，应进行强度校核，并提出可否继续使用的意见和许用最高工作压力；必要时依据需要进行金相检验和表面硬度测定并出具检验报告；高压等级以上压力容器的主要紧固件应逐个进行宏观检查，并用表面检验方法检查是否存在裂纹。

Lb1C5055 规定汽水管道介质允许流速有什么意义？为什么水的允许流速比蒸汽小？

答：规定汽水管道介质允许流速的目的在于满足运行实际需要的前提下合理选择管径、管材，兼顾技术上减少流动阻力损失、经济上减少投资费用两个方面。

因为介质在流经管道的压降与介质的密度有关，在其他条件不变时，密度小，阻力损失也小，允许的流速就大，所以规定水的允许流速要比蒸汽的允许流速小。

Lb1C5056 试述管道产生水冲击的现象特征？一旦产生水冲击应当怎样处置？

答：蒸汽管道蒸汽温度急剧下降，蒸汽阀门门杆处有水点溅出，蒸汽管道产生冲击声或强烈振动；压力水管道压力急剧下降，也会使管道产生冲击声或强烈振动。

发现管道产生水冲击现象，立即查明原因，调整、稳定有关参数，安排人员打开对应管道上的疏、放水门和放空气门，待管道冲击或振动消失后再逐步关闭打开的疏、放水门和放空气门，并检查管道支吊架是否受损并组织抢修。

Lb1C5057　蒸汽管道破裂的主要原因有哪些？防范措施有哪些？

答：蒸汽管道破裂的主要原因有：管道制造质量不合格或管材选用不当；焊缝质量不良、热处理工艺不当；支吊架下沉等原因使管道过度挠曲；暖管不当使管道承受热冲击；管道热补偿不合理使管道承受异常热应力；运行工况或管道疏放水系统不合理造成管道水冲击。

防范措施有：依据运行工况选用规格恰当、材质正确的管道；安装过程焊接、热处理工艺正确；支吊架安装、调整符合承力、预留值要求；管道设计、安装补偿装置和疏放水布置合理、足够；运行中暖管、参数控制操作合理，不对管道造成热冲击和水冲击。

Lc5C2058　N660–24.2/566/566 型号表示的意义是什么？

答：N 表示凝汽式，额定功率为 660MW，新蒸汽的压力为 24.2MPa，新蒸汽的温度为 566℃，再热蒸气温度为 566℃，该型号汽轮机为超临界中间一次再热凝汽式汽轮机。

Lc5C2059　投入各种附属设备时应检查哪些主要内容？

答：投入各种附属设备时应先检查安全装置、自动装置、截止门及热工测量仪表的完整性，检查保护装置或远方操作设备等是否都处于完善、良好状态。

Lc5C3060　汽轮机本体由哪些主要设备组成？

答：汽轮机本体由静止部分和转动部分组成。静止部分包括基础台板（机座）、轴承箱及轴承、汽缸（含内、外缸体）、喷嘴、隔板（套）、汽封（套）等部件；转动部分包括主轴、叶轮（或轮毂）、动叶栅、联轴器及装在轴上的其他零件。

Lc5C3061 **《电力工业技术管理法规》对高压加热器水位保护装置有何要求？**

答：高压加热器应设有高水位保护装置。没有高水位保护或保护不正常时，禁止投入高压加热器。对于大旁路的高压加热器组，当其中一台高压加热器水位保护失灵时，应将全部高压加热器停用。

Lc5C3062 **《火力发电厂设计技术规程》对给水箱的有效总容量有何要求？**

答：给水箱的有效总容量应按下列要求确定：200MW 及以下机组为 10～15min 的锅炉最大连续蒸发量时的给水消耗量；200MW 以上机组为 5～10min 的锅炉最大连续蒸发量时的给水消耗量。

Lc5C4063 **交流电路如图 C-1 所示，电源电压大小不变，当频率升高时，各灯泡的亮度是否会发生变化？为什么？**

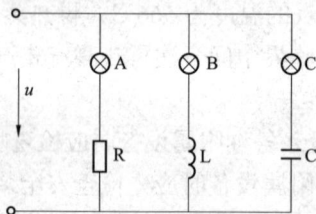

图 C-1

答：A 灯亮度不变、B 灯亮度减小、C 灯亮度增大。因为当频率升高时，电阻 R 阻值大小不变，电阻 R 的电压不变，A 灯电压不变；电感 L 的感抗增大，电感 L 上的电压升高，B 灯电压降低；电容 C 的容抗减小，电容 C 上的电压减小，C 灯电压升高。

Lc4C3064 汽轮机冷态启动时，冲转应具备哪些条件？

答：汽轮机冷态启动时，冲转应具备的条件是：

（1）高中压转子大轴的弯曲度（转子偏心值）在允许的范围内；

（2）润滑油的油压正常，油温在 38～42℃；

（3）主蒸汽、再热蒸汽参数符合制造厂规定的冷态冲转参数要求，高、低压旁路系统正常投运，轴封系统投运正常，凝汽器具有一定的真空；

（4）发电机和励磁机同时具备启动条件。

Lc4C3065 企业为什么要实施 ISO9000 系列标准？ISO9002 的全称是什么？

答：实施 ISO9000 系列标准的原因是：

（1）适应国际化大趋势；

（2）提高企业的管理水平；

（3）提高企业的产品质量水平；

（4）提高企业市场竞争力。

ISO9002 的全称是：《质量体系生产、服务、安装的质量保证模式》。

Lc3C3066 在 Windows 2003/2007 中如何移动文件或文件夹？

答：在 Windows 2003/2007 中移动文件或文件夹的方法是：

（1）在"我的电脑""或"Windows 资源管理器"中，单击要移动的文件或文件夹（选择多个文件时，先按住 Ctrl 键，然后单击所需的文件）。

（2）在"编辑"菜单中，单击"剪切"。

（3）打开目标文件夹。

（4）在"编辑"菜单中，单击"粘贴"。

Lc3C4067 　检修施工过程中应主要抓好哪些工作？

答：在检修施工中，要抓好下列工作：

（1）贯彻安全工作规程，确保人身和设备安全；

（2）严格执行质量标准、工艺措施和岗位责任制，保证检修质量；

（3）及时掌握进度，保证按期竣工；

（4）节约工料，防止浪费。

Lc2C5068 　简述氢气的爆炸特性。在氢冷发电机运行、维护工作中应注意哪些事项？

答：氢气与空气或氧气混合而形成有爆炸危险的混合物气体，在遇到明火时就会燃烧而产生强烈的爆炸。当氢和空气混合时，其比例在5%～76%的含氢量范围内有爆炸的危险，氢气和空气的混合气体只有在密封的容器内才会发生爆炸。

为了防止形成有爆炸危险的混合气体，必须在氢冷发电机内保持较高的氢气纯度，即不低于96%，同时氢冷发电机壳内充氢状态下应常保持不低于3～5kPa的正压；在设备漏氢时，离漏氢部位0.25m以外的空气中氢气已扩散完毕，所以不会发生爆炸,但是在漏氢部位如存在明火也会引起着火或瞬间氢爆；另外，排氢速度过快，也会因摩擦产生的热量而引发氢气着火或爆炸。

Lc2C5069 　发电机与电网并列合闸时,为避免产生冲击电流和并列后能稳定运行，应满足哪些条件？

答：应满足的条件是：

（1）待并发电机端电压与电网电压大小相等；

（2）待并发电机端电压与电网电压相位相同；

（3）待并发电机频率与电网频率相等；

（4）待并发电机相序与电网相序相同。

Lc1C5070　高温合金螺栓使用前应做哪些检查？检修时应做哪些工作？

答：高温合金螺栓使用前必须进行 100%光谱检查，确认材质无误，M32 以上高温合金螺栓使用前必须进行 100%硬度检查。检修时对 M36 以上高温合金螺栓必须进行无损探伤，使用 3 万 h 的高温合金螺栓应做金相、机械性能抽查，抽查结果应符合下列要求：硬度 HB 小于等于 300，金相组织无明显网状组织，冲击韧性大于 60N·m/cm²。

Lc1C5071　常见焊接缺陷有哪些？焊后热处理的目的什什么？

答：常见焊接缺陷有：

（1）未焊透。分为层间未焊透、根部未焊透和边缘未焊透三种情况。

（2）外表缺陷。指咬边、满溢、焊瘤、内凹、过烧等外形尺寸不符合要求的现象。

（3）夹渣。由于母材中的灰渣混入焊缝中、焊条药皮中难熔物及坡口边缘氧化皮和渣壳未清理干净，滞留在熔化金属间；还有焊接过程中冶金产物、氧化物、硫化物、氮化物在熔化金属中凝固较快，来不及浮出金属熔池，残留在焊缝中。

（4）气孔。因焊缝金属中吸收了过多气体，金属冷却过程气体在金属中溶解度下降，气体要形成气泡外逸过程受阻而残留在焊缝中，便形成气孔。

（5）裂纹。是焊缝结晶过程中出现的，分为热裂纹和冷裂纹两种。

Lc1C5072　什么是冷裂纹？产生的原因和防范措施有哪些？

答：焊缝在 200～300℃较低的温度下产生的穿晶开裂叫冷裂纹，是指在相变温度以下的冷却过程中和冷却后出现的裂纹，其特征是穿晶开裂，冷裂纹有可能延迟几个小时、几周甚至更长时间发生，故又称延迟裂纹。冷裂纹产生的原因有三：焊缝及热影响区收缩产生大的应力，焊缝中存在淬硬的显微组织，焊缝中有相当高的氢浓度。防范措施有：焊接坡口要打磨、清理干净，对口自由减少焊缝拘束度，选用能降低焊缝金属扩散氢的低氢焊条，焊条严格按要求烘干，焊接部位适当预热，焊接过程尽量增大焊接输入热量，使用碳含量低的钢材，焊后立即进行热处理。

Jd5C1073　起重机吊运物件时如何进行操作？

答：起重机吊运操作时，应根据指挥人员的信号（红旗、白旗、口哨、左右手势）进行操作，操作人员看不见信号时不准操作。

Jd5C1074　吊运危险物品时有何规定？

答：吊运危险物品，如压缩气瓶、强酸、强碱、易燃性油类等，应制订专门的安全技术措施，并经主管生产的领导（总工程师）批准。

Jd5C2075　螺纹的要素有哪些？内、外螺纹旋合的条件是什么？

答：螺纹的要素有：螺纹牙型、公称直径、线数（头数）、螺距和导程、旋向。内、外螺纹旋合的条件是必须具有相同的螺纹要素。

Jd5C2076　选择螺栓、螺纹的基本要素有哪些？

答：选择螺栓、螺纹的基本要素有牙型、外径、螺距、头数、旋向和精度等六个基本要素。

Jd5C2077　怎样使用锯弓？

答：将锯弓架折点拉直，锯齿向前侧方向，将两端孔套入弓架的销钉中，拧紧弓架调节螺栓，使锯条平直、不扭转。锯割工件时，先轻力锯出定位线后，再向前用力推锯，应使锯条的全部长度基本都利用到，但不能碰到弓架的两端；锯割时不能左右歪斜，锯条与工件垂直，接近割断时，用力要轻缓。

Jd5C2078　使用游标卡尺前，应如何检查它的准确性？

答：使用游标卡尺前，应擦净量爪测量面和检查测量刀口是否平直无损，把两量爪贴合时，应无漏光现象，同时使主、副尺的零线相互对齐，副尺应活动自如。

Jd5C2079　保温材料及其厚度应符合哪些要求？

答：保温材料及其厚度应符合下列要求：

（1）在工作条件下为不可燃物；

（2）密度不大于 $350kg/m^3$；

（3）强度在 $5kgf/cm^2$（约 $500kPa$）以上，以便铺砌或定型砌块；

（4）当环境温度在 25℃时，运行保温层表面温度应不超过 50℃。

Jd5C3080　什么是焊接？什么是焊接图？

答：焊接是将连接处进行局部加热到熔化或半熔化状态后，用压力或填充熔化金属的方法把零件（或构件）结合成整体的不可拆连接。除了表示零件（或构件）、部件的结构形状外，还把全部焊缝都表示出来的图样，称为焊接图。

Jd5C4081　使用百分表可对哪些部件进行测量？

答：使用百分表可测量转轴的径向晃动度（弯曲度）、叶轮的径向晃动、联轴器找中心及转轮的瓢偏值、轴的轴向窜动量以及转动设备的振动情况。

Jd4C1082 使用起子（也叫螺丝刀）应注意哪些事项？

答：使用起子时要注意刀口的宽度和厚度必须与螺钉头上沟槽的长度和宽度相符，不能用斜度大的起子旋螺钉，否则起子要滑出；不能用小起子旋螺钉，否则既旋不动又会损坏起子；起子也不能斜插在螺钉头部的沟槽中，否则起子要滑出，容易出工伤事故，而且螺钉头部沟槽要损坏，破坏机器的美观；不能用起子当撬棒或凿子来使用；修磨起子时要保持刀口的宽度和厚度，并经常浸水，以防止刀口退火，使用时软口。

Jd4C1083 工件上钻孔时有哪些注意要点？

答：工件上钻孔，选择钻头直径与孔径要一致，在工件上定好中心、打好冲眼，以便钻孔时钻头对准圆中心；工件应夹持牢固，钻孔用力均匀，孔将要钻通时用力要轻。

Jd4C2084 什么是基孔制和基轴制？

答：（1）基孔制。基本偏差为一定的孔的公差带，与不同基本偏差的轴的公差带形成各种配合的一种制度。

（2）基轴制。基本偏差为一定的轴的公差带，与不同基本偏差的孔的公差带形成各种配合的一种制度。

Jd4C2085 铆接时做铆合头，一般铆钉要伸出一定量的长度。请问埋头铆接铆钉伸出铆接件的长度为多少？

答：应伸出 0.8～1.2 倍的铆钉直径。

Jd4C3086 使用台钻时应注意哪些事项？

答：使用台钻时应注意的事项有：

（1）使用台钻时禁止戴手套，长发需盘扎好；

（2）钻头必须用专用锁紧钥匙夹紧，不能用其他物件敲击钻头；

（3）被钻物件应摆放平稳，固定牢固；

（4）钻床必须有使用合格证方可操作；

（5）钻出的铁屑只能用刷帚清理，不能用其他物件或用嘴吹气清理。

Jd3C5087　试述钻孔时产生振动或孔不圆的原因。

答：钻孔时产生振动或孔不圆的原因有：

（1）钻头后角太大；

（2）左右切削刃不对称；

（3）主轴轴承松动；

（4）工件夹持不牢；

（5）工件表面不平整，有气孔、砂眼。

Jd2C5088　选用锉刀的原则是什么？

答：选用锉刀的原则是：

（1）选择哪一种形状的锉刀，决定于工件的形状。

（2）选择哪一级锉刀，决定于工件的加工余量、加工精度和材料性质。粗齿锉刀用于锉削软金属和加工余量大、精度等级低的工件；细齿锉刀则相反。

Je5C1089　紧管道法兰螺栓时，如何防止紧偏现象？

答：将法兰垫放正之后，应对称地拧紧螺栓，用力要尽量一致，检查法兰间隙比较均匀后，再对称地重紧一遍。

Je5C2090　汽轮机非调整抽汽管道上的抽汽止回阀有何作用？

答：汽轮机非调整抽汽管道上的抽汽止回阀的作用是：

（1）当汽轮机甩负荷时，防止加热器内的蒸汽经抽汽管倒流入汽轮机内引起汽轮机超速；

（2）当高、低压加热器加热管束破裂时，止回阀在保护动作下关闭，防止水进入汽轮机对主机造成水击。

Je5C2091　怎样检查自动主汽门门座是否松动？

答：一般用手锤敲击门座听声音虚实来判断，并可观察圆周方向是否有转动痕迹。

Je5C2092　更换管材、弯头和阀门时，应注意检查哪些项目？

答：更换管材、弯头和阀门时，应注意检查的项目有：

（1）检查材质是否符合设计规范要求；

（2）有无出厂证件、采取的检验标准和试验数据；

（3）要特别注意使用温度和压力等级是否符合要求。

Je5C2093　凝汽器铜管损伤大致有哪三种类型？

答：凝汽器铜管损伤类型有：

（1）电化学腐蚀。机理是因冷却水中含有强腐蚀性杂质，造成铜管的局部电位不同。

（2）冲击腐蚀。发生在冷却水进入铜管的最初一段，因磨粒性杂质或气泡在水流冲击下，形成的腐蚀。

（3）机械损伤。包括振动疲劳损伤，汽水冲刷和异物撞击磨损等。

Je5C2094　阀门的盘根如何选用？

答：阀门的盘根根据工作压力、温度高低不同来选用。油浸棉绒、软线填料适用于 100℃以下；油浸石棉填料和橡胶石棉填料可用于 250～450℃；高温高压下，可选用铜丝石棉盘根、镍丝石棉盘根、柔性石墨成形盘根等。

Je5C2095　如何使拆下来的旧紫铜垫表面无沟槽及其他缺陷？

答：将紫铜垫加热至橙红色，放到冷水中急速冷却，再用细砂布擦亮即可使用，一个紫铜垫可反复使用多次。

Je5C2096　弯管时，管子的弯曲半径有何规定？为什么不能太小？

答：通常规定热弯的弯曲半径不小于管子公称直径的 3.5 倍，冷弯管的弯曲半径不小于管子公称直径的 4 倍。若弯曲半径太小，则会使管子出现裂纹，内弧侧管壁易发生折皱现象，质量严重降低，故通常要规定最小弯曲半径。

Je5C2097　更换凝汽器铜管时新铜管两端管口胀口处应怎样处理？

答：应打磨光亮，无油垢、氧化层、尘土、腐蚀及纵向沟槽，管头加工长度应比管板厚度长出 10～15mm。

Je5C2098　更换凝汽器铜管时管孔应怎样检查处理？

答：内壁光滑无毛刺，不应有锈垢、油污及纵向沟槽，用试棒检查管孔与管的间隙应为 0.20～0.50mm。

Je5C2099　油系统的阀门为什么要平装？

答：油系统阀门如果垂直装，在运行中一旦阀瓣发生脱落，会切断油路造成事故。

Je5C3100　叙述 0.02mm 游标尺的读数原理。

答：游标模数为 1 的卡尺，由游标零位图可见，游标的 50 格刻线与尺身的 49 格刻线宽度相同，游标的每格宽度为 49/50＝0.98mm，则游标读数值为 1－0.98＝0.02mm，因此可准确地读出 0.02mm。

Je5C3101　套丝前的圆杆直径应怎么确定？

答：套丝过程中，板牙对工件螺纹部分材料也有挤压作用，因此圆杆直径应比螺纹外径小些。一般选圆杆直径为螺纹的取小外径，取大外径约等于螺纹的取小外径加上螺纹外径公差的

1/2；杆直径用经验公式计算，即 $D=d-0.13t$（D——杆直径；d——螺纹外径；t——螺纹距）。

Je5C3102　铰孔时铰刀为什么不能反转？

答：手铰时，两手用力均匀，按顺时针方向转动铰刀，并略用力向下压，任何时候都不能倒转，否则切削挤压铰刀，划伤孔壁，使刀刃崩裂，铰出的孔不光滑、不圆，也不准确。

Je5C3103　麻花钻刃磨时有哪些要求？

答：刃磨时，只磨两个后刀面，但要同时保证后角、顶角和横刀余角都达到正确角度。

Je5C3104　如何检查刮削平面的质量？

答：刮过的表面应该细致而均匀，网纹不应有刮伤的痕迹，用边长为 25mm×25mm 的方框内刮研点数的多少来确定质量。

Je5C3105　阀门垫片起什么作用？垫片材料如何选择？

答：垫片的作用是保证阀瓣、阀体与阀盖相接触处的严密性，防止介质泄漏，垫片材料的选择根据压力、温度和介质性质而定，选用橡胶垫、橡胶石棉垫、紫铜垫、软铜垫、不锈钢垫等。

Je5C3106　攻盲孔螺纹时怎样确定钻底孔深度（写出经验公式）？

答：底孔深度=需要的螺纹深度+0.7 倍的螺纹公称直径。

Je5C3107　如何用手动弯管机弯管？

答：将弯管机固定在工作台上，弯管时把管子卡在管夹中固定牢固，用手扳动手柄，使小滚轮绕大轮作扇形滚动，就可以把管子弯成需要的弯管。手动弯管机只适用于管子尺寸 $\phi38$

以下的少量的弯制工作。

Je5C3108 阀门检修后进行水压试验时，对于有法兰的阀门和无法兰的阀门应各用什么垫片？

答：水压试验时，对于有法兰阀门，应用石棉橡胶垫片；对于无法兰的阀门，则用退过火的软钢垫片。

Je5C4109 如何检修轴封加热器？

答：轴封加热器的检修方法是：

（1）拆去凝结水进、出水弯管螺栓，吊下。拆去前后水室端盖法兰螺栓，吊下水室，铲去密封垫料。

（2）用毛刷子配以 0.588～0.687MPa 高压水冲洗铜管。

（3）拆去进汽口法兰螺栓，铲去密封垫料换新，加装泵水闷头，在疏水口加堵板。

（4）汽侧灌水，如有泄漏，铜管用堵头堵掉；胀口漏时，用胀管器加胀。

（5）按解体程序逆序装复，各接合面及螺纹涂黑铅粉。

Je5C4110 对于给水小旁路减温水管道、加热器逐级疏水、事故疏水管阀检修时，应重点检查哪些项目？

答：检查各阀门出口短节管，特别是角式调整门出口短节管局部冲刷情况，用测厚仪测厚，用同样方法检查三通、弯管等部位，并检查焊缝有无裂纹泄漏情况。

Je5C4111 阀门如何解体？

答：阀门解体前必须确认该阀门所连接的管道已从系统中断开，管内无压力，其步骤是：

（1）用刷子和棉纱将阀门内外污垢清理干净；

（2）在阀体和阀盖上打上记号，然后将阀门开启；

（3）拆下传动装置或手轮；

（4）卸下填料压盖，清除旧盘根；

（5）卸下门盖，铲除填料或垫片；

（6）旋出阀杆，取下阀瓣；

（7）卸下螺纹套筒和平面轴承。

Je5C5112　如何进行管子的热弯？

答：管子热弯的方法是：

（1）首先检查管子材质、质量、型号等，再选择无泥土杂质、并经过水洗和筛选的砂子，进行烘烤，使砂子干燥无水；

（2）将砂子装入管子中振打捣实，并在管子两端加堵；

（3）将装好砂子的管子运至弯管场地，根据弯曲长度，在管子上划出标记；

（4）缓慢加热管子及砂子，在加热过程中要注意转动或上下移动管子，当管子加热到 1000℃时（管子呈橙黄色），用两根插销固定管子的一端，在管子的另一端加上外力，把管子弯曲成所需形状。

Je5C5113　管道支吊架弹簧的外观检查及几何尺寸应符合哪些要求？

答：管道支吊架弹簧的外观检查及几何尺寸应符合的要求是：

（1）弹簧表面不应有裂纹、分层等缺陷；

（2）弹簧尺寸的公差应符合图纸要求；

（3）弹簧工作圈数的偏差不应超过半圈；

（4）在自由状态时，弹簧各圈的节距应均匀，其偏差不得超过平均节距的±10%；

（5）弹簧两端支承面与弹簧轴线应垂直，其偏差不得超过自由高度的 2%。

Je5C5114　手拉葫芦（倒链）使用前应做何检查方可使用？

答：手拉葫芦（倒链）使用前应做的检查有：

（1）外观检查。吊钩、链条、轴有无变形或损坏，链条轮根部的销子是否牢固。

（2）上、下空载试验。检查链子是否缠扭，传动部分是否灵活，手拉链条有无滑链或掉链现象。

（3）起吊前检查。先把手拉葫芦稍微拉紧，检查各部分有无异常，再试验摩擦片、圆盘和棘轮圈的反销情况（俗称刹车）是否完好。

Je5C5115　电焊机的维护及保养方法有哪些？

答：（1）电焊机应尽量放在干燥、通风良好、远离高温和灰尘多的地方。

（2）焊机启动时，焊钳和焊件不接触，以防短路。

（3）焊机应在额定电流下使用，以免过烧。

（4）保持焊接电缆与焊机接线柱接触良好。

（5）经常检查直流电焊机的电刷和整流片的接触情况，若损坏，应及时更换。

（6）露天使用焊机时，应有防雨雪、防灰尘的措施。

Je5C5116　部件或零件装配时必须进行哪些清洁工作？

答：部件或零件装配时必须进行下列清洁工作：

（1）装配前，清除零件上残存的型砂、铁锈、切屑、研磨剂、油污及灰砂等，对孔槽、沟及其他容易存留灰砂及污物的地方，应仔细地进行消除。

（2）装配后，清除在装配时产生的金属切屑。

（3）部件或机器试车后，洗去摩擦产生的金属微粒及其他污物。

Je5C5117　如何保养刮刀？

答：刮刀是精加工工具，它的刃口一定要保护好。用毕要用布包好或放在格架中，以免刃口碰坏和出工伤事故；刮刀不能当撬棒用，也不能当其他工具使用。

Je5C5118　钻出孔径大于或小于规定尺寸时，其原因是什么？如何防止？

答：钻出孔径大于或小于规定尺寸的原因是：

（1）钻头两主切削刃的长短、高低不一致；

（2）钻头摆动。

钻出孔径大于或小于规定尺寸的防止方法是：

（1）正确刃磨钻头；

（2）消除钻头摆动。

Je5C5119　套丝时螺纹乱扣的原因及防止方法有哪些？

答：套丝时螺纹乱扣的原因是：

（1）板牙摆动太大或由于偏斜多次纠正，切削过多而使螺纹中径小了；

（2）起削后仍使用压力扳动。

套丝时螺纹太细的防止方法是：

（1）摆移板牙用力要均衡；

（2）起削后去除压力只用旋力。

Je5C5120　机械修理的整个工艺过程包括几个方面？

答：机械修理的整个工艺过程一般包括以下方面：

（1）修理前的准备工作，包括熟悉机械的构造、机械损坏情况、修理工具的准备等；

（2）拆卸；

（3）清洗并检查；

（4）确定修理方案；

（5）磨损零件的修复或更换。

Je5C5121　高、低压除氧器检修后应满足什么要求？

答：高、低压除氧器检修后应满足的要求是：

（1）喷嘴应畅通、牢固、齐全、无缺损；

（2）淋水盘应完整无损，淋水孔应畅通；

（3）淋水盘组装时，水平最大偏差不超过 5mm；

（4）除氧器内部刷漆均匀；

（5）就地水位计筒体无泄漏、磁翻板正常；

（6）调整门指示应干净，无泄漏；

（7）检修过的截门应严密不漏，开关灵活；

（8）除氧头法兰面应水平，无沟道；

（9）填料层内的 Ω 填料应为自由容积的 95%；

（10）法兰结合面严密不漏。

Je5C5122　自密封阀门解体检修有哪些特殊要求？

答：自密封阀门解体检修的特殊要求有：

（1）检查阀体密封四合环及挡圈应完好无损，表面应光洁、无裂纹；

（2）阀盖填料座圈、填料盖板应完好，无锈垢，填料箱内应清洁、光滑，填料压盖、座圈外圆与阀体填料箱内壁间隙应符合标准；

（3）密封填料或垫圈应符合质量标准。

Je5C5123　百分表在使用时应注意些什么？

答：百分表在使用时应注意：

（1）使用前应检查百分表是否灵敏，不能有呆滞现象。可将测杆拉动数次，如指针每次都能回到原处，则符合要求。

（2）被测量的工作面要擦净，水滴、灰尘、油污不得弄入表面。

（3）百分表装在表架上要稳固，表架不得松动、摇晃。

（4）将测杆的测头轻轻地靠在被测工作表面上，使测杆缩至表内一段行程（约 1～2mm），以保证测量时触头可始终与工作面接触。

（5）旋转刻度盘使大指针对准零位，记住小指针的读数，则测量值为小指针的毫米整数增加值与大指针的小数值之和。

（6）装配。

（7）调整和试验。

Je5C5124　叙述麻花钻刃磨的方法？

答： 右手捏钻身前部，左手握钻柄，右手搁在支架上作为支点，使钻身位于砂轮中心水平面，钻头轴心线与砂轮圆柱面母线的夹角等于钻头顶角 2θ 的一半，然后使钻头后刃面接触砂轮进行打磨，在刃磨过程中，右手应使钻头绕轴线作微量的转动，左手把钻尾作上下少量的摆动就可同时磨出顶角、后角和横刃斜角，磨好一面后再磨另一面，但两面必须对称。

Je5C5125　铰孔时孔呈多角形废品的原因及预防方法有哪些？

答： 铰孔时孔呈多角形废品的原因是：

（1）铰削量太大，铰刀不锋利；

（2）铰孔前钻孔不圆。

铰孔时孔呈多角形废品的防止方法是：

（1）减少铰削量；

（2）铰前先用钻头扩孔。

Je5C5126　阀门更换检修前要做哪些准备工作？

答： 阀门更换检修前要做的准备工作有：

（1）准备阀门。汽轮机所用的各种阀门都要准备好，可购新阀门，也可利用经修复的旧阀门。

（2）准备工具。包括各种扳手、手锤、錾子、撬棒、24～36V 行灯，各种研磨工具，螺丝刀、套管、大锤、工具袋、换盘根工具等。

（3）准备材料。包括研磨料、砂布、盘根、螺丝、各种垫子、机油、煤油及其他消耗材料。

（4）准备现场。有些大阀门和大流量法兰检修很不方便，在检修前要搭好架子，使检修工作能很快进行。为便于拆卸，可在检修前先对阀门螺丝加上一些煤油。

（5）准备检修工具盒。高压阀门大部分就地检修，将所用的工具、材料、零件装入工具盒，随身带，很方便。

Je4C2127　编制检修施工计划包括哪些内容？

答：编制检修施工计划应包括检修项目、内容、方案的确定依据，以及确定方案时的可行性论证和预计效益的计算、测算说明。

Je4C2128　止回阀容易产生哪些故障？其原因是什么？

答：止回阀容易产生的故障和原因是：

（1）汽水侧流。其原因是阀芯与阀座接触面有伤痕或水垢，旋启式止回阀的阀碟脱落。

（2）阀芯不能开启。其原因是阀芯与阀座被水垢黏住或阀碟的转轴锈死。

Je4C2129　简述安全阀阀瓣不能及时回座的原因及排除方法。

答：安全阀阀瓣不能及时回座的原因及排除方法是：

（1）阀瓣在导向套中摩擦阻力大，间隙太小或不同轴，需进行清洗、修磨或更换部件。

（2）阀瓣的开启和回座机构未调整好，应重新调整。对弹簧安全阀，通过调节弹簧压缩量可调整其开启压力，通过调节上调节圈可调整其回座压力。

Je4C2130　简述射水抽气器的检修过程和要求？

答：射水抽气器的检修过程是：

（1）拆前将各法兰打好记号，以便按号组装；

（2）检查喷嘴、扩散管的结垢和冲刷情况，将积垢打掉，对冲刷部分进行补焊，损坏严重者进行更换；

（3）检修抽气止回阀，使之严密性好，销子装设牢固。

射水抽气器的检修的要求是：

（1）组装时必须使喷嘴与扩散管中心对正；

（2）回装各法兰应满足严密性要求。

Je4C2131　简述安全阀泄漏的原因及排除方法。

答：安全阀泄漏的原因及排除方法是：

（1）氧化皮、水垢、杂物等落在密封面上时，可用手动排汽吹扫；

（2）密封面机械损伤或腐蚀时，可用研磨或车削后研磨的方法修复，或更换；

（3）弹簧因受载过大而失效或弹簧因腐蚀而弹力降低时，应更换弹簧；

（4）阀杆弯曲变形或阀芯与阀座支承面偏斜时，应找明原因，重新组装或更换阀杆等部件；

（5）杠杆式安全阀的杠杆与支点发生偏斜而使阀芯与阀座受力不均时，应校正杠杆中心线。

Je4C3132　对管道的严密性试验有何要求？

答：管道的严密性试验要求是：

（1）管道系统应通过水压试验进行严密性试验。试验时将空气排净，一般试验压力为工作压力的 1.25 倍，但不得小于 0.196MPa；

（2）试验时间为 5min，无渗漏现象；

（3）试验压力超过 0.49MPa 时，禁止再拧紧各接口连接螺栓；发现泄漏时，应在降压消缺后，再进行试验。

Je4C3133　在什么情况下，压力容器要进行强度校核？

答：压力容器要进行强度校核的情况有：

（1）材料牌号不明，强度计算资料不全或强度计算参数与实际情况不符；

（2）受汽水冲刷，局部出现明显减薄；

（3）结构不合理且已发现严重缺陷；

（4）修理中更换过受压元件；

（5）检验员对强度有怀疑时。

Je4C3134　水泵检修后，试运行前必须检查哪些项目？

答：应进行下列项目的检查：

（1）地脚螺栓及同机座连接螺栓的紧固情况；

（2）水泵、电动机联轴器的连接情况；

（3）轴承内润滑油的油量是否足够，对于单独的润滑油系统，应全面检查油系统，确保无问题；

（4）轴封盘根是否压紧，通往轴封液压密封圈的水管是否接好通水；

（5）接好轴承水室的冷却水管。

Je4C3135　简述阀门阀瓣和阀座产生裂纹的原因和消除方法。

答：阀门阀瓣和阀座产生裂纹的原因是：

（1）合金钢密封面堆焊时产生裂纹；

（2）阀门两侧温差太大。

阀门阀瓣和阀座产生裂纹的消除方法有：将裂纹处挖除补焊，热处理后车光并研磨。

Je4C3136　射水抽气止回阀检修有哪些质量要求？

答：射水抽气止回阀阀座接触面光滑无斑点、磨损；红丹粉检查，接触连续均匀、严密不漏；阀座不松动；止回阀阀座放入凹法兰内，螺栓固定；止回阀弹簧无严重变形，无裂纹，弹性良好。

Je4C4137　除氧器的除氧头及水箱外部检修后达到什么要求？

答：除氧头及水箱外部应达到下列要求：

（1）防腐层、保温层及设备铭牌完好；

（2）外表无裂纹、变形、局部过热等不正常现象；

（3）接管焊缝受压元件无渗漏；

（4）紧固螺栓完好；

（5）基础无下沉、倾斜、裂纹等现象，水箱底座完好，固定端和膨胀端状况正常；

（6）就地水位计筒体无泄漏、磁翻板正常。

Je4C4138　管道冷拉前应检查哪些内容？

答：管道冷拉前应检查的内容有：

（1）冷拉区域各固定支架安装牢固，各固定支架间所有焊口焊接完毕（冷拉除外），焊缝均经检查合格，应作热处理的焊口已作过热处理；

（2）所有支架已装设完毕，冷拉附近支吊架的吊杆应留足够的调整余量，弹簧支吊架的弹簧应按设计值预压缩，并临时固定；

（3）法兰与阀门的连接螺栓已拧紧；

（4）应作热处理的冷拉焊口，焊后必须经检验合格，热处理完毕后，才允许拆除冷拉时所装拉具。

Je4C4139　泵轴的冷矫直方法是什么？

答：当轴的直径小于 50mm 时，可采用冷矫直。先将轴顶在两顶尖之间，用百分表检验其弯曲量，在最大弯曲处做好标记，然后反轴支在 V 形垫铁上，轴弯曲最高处向上，用螺旋压力机压最高点，同时用百分表检查轴高处下降量，应矫正过压 0.02~0.10mm，压一段时间后，放松检查矫正情况，不符合要求时可再次压。

Je4C4140　对自压密封式高压加热器应进行哪些检查？

答：对于自压密封式高压加热器应进行如下检查：

（1）自压密封座压垫片的平面应光洁无毛刺；

（2）钢制密封环应光亮无毛刺；

（3）压垫片的垫圈要求厚度均匀，几何尺寸符合要求，软质非金属垫片应质地均匀，材质和尺寸应符合规定；

（4）对支撑压力的均压四合圈，外观检查应无缺陷，且拼接密合，进行光谱检验，其材质符合要求；

（5）止脱箍应安装正确，与四合圈吻合。

Je4C4141　在工件上攻丝时应注意什么？

答：工件要夹紧，丝孔中心线要与孔的端面垂直，丝锥应放正，攻丝时用力要均匀，并保持丝锥与丝孔端面垂直。正确选择铰手柄的长度和冷却润滑液，扳转手柄时，以每次旋转 1/2 圈为宜，每次旋进后应反转 1/4~1/2 行程，攻不通孔时，应不断退出丝锥，倒出切屑，头锥攻丝感到费力时，应用二锥与头锥交替攻丝。

Je4C4142　简述安全阀不在调定的起座压力下动作的原因及处理方法。

答：安全阀不在调定的起座压力下动作的原因及处理方法是：

（1）安全阀调压不当，调定压力时忽略了容器实际工作介质和工作温度的影响，需重新调压；

（2）密封面因介质污染或结晶产生粘连或生锈，需吹洗安全阀，严重时需研磨阀芯、阀座；

（3）阀杆与衬套之间的间隙过小，受热时膨胀卡住，需适当加大阀杆与衬套之间的间隙；

（4）调整或维护不当，弹簧式安全阀的弹簧收缩过紧或紧度不够，杠杆式安全阀的生铁盘过重或过轻，需重新调定安全阀；

（5）阀门通道被盲板等障碍物堵塞，应消除障碍物；

（6）弹簧产生永久变形，更换弹簧；

（7）安全阀选用不当，如在背压波动大的场合，选用了非平衡式安全阀等，需要换相应类安全阀。

Je3C4143 高压加热器在进行堵管工艺操作时应遵循哪些原则？

答：堵管工艺操作原则有：

（1）应根据高压加热器的结构、材料、管子管板连接工艺特点等，提供完整的堵管方法和工艺要求。

（2）被堵管的端头部位一定要经过良好处理，使管板孔圆整、清洁，与堵头有良好的接触面。

（3）在管子与管板连接处有裂纹或冲蚀的情况下，一定要去除端部原管子材料及焊缝金属，使堵头与管板紧密接触。

Je3C4144 阀门解体检查有哪些项目，要求如何？

答：阀门解体检查的项目、要求有：

（1）阀体与阀盖表面有无裂纹和砂眼等缺陷，阀体与阀盖接合面是否平整，凹凸面有无损伤，其径向间隙是否符合要求，一般要求径向间隙为 0.20～0.50mm；

（2）阀瓣与阀座的密封面应无裂纹、锈蚀和刻痕等缺陷；

（3）阀杆弯曲度一般不超过 0.10～0.25mm，不圆度一般不超过 0.02～0.05mm，表面锈蚀和磨损深度不超过 0.10～0.20mm，阀杆螺纹完好，与螺纹套配合灵活，不符合要求则应更换；

（4）填料压盖、填料盒与阀杆间隙要适当，一般为 0.10～0.20mm；

（5）各螺栓、螺母的螺纹应完好，配合适当；

（6）平面轴承的滚珠、滚道应无麻点、腐蚀、剥皮等缺陷；

（7）传动装置动作要灵活，各配合间隙要正确；

（8）手轮等要完整，无损伤。

Je3C5145　高压阀门严密性试验的方法有哪些？

答：试验的目的是检查门芯与门座、阀杆与盘根、阀体与阀盖等处是否严密。具体试验方法如下：

（1）门芯与门座密封面的试验。将阀门压在试验台上，并向阀体内注水，排除体内空气，待空气排尽后，再将阀门关死，然后加压到试验压力。

（2）阀杆与盘根、阀体与阀盖的试验。经过密封面试验后，把阀门打开，让水进入整个阀体内充满，再加压到试验压力。

（3）试压的质量标准。在试压台上进行试压时，试验压力为工作压力的 1.25 倍，在试验压力下保持 5min。如果无降压、泄漏、渗漏等现象，试压即合格；如不合格，应再次进行修理，还必须重做水压试验。试压合格的阀门，要挂上"已修好"的标牌。

Je3C5146　简述外径千分尺的读数原理。

答：外径千分尺是根据内外螺纹相对旋转时，能沿轴向转动的原理制成的，紧配在有刻度尺架上的螺纹轴套与能够转动的测微杆是一对精密的螺纹传动副，它们的螺距为 0.5mm。当测量杆转一圈时，即沿轴向移动 0.5mm。又因微分筒与测量杆一起转动和移动，所以在微分筒的前端外圆周上刻有 50 个等分的圆周刻度线，微分筒每旋转一圈（50 格），测量杆就沿轴向移 0.5mm，当微分筒沿圆周转动一格，测量杆则沿轴向移动

0.5/50=0.01mm。

Je2C4147　简述利用带压堵漏技术消除运行中阀门盘根泄漏的方法。

答：消除运行中阀门盘根泄漏的方法是：

（1）选派受过专门培训的工人，熟悉带压堵漏工具的使用及操作工序；

（2）根据泄漏阀门的工作压力、工作温度，选用合适的堵漏胶；

（3）将与带压堵漏专用工具相匹配的管接头（DN6）烧焊在阀门填料盒上；

（4）带上防护用具，用手提电钻穿过管接头内孔将阀门填料盒钻穿，并接上带压堵漏专用工具；

（5）用带压堵漏工具将堵漏胶注入阀门填料盒，消除阀门盘根泄漏。

目前带压堵漏技术已日趋成熟，并广泛使用于现场，可保证设备的安全可靠运行。

Je2C5148　从运行维护和系统改造上如何防止高压加热器管束振动，以减少钢管泄漏？

答：从运行维护和系统改造上防止高压加热器管束振动，以减少钢管泄漏的主要方法有：

（1）运行维护上。避免低水位和无水位运行；防止疏水调节阀开度过大，在疏水冷却段内引起闪蒸；监视和控制高压加热器热力参数，防止流速过大激发振动；对于多根管子同时损坏，且损坏点位于隔板孔或管子跨度中心时，应考虑振动损坏的可能，从而寻找原因。

（2）系统改造上。对于蒸汽冷却段内流速过高而引起管束损坏的高压加热器，可将部分蒸汽直接引入凝结段，减小进入蒸汽冷却段的流量而降低流速。

Je2C5149　主蒸汽管、高温再热蒸汽管道的直管、弯管安装时应做哪些检查?

答:当工作温度高于 450℃的主蒸汽管、高温再热蒸汽管道的直管、弯管和导汽管安装时,应逐段进行外观、壁厚、金相组织、硬度等检查。弯管背弧外表面还需进行探伤。管道安装完毕,对弯管进行不圆度测量,做好技术记录,测量位置应能永久保存。

Je2C5150　加热器管子的破裂是由哪些原因引起的?

答:加热器管子的破裂是由下列原因引起的:

(1)管子振动。当管子隔板安装不正确以及管子与管子隔板之间有较大间隙时,在运行中会发生振动。

(2)管子锈蚀。给水的除氧不足、蒸汽空间的空气排除不良等原因引起。

(3)水冲击损坏。在给水管道和加热器投用时,切换过快会使系统中部件受热不均而发生水冲击,给水管道与加热器内有空气阻塞时,也会发生水冲击。

(4)管子质量不好。管子热处理不正确造成管子质量不好。管子上的伤痕、沟槽是质量不良的标志,使用时应进行严格选择。

Je2C5151　什么是零件测绘?零件测绘的步骤和方法是什么?

答:根据实际零件,通过分析和测量尺寸、画出零件图并制定技术要求的过程,称为零件测绘。

零件测绘的步骤和方法是:

(1)分析零件;

(2)确定视图表达方案;

(3)测绘零件草图;

(4)校核草图,并根据草图画成零件图。

Je1C4152 什么叫 A、B、C 级检修？检修周期是如何规定的？

答：A 级检修是指依据单元机组检修周期规定和设备状态，按照预定计划对单元机组主、辅设备，系统进行全面的检查、试验、清理和修理，同时安排实施特殊检修项目和技术改造项目的工作，目的是恢复、提高单元机组设备、系统的安全、经济、可靠性能。一般规定单元机组 4～6 年安排一次 A 级检修。

B 级检修是指依据单元机组设备状态，按照预定计划对单元机组部分主、辅设备，系统进行全面的检查、试验、清理和修理，同时安排实施部分特殊检修项目和技术改造项目的工作，目的是恢复、提高单元机组设备、系统的安全、经济、可靠性能。一般规定单元机组在两次 A 级检修中间可酌情安排一次 B 级检修。

C 级检修是按计划对频繁使用和易损部件的检查、试验、清理和修理，以消除一般性缺陷为主。一般规定单元机组每年安排一次 C 级检修。

Je1C4153 高温压力容器、管道安装的放空气管、疏水管、排污管、压力取样接管座、温度接管座与膨胀有什么要求？

答：必须使用材质、参数符合设计要求的接管座与设备、主管道加强焊接、热处理，接管座后小管道布置必须具有足够的挠性，以降低小管道与设备、主管道相对膨胀而引起的根部应力超限。

Je1C4154 简述"三塔合一"间接空冷系统的构成和主要特点。

答：空气冷却塔为钢筋混凝土结构双曲线型冷却塔；脱硫吸收塔布置在空气冷却塔中央，净烟气经置于脱硫塔顶部的钢制垂直烟囱对空排放，排放高度不低于 70m。间接空冷系统主要由喷雾混合式凝汽器、循环泵水轮机组、鳍片式散热器组等主要设备和连接管道、阀门及相应的电控系统构成。其突出的特点是布置紧凑、节省布置场地、节省投资，运行调节方式灵活。

Je1C5155　特殊项目检修的技术措施包括哪些内容？

答：（1）做好施工设计。收集技术资料，计算、确定施工图纸、编制施工步序、施工工艺。

（2）做好施工技术准备、物资准备、组织准备。

（3）明确施工中的质量标准和验收方法。

（4）准备好技术记录表格、应绘制和校核的备品备件图纸。

（5）编制设备、系统试验、试运行措施。

Je1C4156　管道支吊架的修理及调整有哪些内容？

答：管道支吊架的修理及调整的主要内容有：

（1）修理管夹、管卡、套筒，使其牢固的固定管子，不偏斜；

（2）修理吊杆、法兰螺栓，连接螺栓和螺母；

（3）按设计调整有热位移管道支吊架的方向尺寸；

（4）顶起导向支架，检查、清理活动支座的滑动面、滑动件的支撑面，必要时更换滑动件；

（5）调整弹簧支持面与弹簧中心线垂直，调整弹簧压缩值在标尺范围内；更换弹簧时应做全压缩试验和工作载荷压缩试验；

（6）必要时进行结构件挖补焊缝及预埋件处理。

Je1C4157　金属齿形垫使用在什么场合？

答：金属齿形垫使用在压力大于 10MPa、温度大于 450℃的蒸汽系统管道法兰连接，阀门、阀体与阀盖连接的密封部位。金属齿形垫片一般采用韧性优良、抗氧化性强、有一定延展性的奥氏体不锈钢材料（1Cr18Ni9Ti 和 0Cr18Ni9Ti），双面都加工成齿形，平行度要求不大于 0.05mm，在法兰密封面宽度方向形成多道密封线，密封性能良好。

Je1C5158　简述管道支吊架的安装要求？

答：支吊架通常固定在梁、柱或混凝土结构的预埋铁件上，不论生根在何处，必须保证牢固可靠，不同形式的支吊架具体要求如下：

（1）固定支架。不但承担管道重量，而且还要承受管道温度变化时所产生的推力或拉力，安装时要保证托架与管箍、管箍与管道之间的紧密可靠连接、限位，使管道没有转动、窜动的可能，使之成为管道膨胀的死点；不得在没有补偿器的直管段上同时安装两个或以上的固定支架。

（2）滑动支架。应能保证管道的轴向的自由滑动，将其他方向的活动限制在一定范围内，安装时要预留出热位移量，在冷态时托铁中心线与支架中心线不重合，偏置在与热膨胀方向相反一定距离处，此距离应为该处热位移量的一半；滑动支架的活动部分必须裸露，不得被保温层覆盖或其他结构阻挡。

（3）吊架。吊杆在冷态时须预留出倾斜量，倾斜量由该处热位移量确定。

（4）支吊架的弹簧在安装前应预压合适并用螺杆固定，安装结束后再释放。整个系统安装完成时要对所有支吊架进行一次检查、调整，使之符合承力、预留要求。

Je1C5159　一般规定管道接口位置应符合哪些要求？

答：（1）管道接口距离弯管的弯曲点不得小于管道外径，且不小于 100mm；

（2）管道两个接口间的距离不得小于管道外径，且不小于 150mm；

（3）管道接口不得布置在支吊架上，接口距离支吊架边缘不得少于 50mm；对于焊后需作热处理的接口，该距离不得小于焊缝宽度的 5 倍且不小于 100mm；

（4）管道接口应避开疏放水、放空气、压力、温度取样接管座开孔位置，一般距开孔边缘不小于 100mm；

（5）管道接口应避开穿墙、穿平台位置。

Je1C5160　汽轮机本体范围内疏水管道、阀门的安装、布置应符合哪些要求？

答：（1）汽轮机本体范围内疏水管道应严格按设计的系统、走向、坡度进行连接，不得随意改变；

（2）疏水系统应能有效地排放设备和管路中不同工况下产生的疏水；

（3）汽轮机本体范围内疏水管道不得任意与其他疏水系统串接、并接在一起，防止不同工况下低温蒸汽、水窜入汽缸；

（4）疏水管与主管道连接时应选用规格、材质合格的接管座，采用正确焊接、热处理工艺，管道焊接严格执行规定的焊接、热处理工艺，保证焊口质量；

（5）疏水阀门应严密性良好，并按照由高至低压力等级整齐排列在操作方便的平台位置；

（6）系统放水排至无压放水漏斗的位置应合理布置，避开通道、电控设备，漏斗上必须加盖。

Jf5C1161　接触电气开关时怎样注意安全？

答：不准靠近或接触有电设备的带电部分，湿手不准触摸电灯开关和其他电气设备，电气开关外壳和电线绝缘有破损、不完整或带电导体外裸时，应找电工修好，否则不准使用。

Jf5C1162　工作人员应具有哪些急救常识？

答：应学会触电、窒息急救法和人工呼吸法，并熟悉烧伤、烫伤、外伤、气体中毒等急救常识。

Jf5C1163　发电厂生产场所哪些地方禁止行走和站立？如必须这样，应怎样办？

答：禁止在栏杆上、管道上、靠背轮上、安全罩上或运行设备上行走和站立。如必须在管道上站立才能工作时，必须做好安全措施。

Jf5C2164　厂内什么地方应避免靠近和停留？

答：在厂内，不要靠近和长时间停留在可能受到烫伤的地方，如汽、水、燃油管道的法兰、阀门，煤粉系统和锅炉烟道的人孔、检查孔和防爆门、安全门，除氧器，热交换器，汽包水位计等处。如因工作需要，必须在上述处所长时间停留时，应做好安全措施。

Jf5C2165　如何认识接地装置？

答：所有电气设备的金属外壳均有良好的接地装置，一旦电气设备金属外壳带电，可以通过接地装置迅速将电流引入大地中，减少工作人员触电的危险性。使用中不准将接地装置拆除或对其进行任何损伤性操作。

Jf5C2166　电气设备和检修设备上的标示牌有什么用途？

答：任何电气设备和检修设备上悬挂的标示牌，标示了设备带电、停电及检修状态，警示不得进行操作、防止危险发生的警告，为了防止事故发生，除了原来放置人员或负责人以外，其他任何人不准移动。

Jf5C2167　储气瓶的仓库应具有哪些基本要求？

答：储气瓶仓库应具有耐火性；门窗应向外开，装置的玻璃应用毛玻璃或涂白色的油漆；地面应平坦不滑，砸击时不会发生火花；必备消防用具，应采用防爆照明，室内通风良好，周围 10m 以内不准堆置可燃性物品；有"不准明火作业、不准吸烟"标志。

Jf5C2168　使用移动式脚手架时，安全注意事项有哪些？

答：移动式脚手架一般采用金属、木料装配成，架下有滚轮，必须经过设计和验收合格后才可使用。当移动脚手架时，工作人员必须下来，上面有人时禁止移动。移动脚手架时应缓慢，并有切实防止倾倒的措施。路道纵横面应平整，移动式脚手架到达工作位置后，其活动部分可靠地绑牢固定。脚手架本身与建筑物绑住，人员上、下用固定梯子。

Jf5C3169　配合电焊工作业时的安全事项有哪些？

答：配合电焊工作业、搬运或移动电焊机时，必须在切断电源的情况下进行。焊机的外壳接地应良好，进线出线不应有绝缘损伤、短路和接触不良现象。清理焊渣时必须戴上白光眼镜，并避免对着人的方向敲打焊渣。不准将带电的绝缘导线拉伸或踩在脚下，电焊机导线经过走道时，应有防护措施，防止外力损坏。电焊工作时，不准触摸焊机外壳和导电部分。

Jf5C3170　工作场所通道平台有哪些规定？

答：工作场所的电梯、平台、通道、栏杆都应保持完整，铺设铁板牢固，铁板表面有防跌纹路。门口通道楼梯平台处不准放置杂物，以免阻碍通行。电缆管道不应敷设在经常有人通行的地板上。地板上临时放置有容易使人绊跌的物件绳索等，必须设置明显的警告标示。地面的灰浆、泥、油污应及时清除，以防滑跌。生产工作场所的常用照明应保持足够的亮度。主要楼梯通道等地点，必须设有事故照明。

Jf5C4171　发现有人触电如何处理？

答：发现有人触电，应立即设法切断电源，使触电人脱离电源，并立即把触电人平放在通风地方进行急救，采用人工呼吸、胸外心脏按压法等使心脏复苏，并及时呼叫医生到场。如在高空作业，则必须采取措施防止触电者高空坠落。

Jf5C4172　在工作场所如何存放易燃品？

答：禁止在工作场所存放易燃物品，如汽油、煤油、酒精等；如需要少量润滑油，油枪、油壶等必须放在指定地点的储藏室内。

Jf4C2173　试述在对待和处理所有事故时的"四不放过"原则的具体内容。

答："四不放过"原则如下：

（1）事故原因不清不放过；

（2）事故责任者和应受教育者没有受到教育不放过；

（3）没有采用有效的防范措施不放过；

（4）事故责任者和有关责任人没有受到责任追究不放过。

Jf4C2174　新检修人员独立工作前必须经过哪些培训？

答：新检修人员独立工作前必须经过规程、制度、工艺操作基本知识及专业知识等基本训练和检修实习两个阶段培训。

Jf4C2175　何谓"两票"、"三制"？

答："两票"是指操作票、工作票。"三制"是指交接班制、巡回检查制和定期试验切换制。

Jf4C3176　传艺过程采用哪些教材来进行？

答：传艺过程中一般采用本厂编写的检修工艺标准、国颁标准、部颁标准及设备生产厂说明与标准，结合本厂生产情况，总结本人实际工作经验来进行。

Jf4C4177　试述动火工作票负责人的职责？

答：动火工作票负责人的职责是：

（1）检查动火工作票签发人所填写安全措施是否符合现场动火条件；

（2）对现场安全措施的可靠性负责，并向监火人、动火人交代安全措施执行情况；

（3）向动火人指明工作任务，交代安全注意事项，必要时另派专人监护；

（4）检查动火现场是否符合动火条件和动火工作中所站的位置是否安全可靠；

（5）发现动火现场有不安全情况时，应立即停止动火工作；

（6）工作结束后要负责清理现场，并检查有无火种遗留。

Jf3C5178　检修记录卡（或台账）的主要内容包括哪些？

答：检修记录卡（或台账）的主要内容包括：

（1）设备及项目内容；

（2）设备解体后的状况及缺陷；

（3）检修工艺过程及消除缺陷的手段；

（4）检修中达到的规定及质量标准；

（5）检修工作人员名单；

（6）验收人员签名及评语。

Jf2C5179　设备检修后应达到哪些要求？

答：设备检修后主要应达到：

（1）检修质量符合规定标准；

（2）消除设备缺陷；

（3）恢复出力，提高效率；

（4）消除泄漏现象；

（5）安全保护装置和自动装置动作可靠，主要仪表、信号

及标志正确;

(6) 保温层完整,设备现场整洁;

(7) 检修技术记录正确、齐全。

Jf1C5180 简述项目管理的概念和项目管理的主要任务。

答:项目管理是指项目的管理者,在有限的资源约束下,运用系统的观点、方法和理论,对项目涉及的全部工作进行有效的管理。即从项目的投资决策开始到项目结束的全过程,进行计划、组织、指挥、协调、控制和评价,以实现项目的目标。

项目管理的主要任务包括:

(1) 安全管理;

(2) 投资控制和总承包方的成本控制;

(3) 进度控制;

(4) 质量控制;

(5) 合同管理;

(6) 信息管理;

(7) 与建设项目总承包方有关的组织和协调。

4.1.4 计算题

La5D1001 某机组的额定功率 P=300MW，求该机组一个月（按 30 天，即 t=720h 计算）的额定发电量 W 为多少？如果此月度该机组的平均负荷率为 70%，计算该机组此月度的发电量为多少？

解：$W = Pt =300\ 000×720 = 2.16×10^8$（kWh）

$W\eta = Pt\eta =300\ 000×720×70\% = 1.51×10^8$（kWh）

答：机组一个月的额定发电量为 $2.16×10^8$kWh。如果此月度该机组的平均负荷率为 70%，则该机组此月度的发电量为 $1.51×10^8$kWh。

La5D2002 凝汽器真空表的读数 p_1=98.05kPa，大气压力计读数 p_2=101.70kPa，求凝汽器内的绝对压力 p 为多少？

解：$p=p_2-p_1=101.7-98.05=3.65$（kPa）

答：凝汽器内的绝对压力为 3.65kPa。

La4D2003 已知某工质的温度 t=48℃，请问折算成热力学温度 T 为多少？

解：$T=t+273.15=48+273.15=321.15$（K）

答：折算成热力学温度为 321.15K。

La4D3004 某循环热源的温度 t_1=535℃，冷源的温度 t_2=35℃，在此温度范围内循环可能达到的最大热效率为 η_{max} 为多少？

解：热力学温度 T_1=273+535=808（K）

热力学温度 T_2=273+35=308（K）

$\eta_{max}=(1-T_2/T_1)×100\%$

$=(1-308/808)×100\%=62\%$

答：最大热效率为 62%。

La4D3005 某凝汽器将 D_1=300t/h 排汽凝结为饱和水，若排汽焓 h=2100kJ/kg，凝结水焓 h'=125kJ/kg，冷却水进口温度 t' 为 20℃，出口温度 t 为 28℃，水的比热容 c_p=4.187kJ/(kg·K)，求每小时所需的冷却水量 D_2。

解：$D_1(h-h')=D_2 c_p(t-t')$

$$D_2 = \frac{D_1(h-h')}{c_p(t-t')} = \frac{300 \times (2\,100 - 125)}{4.187 \times (28-20)}$$

$$= 17\,688.7 \text{（t/h）}$$

答：需要的冷却水量为 17 688.7t/h。

La3D4006 凝汽器中排汽压力为 0.004MPa，干度 x 为 0.95，（1）求此汽流的比体积 v_x；（2）若汽流凝结为该压力下的饱和水，问比体积缩小为原来的多少分之一？（已知该压力下饱和水比体积 v'=0.00104m³/kg，饱和干蒸汽比体积 v''=34.803m³/kg）

解：（1）$v_x=(1-x)v'+xv''=(1-0.95)\times 0.001\,04$

$$+0.95 \times 34.803 = 33.063 \text{（m}^3\text{/kg）}$$

（2）$\dfrac{v'}{v_x} = \dfrac{0.001\,04}{33.063} = \dfrac{1}{31\,791}$

答：（1）此汽流的比体积为 33.063m³/kg；（2）凝结后比体积缩小为原来的 $\dfrac{1}{31\,791}$。

La3D4007 某表面式低压加热器要把 m_2=200t/h、t_2'=40℃的水加热到 t_2''=72℃，加热用的饱和湿蒸汽温度为 120℃，流出加热器时为同一压力下的饱和水。已知水的比热容 c_2=4.187kJ/(kg·K)，加热器传热系数 K=3 400W/(m²·K)（忽略散热量）。试求：（1）平均温差 Δt_m；（2）传热面积 A。

解：（1）Δt_{max}=120–40=80（℃）

Δt_{min}=120–72=48（℃）

$$\frac{\Delta t_{max}}{\Delta t_{min}} = \frac{80}{48} = 1.67 < 1.7$$

$$\Delta t_m = \frac{\Delta t_{max} + \Delta t_{min}}{2} = \frac{80 + 48}{2} = 64 \quad（℃）$$

（2）$A = \dfrac{Q}{K\Delta t_m} = \dfrac{m_2 c_2 (t_2'' - t_2')}{K\Delta t_m}$

$$= \frac{200 \times 10^3 \times 4.187 \times (72 - 40)}{3\,400 \times 10^{-3} \times 3\,600 \times 64} = 34.2 \quad（m^2）$$

答：（1）平均温差为 64℃；（2）传热面积为 34.2m^2。

La2D3008　某材料的拉伸试样，其长度 L=100mm，直径 d=10mm，发生断面"颈缩"时的最大拉力为 F=85 000N，求此材料的强度极限。

解：材料的强度极限为

$$\sigma_b = \frac{F}{A} = \frac{4F}{\pi d^2} = \frac{4 \times 85\,000}{\pi \times 10^2} = 1082.8 \quad（MPa）$$

答：试样的强度极限为 1082.8MPa。

La2D4009　某输送蒸汽的管道，材料为钢，安装时 t=20℃，工作时温度 t_1=100℃。已知线膨胀系数 α=12.5×10^{-6}/℃，弹性模量 E=210GPa。试求工作时管内横截面上的应力。

解：横截面上的应力是由于温度变化而引起的温度应力（热应力），由式 $\sigma_t = E\alpha\Delta t$

得 σ_t=210×10^3×12.5×10^{-6}×(100–20)=210（MPa）

答：工作时管内横截面上的应力是 210MPa。

La2D5010　一定轴轮系如图 D-1 所示，各齿轮的齿数分别为 Z_1=20，Z_2=30，Z_3=60，主动轮 1 的转速为 n_1=1000r/min，试

计算从动轮 3 的转速 n_3=？

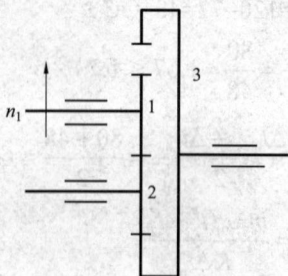

图 D-1

解：根据定轴轮系传动计算公式，有

$$i_{13}=\frac{n_1}{n_3}=(-1)\frac{Z_2 Z_3}{Z_1 Z_2}$$

$$n_3=-n_1\frac{Z_1}{Z_3}=-1\,000\times\frac{20}{60}=-333.3 \text{（r/min）}$$

答：从动轮 3 的转速为–333.3r/min，负号表示转向与主动轮 1 的转向相反。

La1D5011　如果理想气体的绝对压力增加至原来的 3 倍，而绝对温度为原来的 1.5 倍，则气体的密度如何变化？

解：因为　　$p_1 V_1/T_1=P_2 V_2/T_2$

所以　　$V_1/V_2=\dfrac{p_2}{p_1}=\dfrac{T_1}{T_2}$

　　　　　$=3\times 1/1.5=2$

又因为　　$V_1/V_2=\rho_2/\rho_1$　　　　　所以　　$\rho_2/\rho_1=2$

答：气体密度为原来的 2 倍。

Lb5D1012　有一单道制凝汽器的循环水量为 D_w=40 000t/h，若取冷却倍率 m=70，则汽轮机每小时的排汽量 D_{co} 为多少？

解：$D_w=mD_{co}$

$D_{co}=D_w/m=40\ 000/70=571.4$（t/h）

答：该汽轮机的排汽量为 571.4t/h。

Lb5D1013 某冷油器入口油温 t_1=55℃，出口油温 t_2=40℃，油流量 q=50t/h，求油每小时放出的热量 Q [油的比热容 c=1.988 7kJ/(kg·K)]？

解：$Q=cq(t_1-t_2)$
　　　$=1.988\ 7×50×10^3×(55-40)$
　　　$=1.49×10^6$（kJ/h）

答：油每小时放出的热量为 $1.49×10^6$kJ/h。

Lb5D2014 有一根 ϕ219×10mm 的碳钢无缝管，长 1m，计算其质量（ρ=7.85g/cm³）。

解：$m=\pi L(D-\delta)\delta\rho$
　　　$=3.14×100×(21.9-1.0)×1.0×7.85$
　　　$=51\ 516.41$（g）
　　　≈51.52（kg）

答：这根钢管质量为 51.52kg。

Lb5D2015 已知通过管道内介质流量为 G（t/h），介质在该压力下的比体积为 v(m³/kg)，管道内介质允许流速为 c(m/s)，列出计算管道内径 D_n 的公式。

解：根据

$$\frac{\pi D_n^2}{4}c=Gv$$

$$D_n=\sqrt{\frac{4Gv}{\pi c}}$$

由单位换算后得

$$D_n=594.86\sqrt{\frac{Gv}{c}}\quad(mm)$$

答：管道内径的计算公式为 $D_n = 594.86\sqrt{\dfrac{Gv}{c}}$ mm。

Lb5D2016 有一外径 D 为 76mm 的管子，弯管时弯曲半径 R 为 400mm，经过热弯后检查其允许不圆度最大为 6%，求其最大直径的变形量允许值。

解：根据质量检查，弯管后许可不圆度计算式为

$$不圆度 = \frac{最大直径 - 最小直径}{原有直径} \times 100\%$$

所以　　　　允许变形量=最大直径-最小直径

$$= D \times 6\%$$

$$= 76 \times 6\% = 4.56 （mm）$$

答：弯管后最大直径变形量允许值为 4.56mm。

Lb5D2017 已知 300MW 机组的进入凝汽器的蒸汽量 D_{co} 为 6.8×10^5 kg/h，单位面积的热负荷 q_e 为 37.4kg/(m² · h)，求冷却面积 A_{co}。

解：冷却面积 $A_{co} = D_{co}/q_e$

$$= 6.8 \times 10^5 / 37.4 = 1.818 \times 10^4 （m^2）$$

实际面积取 $A = 1.9 \times 10^4 \text{m}^2$

答： 300MW 机组凝汽器的冷却面积为 19 000m²。

Lb5D3018 凝汽器水银真空表的读数为 $H = 710$mmHg，大气压力计读数 $p_a = 750$mmHg，求凝汽器内的绝对压力和真空度。

解：绝对压力 $p_a - H = 750 - 710$

$$= 40 （mmHg）$$

$$= 0.005 3\text{MPa}$$

真空度 $H/p_a = (710/750) \times 100\% = 94.7\%$

答：凝汽器内绝对压力为 0.005 3MPa，真空度为 94.7%。

Lb4D1019 已知 200MW 机组的排入凝汽器的蒸汽量 D_{co}=420t/h，选取的冷却倍率 m=59.4，求该机组凝汽器的冷却水量 D_w。

解：$D_w=mD_{co}$=59.4×420=24 948（t/h）

答：凝汽器的冷却水量为 24 948t/h。

Lb4D1020 实物全长 L 为 16.6m，用灵敏度为 0.02mm/(m·格) 水平仪放在一端测量，在水平仪低端垫入塞尺 0.45mm/m，气泡读数仍高 3 格，问实物倾斜值为多少？

解：高端扬度=0.45+0.02×3=0.51（mm/m）

实物倾斜值=16.6×0.51=8.47（mm）

答：实物倾斜值为 8.47mm。

Lb4D2021 某凝汽器真空表读数 p_v=0.095MPa，此时大气压力计读数 p_a=0.100MPa，试求此时凝汽器的工作压力 p。

解：$p=p_a-p_v$=0.100−0.095=0.005（MPa）

答：凝汽器的工作压力为 0.005MPa。

Lb4D2022 某油冷却器每小时需要将 500kg 温度为 120℃ 的油冷却到 30℃，若采用的冷却水温度为 10℃，出冷却器水温为 25℃，问每小时需要多少冷却水 [忽略散热损失，油的比热容 c_1=3.2kJ/(kg·K)，水的比热容 c_2=4.18kJ/(kg·K)]？

解：由 $Q_1=m_1c_1(t_1'-t_1'')$，$Q_2=m_2c_2(t_2''-t_2')$

忽略散热损失得 $Q_1=Q_2$

所以 $m_1c_1(t_1'-t_1'')=m_2c_2(t_2''-t_2')$

$$m_2=\frac{m_1c_1(t_1'-t_1'')}{c_2(t_2''-t_2')}$$

$$=\frac{500\times3.2\times(120-30)}{4.18\times(25-10)}=2\ 296.7\ (kg)$$

答：每小时需要 2296.7kg 冷却水。

Lb4D2023 有一发电厂的蒸汽管道为无缝钢管,其尺寸为 $\phi 60 \times 5$,求其阻力系数 λ(粗糙度 K_d 为 0.2mm)。

解:管子内径 $d=60-5\times2=50$(mm),$K_d=0.2$(mm)

$$\lambda = \frac{1}{[1.14 + 2\lg(d/K_d)]^2} = \frac{1}{[1.14 + 2\lg(50/0.2)]^2}$$

$$=0.028\ 4$$

答:该管道的阻力系数为 0.028 4。

Lb4D2024 有 $\phi 65$ 长 290mm 的圆钢 12 根,计算其质量(钢的密度为 $7.89\times10^3 \text{kg/m}^3$)。

解:圆钢总长度 $L=0.290\times12=3.48$(m)

$$m = \rho \times \frac{\pi}{4} d^2 L$$

$$= 7.89\times10^3 \times \frac{3.14}{4} \times 0.065^2 \times 3.48$$

$$= 91.07 \text{ (kg)}$$

答:圆钢总质量为 91.07kg。

Lb4D2025 有一温度表的最大读数为 600℃,最小读数为 200℃,准确度为 1.5,求它的最大允许误差。

解:最大允许误差=(表的最大读数-表的最小读数)

$$\times 准确度\%$$

$$=(600-200)\times(\pm1.5\%)=\pm6\ (℃)$$

答:最大允许误差为 ±6℃。

Lb4D3026 某 300MW 机组日发电量为 $6\times10^6 \text{kWh}$,该机组综合效率为 32%,计算日消耗的热能总量。

解:$1\text{kWh}=3.6\times10^3 \text{kJ}$

则 $Q=$($6\times10^6\times3.6\times10^3$)$\div32\%=6.75\times10^{10}$(kJ)

答:日消耗的热能总量为 $6.75\times10^{10}\text{kJ}$。

Lb4D3027 已知管道 DN200 的直径是 DN100 直径的 2 倍，在流速不变的情况下，DN200 管的流量是 DN100 管的流量的几倍？

解：由流量公式可得

$$DN200 \text{ 管的流量 } D_1 = \frac{3\,600cf_1}{v}$$

$$DN100 \text{ 管的流量 } D_2 = \frac{3\,600cf_2}{v}$$

$$\frac{D_1}{D_2} = \frac{f_1}{f_2} = \frac{d_1^2}{d_2^2} = \left(\frac{200}{100}\right)^2 = \frac{4}{1}$$

答：DN200 管的流量是 DN100 管的流量的 4 倍。

Lb4D3028 某厂有一射水抽气器，喷嘴直径由 $d_1=300mm$ 逐步缩小到 $d_2=100mm$，水流进喷嘴前的管道中的流速 $v_1=0.4m/s$，求喷嘴出口处的水流速 v_2？

解：由连续性方程式可知

$$F_1v_1=F_2v_2$$
$$v_2=v_1F_1/F_2=v_1d_1^2/d_2^2$$
$$=0.4\times0.3^2/0.1^2=3.6 \text{（m/s）}$$

答：射水抽气器喷嘴出口处的水流速为 3.6m/s。

Lb4D4029 某发电厂除氧器水箱内水面上的压力是 0.48MPa，水面处的高程为 15m，除氧器中的水经过管道引入给水泵，给水泵进口的中心高程为 1m，压力为 0.6MPa，管道中水流的平均速度为 1m/s，试求给水泵进口处 1kg 水所具有的总能量为多少（水的密度 ρ 取 909kg/m³）？

解：给水泵进口处 1kg 水所具有的：
位能为 $mgh=1\times9.8\times1=9.8$（J）

压力能为 $\dfrac{mp}{\rho}=\dfrac{1\times0.6\times10^6}{909}=660.1$（J）

动能为 $\dfrac{mv^2}{2}=\dfrac{1\times 1^2}{2}=0.5$（J）

总能量为 9.8+660.1+0.5=670.4（J）

答：给水泵进口处 1kg 水所具有的总能量为 670.4J。

Lb3D2030 某机组的凝汽器排汽压力为 5.622kPa，凝结水温度为 31℃，求凝结水的过冷度为多少？

解：查饱和水和饱和水蒸气热力性质表知，在 5.622kPa 排汽压力下的排汽饱和温度为 35℃，则

过冷度=排汽饱和温度－凝结水温度

=35-31=4（℃）

答：凝结水的过冷度为 4℃。

Lb3D3031 某电厂一台 300MW 机组，凝汽量 D_{co} 为 680t/h，汽轮机的排汽焓 h_2 为 2388.3kJ/kg，凝汽器出口凝结水焓 h_1 为 146.6kJ/kg，而 1kg 冷却水带走的热量 q 为 41.9kJ，则 1h 需要多少冷却水？其冷却倍率 m 为多少？

解：冷却倍率 $m=\dfrac{h_2-h_1}{q}=\dfrac{2388.3-146.6}{41.9}=53.50$

冷却水量 $D_w=mG=680\times 53.50=36\,380$（t/h）

答：冷却倍率 m 为 53.50，冷却水量为 36 380t/h。

Lb3D3032 已知 300MW 机组凝汽器的冷却面积 A_{co} 为 19 000m²，铜管的尺寸是 $\phi25\times1$mm$\times11\,000$mm，问该凝汽器需要多少根铜管？

解：需要的铜管根数 $n=\dfrac{A_{co}}{\pi dl}=19\,000/(3.14\times0.025\times11)$

$\approx22\,004$ 根

答：该机组需要约 22 004 根铜管。

Lb3D3033　某机组额定发电功率为 300 000kW，配用三台循环水泵，单台循环水泵功率为 1250kW，循环水泵设计运行方式为两运一备，问该机组循环水泵的耗电率为多少？

解：循环水泵耗电率=(循环水泵耗功率/机组发电功率)×100%

$$=(1250×2/300\,000)×100\%$$

$$=0.8\%$$

答：该机组循环水泵的耗电率为 0.8%。

Lb3D4034　已知某机组进入凝汽器的蒸汽量 D_{co} 为 198.8t/h，汽轮机的排汽焓 h_{co} 为 2290.18kJ/kg，凝结水温度 t_{co} 为 33.25℃，传热系数 k 为 11 111.80kJ/(m^2·h·℃)，对数平均温差 Δt_m 为 9.57℃，求冷却面积 A_{co} 为多少？

解：冷却面积

$$
\begin{aligned}
A_{co} &= \frac{D_{co}(h_{co}-h'_{co})}{k\Delta t_m} \\
&= \frac{D_{co}(h_{co}-t_{co}×4.186\,8)}{k\Delta t_m} \\
&= \frac{198.8×10^3×(2290.18-33.25×4.186\,8)}{11\,111.80×9.57} \\
&= 4021.19\ (m^2)
\end{aligned}
$$

答：冷却面积为 4021.19m^2。

Lb3D4035　国产 300MW 机组的凝汽器铜管尺寸是 $\phi20×1×11\,406$，冷却水在凝汽器内的流速是 1.8m/s，问该设备的水阻是多少（水流程数 $Z=1$）？

提示：$H_w = \dfrac{c_w^2}{10}\left[Z(0.016\,3\dfrac{L}{d_n}+0.815)+1.46\right]$

解：已知 L=11.406m，c_w=1.8m/s，Z=1，d_n=0.020−0.002=0.018mm

$$H_w = \frac{c_w^2}{10}[Z(0.016\,3\frac{L}{d_n}+0.815)+1.46]$$

$$=\frac{1.8^2}{10}[1\times(0.016\,3\times\frac{11.406}{0.018}+0.815)+1.46]$$

$$\approx 4\,(mH_2O)=39.2kPa$$

答：该凝汽器的水阻约为 39.2kPa。

Lb3D4036 已知高压加热器给水流量 D_1 为 86 270kg/h，给水进口焓 h_1 为 30.81kJ/kg，出口焓 h_2 为 38.56kJ/kg，高压加热器抽汽量 D_2 为 5181kg/h，抽汽焓 h_3 为 171.22kJ/kg，疏水焓 h_4 为 39.64kJ/kg，问加热器效率 η 为多少？

解：$\eta = \dfrac{D_1(h_2-h_1)}{D_2(h_3-h_4)}$

$$=\frac{86\,270\times(38.56-30.81)}{5181\times(171.22-39.64)}=0.98=98\%$$

答：加热器效率 η 为 98%。

Lb3D5037 某型号为 A48y—160 型全启式安全阀，喉部直径 d 为 150mm，工作压力 p 为 1.7MPa，工作温度为 340℃，求此安全阀的额定排放量（蒸汽压力修正系数 C 取 0.877，额定排放量系数取 0.8）。

解：喉部面积 $A=\dfrac{1}{4}\pi d^2=\dfrac{1}{4}\times3.14\times15^2=177\,(cm^2)$

排放压力 $p_j=1.1p+0.103\,3=1.1\times1.7+0.103\,3$
$$=1.973\,3\,(MPa)$$

理论排汽量 $Q_j=0.514\,5Ap_jC$
$$=0.514\,5\times177\times1.973\,3\times0.877$$
$$=157.6\,(t/h)$$

额定排放量 $Q_0=0.8Q_j$

156

$$=0.8×157.6=126.08（t/h）$$

答：安全阀的额定排放量为 126.08t/h。

Lb2D2038　用一精确度 c 为 0.02mm/1000mm 的水平仪测量长度 L 为 2.5m 导轨，水平仪的读数 a 为 3 格，求该导轨的水平倾斜值 h。

解：水平倾斜值 $h=Lac$

$$=2500×3×0.02/1000=0.15（mm）$$

答：该导轨的水平倾斜值为 0.15mm。

Lb2D3039　有一用灰口铸铁浇铸而成的零件，称得其质量 $m=3.4$kg，量得其体积 $V=0.000\,5m^3$，试问该零件的材质是否有问题（灰口铸铁的密度 $\rho=7200$kg/m^3）？

解：零件的密度 $\rho'=m/V=3.4/0.000\,5=6800（kg/m^3）$

因为 $\rho'<\rho$

所以零件材质有问题。

答：零件的材质有问题。

Lb2D3040　主蒸汽管道材料为 12Cr3MoVSiTiB[25～600℃ 时的线膨胀系数 $\alpha=13.31×10^{-6}$mm/(mm・℃)，弹性模数 $E=1.65×10^5$MPa]，主蒸汽温度为 580℃，室温为 20℃，求该管道在热膨胀受阻后产生的应力是多少（材料 580℃时强度极限 $\sigma=441$MPa）？

解：热胀受阻后产生的应力为：

$\sigma=E\alpha\Delta t=1.65×10^5×13.31×10^{-6}×(580-20)$

　$=1229.8（MPa）$

答：管道热胀受阻后产生应力 $\sigma=1229.8$MPa。此应力已大大超过强度极限，所以将使管道或支吊架遭受破坏。

Lb2D3041　用钢丝绳吊一质量 $m=5$t 重物，用 2 根 ϕ20 钢

丝绳,求出每根钢丝绳承受多少应力?

解:$\phi 20$ 钢丝绳的截面积为

$$A=\frac{\pi D^2}{4}=3.14\times\frac{0.02^2}{4}=0.000\ 314\ (\text{m}^2)$$

$$p=\frac{mg}{2A}=\frac{5\times 1000\times 9.8}{2\times 0.000\ 314}$$

$$=7.803\times 10^7\ (\text{Pa})$$

答:每根钢丝绳承受的应力为 7.802×10^7Pa。

Lb2D4042 有一台低压加热器,送到除氧器的凝结水量 D 为 76 120kg/h,该加热器凝结水进口焓 h 为 264.89kJ/kg,出口焓 h' 为 277.25kJ/kg,抽汽焓 h_c 为 2626.71kJ/kg,疏水焓 h_s 为 389.62kJ/kg,加热器效率 η 为 0.98。求该低压加热器的抽汽量 D_c 是多少?

解:$D_c=\dfrac{D(h'-h)}{(h_c-h_s)\eta}$

$$=\frac{76\ 120\times(277.25-264.89)}{(2626.71-389.62)\times 0.98}=429.15\ (\text{kg/h})$$

答:该低压加热器的抽汽量为 429.15kg/h。

Lb2D4043 已知某机组高压加热器中给水的焓升 Δh 为 79.92kJ/kg,给水流量 D 为 376 000kg/h,高压加热器所用抽汽焓 h_c 为 3163.09kJ/kg,高压加热器疏水冷却器出口疏水焓 h_s 为 986.75kJ/kg,高压加热效率 η 为 0.98。求高压加热器的抽汽量 D_c 为多少?

解:$D_c=\dfrac{D\Delta h}{(h_c-h_s)\eta}$

$$=\frac{376\ 000\times 79.92}{(3\ 163.09-986.75)\times 0.98}$$

$$=14\ 089.34\ (\text{kg/h})$$

答：高压加热器的抽汽量为 14 089.34kg/h。

Lb2D5044 有一脉冲安全阀，其脉冲阀为重锤杠杆式，阀芯直径 d 为 20mm，工作压力 p 为 13.0MPa，重锤重量 G 为 300N，杠杆尺寸及重锤位置如图 D-2 所示。试求重锤在安全门初调时所应移动的距离（忽略摩擦等因素）。

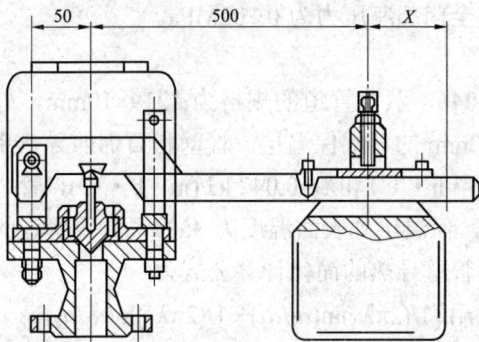

图 D-2

解：阀芯所受到的蒸汽作用力为

$$F = p\frac{\pi}{4}d^2 = 13 \times 10^6 \times \frac{3.14}{4} \times 2^2 \times 10^{-4}$$

$$= 4.082 \times 10^3 \,(\text{N})$$

设应移动的距离为 X 力矩平衡方程式

$$F\frac{\pi}{4}d^2 \times 0.05 = G(0.05 + 0.5 + X)$$

可得 $\qquad 4.082 \times 10^3 \times 0.05 = 300 \times (0.55 + X)$

$$X = 0.130 \,(\text{m}) = 130\text{mm}$$

答：移动距离为 130mm。

Lb2D5045 在除氧器安全门热态校验过程中，当专用工具使压力 p_1 为 1.30MPa 时，安全门动作；此时除氧器工作压力 p_2 为 0.49MPa。已知安全门芯有效面积 S_1 为 90cm²，专用工具

油缸面积 S_2 为 15.7cm^2，修正系数 K 为 1.07。计算安全门起座压力 p_3。

解：$p_3 = p_2 + \dfrac{S_2 p_1}{S_1 K}$

$= 0.49 + \dfrac{15.7 \times 1.3}{90 \times 1.07} = 0.702$（MPa）

答：安全门起座压力为 0.702MPa。

Lb1D4046 蒸汽管道的规格为 $\phi 219 \times 10$mm，外面包着一层厚度为 80mm 的石棉保温层，管壁和石棉的导热系数分别为 $\lambda_1 = 210$kJ/(m·h·℃) 和 $\lambda_2 = 0.042$ kJ/(m·h·℃)，管道内蒸汽温度为 350℃，保温层外表面温度为 35℃，计算管道的热损失。

解：圆管壁导热的简化计算公式为

$q = (t_1 - t_3)/[1/(2\pi\lambda_1)\ln(d_2/d_1) + 1/(2\pi\lambda_2)\ln(d_3/d_2)]$

$= (350 - 35)/[1/(2\pi\times210)\ln(219/199) + 1/(2\pi\times0.042)\ln(379/219)]$

$= 315/2.080\ 1 = 151.4$ [kJ/（m·h）]

答：管道的热损失为 151.4kJ/（m·h）。

Lb1D4047 有一变径压力水管道，已知其直径 $d_1 = 200$mm 处截面的平均流速 $c_1 = 1$m/s，计算直径 $d_2 = 100$mm 处截面的平均流速 c_2 为多少？

解：由 $c_1 s_1 = c_2 s_2$ 得：

$c_2 = c_1 s_1/s_2 = c_1(d_1/d_2)^2 = 1 \times (200/100)^2 = 4$（m/s）

答：直径 $d_2 = 100$mm 处截面的平均流速为 4m/s。

Lb1D5048 一台中间一次再热汽轮发电机组，进入汽轮机的主蒸汽初参数为 $p_1 = 16.7$MPa，$t_1 = 540$℃，高压缸排汽参数为 $p_2 = 3.6$MPa，$t_2 = 280$℃，再热蒸汽参数为 $p_r = 3.3$MPa，$t_r = 540$℃，凝汽器排汽参数为 $p_c = 0.005$MPa，$t_c = 40$℃，计算该机组的理论热效率。

解：查阅水蒸气焓—熵图表得

$h_1=3404kJ/kg$，$h_2=2920kJ/kg$，$h_r=3540kJ/kg$，$h_c=2574kJ/kg$，$h_c{}'=138kJ/kg$

$$\eta=[(h_1-h_2)+(h_r-h_c)]/[(h_1-h_c{}')+(h_r-h_2)]$$
$$=[(3404-2920)+(3540-2574)]/[(3404-138)+(3540-2920)]$$
$$=1450/3886=37.3\%$$

答：该机组的理论热效率37.3%。

Lc5D1049　在图 D-3 中，$R_1=R_2=R_3=10\Omega$，$E_1=15V$，求 R_3 消耗的功率是多少？

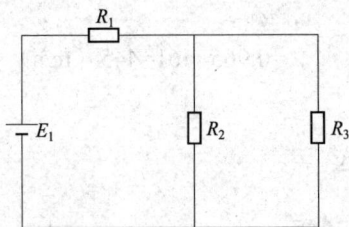

图 D-3

解：R_3 电阻上的电流为

$$I=\cfrac{E_1}{R_1+\cfrac{R_2\times R_3}{R_2+R_3}}\cdot\frac{R_2}{R_2+R_3}$$

$$=\cfrac{15}{10+\cfrac{10\times10}{20}}\times\frac{10}{10+10}=0.5\ (A)$$

R_3 电阻上消耗的功率为

$$P=I^2R_3=0.5^2\times10=2.5（W）$$

答：R_3 电阻上消耗的功率是 2.5W。

Lc5D4050　一个灯泡接在电压为 220V 的电路中，通过灯

泡的电流是 0.5A，通电时间是 1h，它消耗了多少电能？合多少
千瓦时？

解： 灯泡消耗的电能为

$W=UIt=220×0.5×60×60=396\ 000$（J）

$396\ 000/3\ 600\ 000=0.11$（kWh）

答： 该灯泡消耗的电能 396 000J，合 0.11kWh。

Lc4D2051 已知某喷嘴出口的蒸汽理想速度 $v_{1t}=461$m/s，
喷嘴的速度系数 $\phi=0.965$，求该喷嘴的损失 Δh_n。

解： 喷嘴出口的实际速度

$$v_1 = \phi v_{1t}$$
$$=0.965×461=445\ （m/s）$$

喷嘴的损失

$$\Delta h_n = \frac{v_{1t}^2 - v_1^2}{2}$$
$$=\frac{461^2 - 445^2}{2} = 7248（J/kg）\approx 7.25（kJ/kg）$$

答： 该喷嘴的损失为 7.25kJ/kg。

Lc4D3052 某汽轮机的调节系统在同一负荷点增负荷时
转速为 2980r/min，减负荷时的转速为 2990r/min，汽轮机的额
定转速 $n_0=3000$r/min，求该汽轮机调节系统的迟缓率 ε。

解： 迟缓率 $\varepsilon = \dfrac{\Delta n}{n_0} \times 100\%$

$$=\frac{2\ 990 - 2\ 980}{3\ 000}\times 100\% = 0.33\%$$

答： 该汽轮机调节系统的迟缓率为 0.33%。

Lc4D4053 已知某水泵的流量为 50t/h，入口压力为
0.196MPa，出口压力为 3.14 MPa，水泵效率为 0.75，试计算水

泵所配用电动机功率？

解：已知 Q=50t/h=13.9kg/s，η =75%

入口压头 $H_1 = 0.196$MPa=20mH$_2$O

出口压头 $H_2 = 3.14$MPa=320mH$_2$O

配用电机功率 $P=Q(H_2-H_1)/(102\eta)$

$=13.9\times(320-20)/(102\times0.75)$

$=54.5$（kW）

答：水泵所配用电动机功率为 54.5kW。

Lc3D3054　单独运行的某机组，空负荷运行时的转速 n_1=3150r/min，满负荷的转速 n_2=3000r/min，额定转速 n_0= 3000r/min，求该机组调速系统的速度变动率为多少？

解：调速系统的速度变动率 δ 为

$$\delta = \frac{n_1 - n_2}{n_0}\times100\% = \frac{3150 - 3000}{3000}\times100\% = 5\%$$

答：该机组调速系统的速度变动率为 5%。

Lc3D4055　一台汽轮机的油动机活塞直径为 300mm，甩负荷时最大行程为 250mm，油动机时间常数 t=0.2s。求油动机动作时的最大耗油量约为多少？

解：设油动机动作时的最大耗油量为 Q，则

$$Q=\frac{\frac{1}{4}\pi d^2 \Delta m}{t} = \frac{\frac{1}{4}\times3.14\times300^2\times250}{0.2}$$

$=8.831\times10^7$（mm^3/s）=317.92（m^3/h）

答：油动机动作时的最大耗油量为 317.92m^3/h。

Lc2D3056　某机组第一次试验离心飞锤式危急保安器时，其动作转速为 n_1=3050r/min，将调整螺帽拧紧 1/2 圈后，第二次试验的动作转速为 n_2=3200r/min，如果要将动作转速调整到

3350r/min，还应拧紧多少圈？

解：设还应拧紧 x 圈，则

$$x = \frac{3350-3200}{(3200-3050)/0.5} = \frac{150}{300} = 0.5 \text{（圈）}$$

答：还应拧紧 0.5 圈。

Lc1D4057 一水泵的吸水管上装一个带滤网的底阀，并有一个铸造的 90° 弯头，吸水管直径 d=150mm，计算当流量 Q=100m³/h 时，吸水管的局部阻力损失为多少？（弯头的阻力系数 ξ_1=0.43，底阀滤网的阻力系数 ξ_2=3.0）

解：流速 $v = 4Q/\pi d^2 = 4 \times 100/3.14 \times 3600 \times 0.15^2 = 1.57$（m/s）

吸水管的局部阻力损失 $\sum f_i = \xi_1 v^2/2g + \xi_2 v^2/2g$

$$= (\xi_1 + \xi_2) v^2/2g$$
$$= (0.43+3.0) \times 1.57^2/(2 \times 9.8)$$
$$= 0.431 \text{（mH}_2\text{O）}$$

答：吸水管的局部阻力损失为 0.431mH$_2$O。

Lc1D4058 某台单元机组满负荷运行，每天燃烧发热量为 20MJ/kg 的燃煤 3500t，设 40%转化为电能，计算该单元机组的容量为多少？

解：3500t 燃煤总发热量 $Q = 3500 \times 10^3 \times 20 = 7 \times 10^7$（MJ）

转化为电能的热量 $Q_d = Q\eta = 7 \times 10^7 \times 40\% = 2.8 \times 10^7$（MJ）

单元机组容量 $P = Q_d/(24 \times 3600) = 324$（MW）

答：单元机组容量为 324MW。

Lc1D5059 有一个汽轮机转子质量为 m=20.5t，因大轴弯曲使重心偏离轴 e=0.15mm，重心位置距 1 号轴承中心 3m、距 2 号轴承中心 2m，当转速达到 3000r/min 时，对 1 号、2 号轴承产生多大的扰动力？

解：转子旋转产生的总扰动力就是离心力，即

$F=me\omega^2=20.5\times10^3\times0.15\times10^{-3}\times(2\times3.14\times3000/60)^2$

　　$=303\,182.7$（N）

因为　　$\sum M=0$

所以　　$3F_1=2F_2$

又　$F=F_1+F_2$

所以 $F_1=121\,273.1$（N）　　　　　　　$F_2=181\,909.6$（N）

　　答：对 1 号轴承产生的扰动力为 121 273.1N，对 2 号轴承产生的扰动力为 181 909.6N。

Lc1D5060　一台亚临界 300MW 纯凝汽轮发电机组，锅炉燃煤量 $B=140$t/h，燃煤低位发热量 $Q_{net}=19.8$MJ/kg，综合厂用电率为 5.5%，计算该机组的供电标准煤耗。

　　解：机组每小时耗用标煤 $G=BQ_{net}/(7000\times4.186)$

　　　　　　　　　　　$=140\times10^3\times19.8/29.3$

　　　　　　　　　　　$=27.72\times10^6/29.3$

　　　　　　　　　　　$=94.61\times10^3$kg

　　　　　　　　　　　$=9.461\times10^7$g

机组每小时对外供电量 $P_1=300\times(1-5.5\%)=283.5$MW

该机组的供电标准煤耗为

$G/P_1=9.461\times10^7/2.835\times10^5$

　　　$=333.72$g/kWh

　　答：该机组的供电标准煤耗为 333.72g/kWh。

Jd5D2061　如图 D-4 所示，$m=1$t 的重物在两根钢丝绳的拉力 F_1、F_2 作用下保持静止，已知两根绳与水平线的夹角分别成 30°、60°，问两根钢丝绳分别受到的拉力为多少？

　　解：重物悬吊在平衡状态下的受力为

　　　　　　　　$F_1=mg\sin30°$

　　　　　　　　　$=1000\times9.8\times0.5$

　　　　　　　　　$=4900$（N）

$$F_2=mg\cos30°$$
$$=1000×9.8×0.866$$
$$=8486.8（N）$$

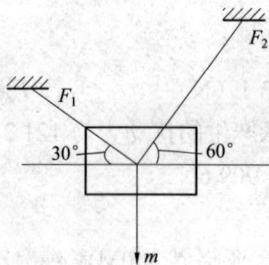

图 D-4

答：钢丝绳受力 F_1 为 4900N，F_2 为 8486.8N。

Jd5D3062　用一根三股麻绳起吊 G 为 2940N 的重物，需选用多大直径 d 的麻绳（麻绳许用应力 $[\sigma]$ 为 $9.8×10^6$Pa）？

解：$G\leqslant\dfrac{[\sigma]\pi d^2}{4}$

$$d\geqslant\sqrt{\frac{4G}{[\sigma]\pi}}=\sqrt{\frac{4×2940}{3.14×9.8×10^6}}$$
$$=0.019\,5\,(\text{m})=19.5\,(\text{mm})$$

根据麻绳的规格取 d=20mm。

答：需选用直径 20mm 的麻绳。

Jd4D3063　如图 D-5 所示，起重机起吊时以 a=0.5m/s^2 的加速度将 m=1t 重物从地面吊起，计算此时吊钩受拉力 F 是多少？

解：重物受到吊钩的拉力为

$$F-G=ma$$
$$F=ma+mg=m(a+g)$$
$$=1000×(0.5+9.8)$$

$$=10\ 300\ (N)$$

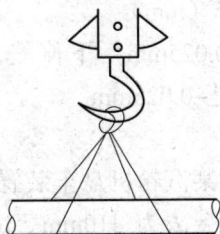

图 D-5

答：吊钩受拉力 10 300N。

Jd4D3064 有一直管段，外径 D_w 为 360mm，壁厚 δ 为 5mm，长度 L 为 4m。求卷制这样的直管段所需钢板的面积 S。

解：计算展开图的面积应以直管管壁中心线为计算依据，即钢板宽 D 为

$$D=D_w-\delta=360-5=355\ (mm)=0.355\ (m)$$
$$S=\pi DL=3.14\times0.355\times4=4.46\ (m^2)$$

答：所需钢板的面积约为 4.46m²。

Jd4D3065 在 35 号钢材上用丝攻攻 M16×2 不通孔螺纹，深度为 20mm，求其底孔直径和钻孔深度。

解：对 35 号钢，钻底孔直径 $D=d-t=16-2=14\ (mm)$

钻孔深度 $L=L_0+0.7d=20+0.7\times16=31.2\ (mm)$

答：底孔直径为 14mm，钻孔深度为 31.2mm。

Jd3D3066 已知一轴段，轴的基本尺寸为 $\phi40$，加工时可在 39.975～39.950mm 范围内变动，试求出其上下偏差、公差及基本偏差。

解：上偏差=39.975-40= -0.025（mm）

下偏差=39.950-40= -0.050（mm）

公差=上偏差–下偏差=–0.025–(–0.050)=0.025（mm）

基本偏差= –0.025（mm）

答：上偏差是–0.025mm，下偏差是–0.050mm，公差是0.025mm，基本偏差是–0.025mm。

Jd3D3067 已知某汽轮机盘车装置齿轮（直齿）的齿数 Z=80，测得齿顶圆直径 d_a 为 410mm。试计算该齿轮的模数、分度圆直径和齿根圆直径。

解：模数 $m=\dfrac{d_a}{Z+2}=\dfrac{410}{80+2}=5$（mm）

分度圆直径 $d=mZ=5×80=400$（mm）

齿根圆直径 $d_f=m(Z–2.5)=5×(80–2.5)=387.5$（mm）

答：该齿轮的模数是 5mm，分度圆直径是 400mm，齿根圆直径是 387.5mm。

Jd3D3068 用半圆头铆钉铆接板厚分别为 3mm 和 2mm 的两块钢板，用经验公式确定铆钉直径和铆钉长度（铆合头为半圆头）。

解：（1）求铆钉直径

$d_{铆}=1.8\delta=1.8×2=3.6$（mm）

根据铆钉规格，应靠上档标准铆钉直径，故取直径 4mm 的铆钉。

（2）求铆钉长度

$$L_{铆}=\delta_{总}+(1.25\sim1.5)d$$
$$=3+2+(1.25\sim1.5)×4$$
$$=10\sim11（mm）$$

答：铆钉直径为 4mm，铆钉长度为 10～11mm。

Jd3D3069 在 Q235 钢件和铸件上分别攻 M12×1.5 的内螺纹，请求出相应的底孔直径？

解：（1）因为 Q235 钢件属韧性材料，所以

$D_底 = d - t = 12 - 1.5 = 10.5$（mm）

（2）因为铸铁属脆性材料，所以

$D_底 = d - 1.1t = 12 - 1.1 \times 1.5 = 10.35$（mm）

答：Q235 钢件上的底孔直径为 10.5mm；铸件上的底孔直径为 10.35mm。

Jd2D3070 在一张零件图上，轴径尺寸标注为 $\phi 30^{+0.009}_{-0.004}$，求轴的最大极限尺寸 L_{max}、最小极限尺寸 L_{min}、上偏差 e_s、下偏差 e_i、公差值 T_s 各为多少？

解：$L_{max} = 30 + 0.009 = 30.009$（mm）

$L_{min} = 30 - 0.004 = 29.996$（mm）

$e_s = 30.009 - 30 = 0.009$（mm）

$e_i = 29.996 - 30 = -0.004$（mm）

$T_s = e_s - e_i = 0.009 - (-0.004) = 0.013$（mm）

答：轴的最大极限尺寸为 30.009mm，最小极限尺寸为 29.996mm，上偏差为 0.009mm，下偏差为 -0.004mm，公差值为 0.013mm。

Jd2D3071 如图 D-6 所示，用游标卡尺测得 Y 尺寸为 80.05mm，已知两圆柱的直径 d 为 10mm，由尖角处分别做垂线经过两圆心，角度 α 为 60°，求尺寸 B。

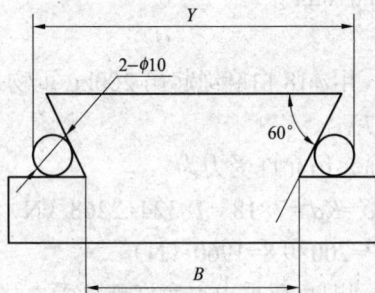

图 D-6

解：$80.05-10-2\times5\cot\dfrac{\alpha}{2}=52.73$（mm）

答：B 尺寸为 52.73mm。

Jd2d4072　已知基本尺寸为 $\phi50$ 的孔、轴配合，孔的公差带为（$^{-0.008}_{-0.033}$），轴的公差带为（$^{0}_{-0.016}$）。试问：（1）该相互配合的孔、轴是属于哪一种类型的配合，并求出间隙（或过盈）的极限值；（2）孔、轴的公差值分别是多少？

解：（1）画出公差带如图 D-7 所示。

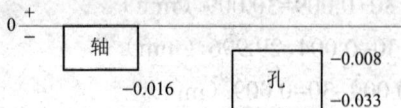

图 D-7

由公差带图 D-7 可知，该孔、轴属于过渡配合。

最大间隙为 $-0.008-(-0.016)=0.008$（mm）

最大过盈为 $-0.033-0=-0.033$（mm）

（2）孔的公差值为 $-0.008-(-0.033)=0.025$（mm）

轴的公差值为 $0-(-0.016)=0.016$（mm）

答：（1）该相互配合的孔、轴是属于过渡配合，最大间隙为 0.008mm，最大过盈为 0.033mm，（2）孔的公差值是 0.025mm，轴的公差值是 0.016mm。

Je5D1073　用 $\phi18$ 白麻绳起吊 200kg 重物是否安全？（起吊安全系数 $K=7$）

解：白麻绳起吊允许受力为

$$\delta=Kd^2=7\times18^2=7\times324=2268（N）$$

负荷重力 $P=200\times9.8=1960$（N）

因为 $P<\delta$，即负荷重力＜允许破断受力，所以是安全的。

答：用 $\phi18$ 白麻绳起吊 200kg 重物是安全的。

Je5D1074 已知弹簧内径 D=20mm，钢丝直径为 2mm，试确定手工绕制的弹簧芯棒直径为多少？

解：常用经验公式计算芯棒直径为

$$D_d=(0.75\sim0.8)D$$

按弹簧内径与其他零件相比，取大值，即

$$D_{d1}=0.8\times20=16（mm）$$

按弹簧外径与其他零件相比，取小值，即

$$D_{d2}=0.75\times20=15（mm）$$

答：弹簧芯棒直径为 15mm。

Je5D2075 试读出千分尺读数，测量值见图 D-8（写出读数步骤）。

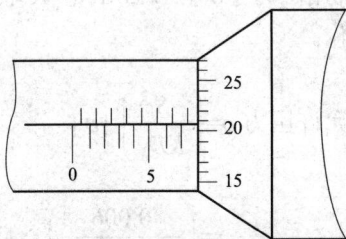

图 D-8

解：（1）主尺上可以知道整数值为

$$7+0.5=7.5mm$$

（2）从游标上可以看出数值为

$$0.01\times21=0.21mm$$

（3）测量值为

$$7.5mm+0.21mm=7.71mm$$

答：千分尺读数为 7.71mm。

Je5D2076 有一段主蒸汽管道的长度为 30m，工作温度为535℃（室温 35℃），如果两端固定，中间安装一个Π形膨胀节，问安装这条蒸汽管时冷拉值是多少［管材线膨胀系数 α=13.2×10^{-6}m/(m・℃)］？

解：已知 L=30m，Δt=535−35=500℃，

$$\alpha=13.2\times10^{-6}\text{m/(m・℃)}，$$

伸长量 $\Delta L=\alpha L\Delta t=13.2\times10^{-6}\times30\times500$
$$=0.198（m）=198（mm）$$

冷拉值 $S=\frac{1}{2}\Delta L=\frac{1}{2}\times198=99（mm）$

答：冷拉值为 99mm。

Je5D3077 某圆形平端盖（堵板）壁厚 6mm，焊接于 $\phi60\times6$ 的管子上，管子工作压力为 13.7MPa，工作温度为 300℃，材质为 20g，基本许用应力 $[\sigma]$=113MPa，K 取 0.40，校核此盖是否可以安全工作。

解：端盖的允许压力 $p=\left(\dfrac{S}{KD_n}\right)^2[\sigma]$

$$=\left(\frac{0.006}{0.4\times0.048}\right)^2\times113$$

$$=11.035（MPa）$$

11.035MPa＜13.7MPa

答：此盖的强度不够，不能安全地工作。

Je5D3078 已知某蒸汽管道的外径为 325mm，蒸汽压力为 10.7MPa，温度为 535℃，根据参数查得选用管材为 12Cr1MoV。许用应力 $[\sigma]_j^t$ 为 80MPa，管子壁厚附加值为（1+0.167）mm，求管壁厚度是多少？

解：已知 p=10.7MPa，D_w=325mm，$[\sigma]_j^t$=80MPa，壁厚附加值 C=(1+0.167)mm，取 η=1.0，则

$$管壁厚度 \delta = \frac{pD_w}{2[\sigma]_j^t \delta + p} + C$$

$$= \frac{10.7 \times 325}{2 \times 80 \times 1.0 + 10.7} + 1 + 0.167$$

$$= 21.5 \ (\text{mm})$$

答：考虑安全性，实际选取管壁厚度为 25mm。

Je4D1079 有一同心异径管，大头直径为 D=219mm，小头直径为 d=159mm，异径管高为 L=360mm。求此异径管的锥度。

解：锥度=$(D-d)/L=(219-159)/360$

$$=1/6=1:6$$

答：此异径管的锥度为 1:6。

Je4D1080 向一台除氧给水箱进水，水箱有效容积为 180m³，启用一台输水量为 65m³/h 的水泵向其进水，问要多少时间才能进水完毕？

解：$T=V/q=180/65=2.769$（h）

时间单位换算：T=2.769h=2h46min

答：需 2h 46min 才能进水完毕。

Je4D2081 如图 D-9 所示，直径为 300mm 的水管上做阀门阻力试验，测得水银测压计读数 h=100mm，求阀门的局部阻力 h_j 为多少？

解：$p_1-p_2=(\rho_{Hg}-\rho)gh$

$\rho g h_j=(\rho_{Hg}-\rho)gh$

$h_j=(\rho_{Hg}-\rho)h/\rho$

$=(13\ 600-1000)\times0.1/1000$

$=1.26$（mH$_2$O）

$=12.3$（kPa）

答：该阀门的局部阻力为 1.26mH$_2$O（12.3kPa）。

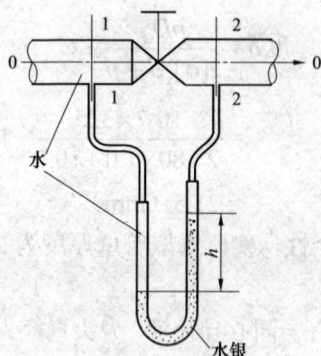

图 D-9

Je4D2082　某台冷油器的铜管直径 D 为 19mm，铜管长 L 为 2m，铜管根数 z 为 400，求冷油器的冷却面积 F？

解：每根铜管的表面积 $f = \pi DL = 3.14 \times 0.019 \times 2$

$$= 0.119\ 3\ （m^2/根）$$

冷油器冷却面积 $F = fz = 0.119\ 3 \times 400$

$$= 47.73\ （m^2）$$

答：冷油器的冷却面积为 47.73m^2。

Je4D2083　安装高压管道时要注意弯头的弯曲尺寸。现有一个 90°弯头，准确测量出的实际尺寸如图 D-10 所示。试计算此弯头的实际角度，以利于角度不符合时在安装中进行修正。

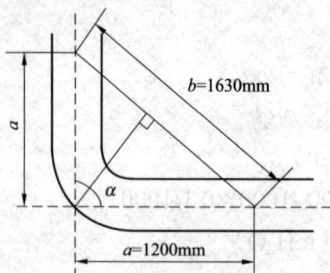

图 D-10

解：因为 $\sin\dfrac{\alpha}{2} = \dfrac{b}{2a}$

所以 $\alpha = 2\arcsin\dfrac{b}{2a}$

$$= 2\arcsin\left(\dfrac{1\,630}{2\times1200}\right)$$

$$= 2\arcsin 0.679\,2$$

$$= 2\times42.78° = 85.56°$$

答：该弯头的实际角度为 85.56°。

Je4D2084 $\phi133\times10$ 的管道需加一材质为 20g 的圆形平堵头，介质的工作温度为 250℃，压力为 2.0MPa，基本许用应力为 $[\sigma]_j$=125MPa，形状系数 K 取 1.00，求该平堵头的最小壁厚。

解：$\delta_{\min} = 0.55KD_n\sqrt{\dfrac{p}{[\sigma]_j}}$

$$= 0.55\times1\times0.113\times\sqrt{\dfrac{2}{125}}$$

$$= 0.007\,86\ (m)$$

答：该平堵头的最小壁厚取 8mm。

Je4D2085 利用杠杆原理，移动 1000kg 重物，支点在重点和力点之间，如图 D-11 所示，重臂 L_g=500mm，力臂 L_f=2m，求力为多少才能撬起重物？

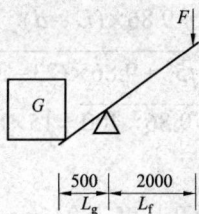

图 D-11

解：$FL_f = GL_g$

$$F = \frac{GL_g}{L_f} = 9.8 \times \frac{1000 \times 0.5}{2} = 2450 \text{（N）}$$

答：应加力为 2450N。

Je4D3086　某起重吊杆之连接器受拉力 F=196 000N，中间用一销子销住，如图 D-12 所示。在此情况下，销子将受到剪切之作用，如销直径 d=4cm，剪切应力 $[\tau]$=78.4MPa，试校核此销强度够否？

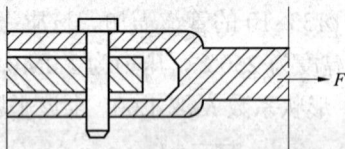

图 D-12

解：$\tau = \dfrac{F}{2A} = \dfrac{4F}{2\pi d^2} = \dfrac{4 \times 196\,000}{2 \times 3.14 \times 0.04^2} = 78.03 \text{（MPa）}$

78.03MPa＜78.4MPa

答：计算剪切应力小于许用应力，此销强度足够。

Je4D3087　缠制一个圆柱形螺旋压缩弹簧，已知条件：弹簧外径 D=23mm，弹簧丝直径 d=3mm，螺距 t=5mm，有效圈数 n=10 圈，试计算钢丝的下料展开长度。

解：$L = (n+5)\sqrt{t^2 + 9.86 \times (D-d)^2}$

$\qquad = (10+5) \times \sqrt{5^2 + 9.86 \times (23-3)^2}$

$\qquad = 15 \times \sqrt{25 + 9.86 \times 400} = 15 \times 63$

$\qquad = 945 \text{ (mm)}$

答：钢丝的下料展开长度为 945mm。

Je4D4088　某电厂一管道为 $\phi 245 \times 13$，工作压力 p 为 9.8MPa，温度为 510℃，要在管端安装一个法兰堵板，安排 12 只螺栓，其许用应力 $[\sigma]_j$=70.56MPa，试求螺栓的直径。

解：（1）堵头的受力为

$$F = \frac{\pi}{4}(D - 2\delta)^2 p$$

$$= 9.8 \times 10^6 \times \frac{3.14}{4} \times (0.245 - 2 \times 0.013)^2$$

$$= 368\ 964\ (\text{N})$$

（2）每只螺栓的受力为

$$F_1 = \frac{F}{12} = \frac{368\ 964}{12} \approx 30\ 747\ (\text{N})$$

螺栓的拧紧力为

$T_2 = 2.5T_1 = 2.5 \times 30\ 747 = 76\ 867.5\ (\text{N})$

$T_1 + T_2 = 30\ 747 + 76\ 867.5 = 107\ 614.5\ (\text{N})$

（3）螺栓最大允许受力为

$$F' = \frac{\pi}{4}d^2[\sigma]_j$$

$$F' = F_1 + F_2$$

所以螺栓的直径为

$$d = \sqrt{\frac{4(F_1 + F_2)}{\pi[\sigma]_j}}$$

$$= \sqrt{\frac{4 \times 107\ 614.5}{3.14 \times 70.56 \times 10^6}} = 0.044\text{m} = 44\text{mm}$$

答：螺栓的直径为 44mm。

Je4D4089　已知一根主蒸汽管道内通过的介质工作压力为 10.1MPa，温度为 540℃，管子始末端间的平均比体积 v_p = 0.036 5m³/kg，蒸汽的质量流量 D =205t/h，计算管径 D_n 并确定管子的公称直径和实际尺寸。表 D-1 给出了汽水管道介质允许流速，表 D-2 给出了 12Cr1MoV 高压蒸汽管道的钢管规范。

表 D-1　　　　　　　　汽水管道介质允许流速

介质种类	管道种类	流速（m/s）
主蒸汽	亚临界压力蒸汽管道 超临界压力蒸汽管道 高压蒸汽管道 中低压蒸汽管道	40～50 40～60 40～60 40～70
给水	主给水管道 低压给水管道 给水再循环管道	1.5～5 0.5～1.5 <4

表 D-2　　　　　12Cr1MoV 高压蒸汽管道的钢管规范

p=10.0MPa、t=540℃无缝钢管		p=14.0MPa、t=540℃无缝钢管	
DN	$D_W \times S$	DN	$D_W \times S$
175	219×16	175	219×22
225	273×20	225	273×28
250	325×25	250	325×32

解：查表 D-1，选取允许流速为 50m/s，则

$$D_n = 18.8 \sqrt{\frac{D v_p}{c}}$$

$$= 18.8 \times \sqrt{\frac{205\,000 \times 0.036\,5}{50}}$$

$$= 230 \text{ (mm)}$$

根据介质参数 p=10.1MPa，t=540℃，由表 D-2 确定管道所用的材料是 12Cr1MoV。

按计算出的内径及参数查表 D-2，得到所选用的公称直径为 225mm。确定相应的实际尺寸为外径 273mm，壁厚 20mm，内径 233mm。

答：选定管子的公称直径为 225mm，实际尺寸为外径 273mm，壁厚 20mm，内径 233mm。

Je3D2090 一对接焊缝焊后检查，焊缝金属截面积为 0.000 8cm²，已知此焊缝熔合比为 60%，请计算 1m 长焊缝需填充金属的质量（填充金属密度为 $7.8×10^3$kg/m³）。

解：填充金属截面积=焊缝金属截面积–母材截面积

=0.000 8–0.000 8×60%=0.000 32（m²）

填充金属质量=0.000 32×1×$7.8×10^3$≈2.5（kg）

答：该 1m 长的焊缝需填充 2.5kg 金属。

Je3D3091 如图 D-13 所示，用油压千斤顶顶起一件 G=4.9× 10^5N 重物，已知 d=5mm，D=100mm，a=5mm，L=45mm，求用多少作用力操作将物顶起。

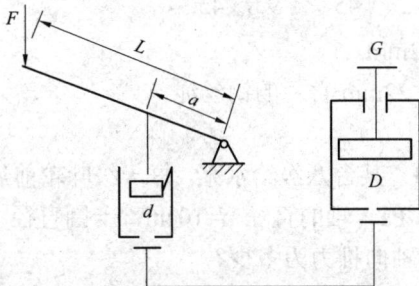

图 D-13

解：千斤顶传动力比为

$$i = \frac{D^2 L}{d^2 a}$$

$$i = \frac{(100)^2 \times 45}{(5)^2 \times 5}$$

$$= 3\ 600$$

由传动比关系得

$$F = \frac{G}{i} = \frac{4.9 \times 10^5}{3\ 600} = 136.11\ （N）$$

答：用力 F＞136.11N 即可顶起重物。

Je3D3092 一只水箱净重 G=39 200N，若用两根钢丝绳垂直起吊，问需要多大直径的钢丝绳？

解： 一根钢丝绳平均受力为

$$P=\frac{G}{2}=\frac{39\ 200}{2}=19\ 600\ （N）$$

选安全系数 K=10，则整条钢丝绳的破断力为

$$S_b=KP=10×19\ 600=196\ 000\ （N）$$

一般钢丝绳的破断拉力与直径的关系为

$$S_b=45d^2$$

则

$$d=\sqrt{\frac{S_b}{45}}=\sqrt{\frac{196\ 000}{9.8×45}}≈21.1\ （mm）$$

选用 d=22mm。

答： 需要 22mm 直径的钢丝绳。

Je3D3093 某台八级给水泵，每一级叶轮前后的压力差为 p_2-p_1=3.92×10^{5}Pa，轴的直径 d=10cm，卡圈直径 D=20cm，求每级叶轮上的轴向推力为多少？

解： $F=\dfrac{(p_2-p_1)\pi(D^2-d^2)}{4}$

$$=\frac{3.92×10^5×3.14×(0.2^2-0.1^2)}{4}$$

$$=9231.6（N）$$

答： 每级叶轮上的轴向推力为 9231.6N。

Je3D3094 已知凝汽器需用冷却水量 25 000t/h，冷却水的流速是 1.5m/s，分两根水管供水，计算过程不考虑其他因素，试问应选择水管内径是多少（水的密度ρ 是 1000kg/m^3）？

解： $Q=\dfrac{\pi D^2v}{4}$，$Q=\dfrac{1}{2}×25\ 000×10^3×\dfrac{1}{\rho}=12\ 500\ （m^3/h）$

所以 $D = \sqrt{\dfrac{4Q}{\pi v}} = \sqrt{\dfrac{4 \times 12\,500}{3.14 \times 3\,600 \times 1.5}} = 1.717 \ (\text{m})$

取 $D = 1.72\text{m}$

答：管子内径为 1.72m。

Je3D3095　某台除氧器被安装在 14m 平台上，系统尺寸如图 D-14 所示，已知除氧器自由液面上相对压力为 $p_0 = 490\text{kPa}$，忽略流体运动，运行中水泵入口中心线处所受的静压力是多少（除氧器饱和水比体积 $v = 0.001\,100\,1\text{m}^3/\text{kg}$）？

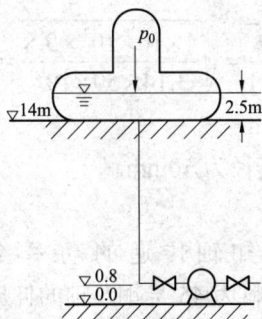

图 D-14

解：根据公式

$$\rho = \frac{1}{v} = \frac{1}{0.001\,100\,1}$$
$$= 909 \ (\text{kg/m}^3)$$

则

$$p_g = p_0 + \rho g h$$
$$= 490 \times 10^3 + 909 \times 9.81 \times (14 + 2.5 - 0.8)$$
$$= 6.3 \times 10^5 \ (\text{Pa})$$

答：运行中水泵入口中心线处所受的静压力为 $6.3 \times 10^5\text{Pa}$。

Je2D3096 吊钩用螺栓只受拉伸力。已知重物质量为 10×10^3kg，螺栓材料为 Q235 钢，其许用拉应力为 [σ]=50MPa。求最小螺栓直径是多少？

解：根据拉伸强度条件

$$\sigma = \frac{Q}{A} \leqslant [\sigma]$$

螺栓横截面面积为

$$A = \frac{\pi d^2}{4}$$

所以有

$$d \geqslant \sqrt{\frac{4Q}{\pi[\sigma]}} = \sqrt{\frac{4 \times 10 \times 10^3 \times 9.8}{3.14 \times 50 \times 10^6}} = 0.05 \text{ (m)}$$
$$= 50 \text{ mm}$$

答：最小螺栓直径为 50mm。

Je2D4097 已知轴传递的功率 P=44kW，转速为 n=600r/min，轴的材料为 45 号钢，轴的伸出端开一键槽，求轴的最小直径（计算公式 $d \geqslant 11.8\sqrt{\dfrac{P}{n}}$，因有键槽，轴径需增大 3%～5%）。

解：根据公式 $d \geqslant 11.8\sqrt{\dfrac{P}{n}} = 11.8 \times \sqrt{\dfrac{44}{600}} = 3.2$（cm）

因为有键槽，需将轴径增大 3%，则

所以轴的直径 $d \geqslant 3.2 \times (1+3\%) \approx 3.3$（cm）=33（mm）

答：选取轴的最小直径为 33mm。

Je2D4098 某汽轮机的冷却油箱，已知体积为 18.28m³，悬挂在汽轮机平台下，用四根拉杆悬挂，油的密度 ρ 为 850kg/m³，考虑到油箱受汽轮机振动的影响，用降低材料许用应力来解决。若材料的许用应力 $[\sigma]$=7.84×10⁷Pa，试问拉杆所需的截面积为多少？如选用等边角钢，则选用何种型号？表D-3给出了等边角钢参数。

表 D-3　　　　　　　等 边 角 钢

角钢号数	尺寸（mm）			截面面积（cm²）
	b	d	r	
5	50	5	5.5	4.803
5.6	56	5	6	5.415
6	60	6	6.5	6.910

解：油重 $W=V\rho g$=18.28×850×9.8=152 272（N）

每根拉杆受力 F=152 272/4=38 068（N）

拉杆截面积 $A=F/[\sigma]$=38 068/(7.84×10⁷)

　　　　　　=0.000 485 6（m²）

　　　　　　=4.856（cm²）

由型钢表 D-3 选用 56×56×5 等边角钢，A=5.415cm²。

答：拉杆的截面积为 4.856cm²，选用 56×56×5 等边角钢。

Je2D5099　更换一台加热器的铜管，铜管为 ϕ 15×1.5，管板孔径 D_1 为 15.20m。求胀接后管孔的内径 D_2（胀管率 α 取 6%）。

解：根据胀管率工程计算公式（单倍率算法，δ 为铜管壁厚）：

$$\alpha=[(D_2-D_1+2\delta)/(2\delta)]\times100\%$$

所以 $D_2=D_1+(\alpha-1)\times2\delta$

　　　　=15.20-0.94×2×1.5

　　　　=12.38（mm）

答：胀接后管孔的内径为 12.38mm。

Je1D5100 已知除氧器给水箱的工作压力 p_y=0.6MPa，工作温度 t_y=158℃，水箱最高水位至给水泵中心线间水柱静压 0.167MPa，低压给水管外径 D_w=377mm，管材为 Q235 号钢，单面焊接无坡口对接焊缝钢管，计算钢管壁厚，并验算当给水流量 D_{gs}=225t/h，给水比体积 v_{gs}=0.001 099 8m³/kg 时，给水管中流速是否符合要求。（查《常用钢材的基本许用应力》表，得 Q235 号钢在 t=158℃的基本许用应力 $[\sigma]_j^t$=126.7MPa，纵缝焊接钢管 η=0.8）。

解：计算压力

$$p=p_y+0.167=0.6+0.167$$
$$=0.767 \text{（MPa）}$$

计算温度 $t=t_y$=158℃

$$S_1=\frac{pD_w}{2[\sigma]_j^t\eta+p}=\frac{0.767\times377}{2\times126.7\times0.8+0.767}=1.42 \text{ (mm)}$$

在任何情况下，计算采用的管子壁厚负偏差不得小于 0.5mm，故取 c_1=0.5mm，给水管的腐蚀富裕度负偏差 c_2=0，则 $S_{js}=S_1+c_1+c_2$=1.42+0.5+0=1.92（mm）

根据焊接钢管产品规格，当管子外径为 377mm 时，最小壁厚 S 为 5mm，所以管子的取用壁厚为 5mm。

管子实际内径 $D_n=D_w-2S$=377-2×5=367（mm）

当给水流量 D_{gs}=225t/h 时，低压给水管内介质的实际流速为

$$v=\frac{D_{gs}v_{gs}}{3\,600\frac{\pi D_n^2}{4}}=\frac{225\,000\times0.001\,099\,8}{3\,600\times\frac{3.141\,6\times0.367^2}{4}}=\frac{247.455}{380.825}$$
$$=0.65(\text{m/s})$$

由表 D-1 可知，实际流速在允许范围内，故上述计算得到的管壁厚度合乎要求。

答：钢管壁厚为 5mm。

Jf5D2101　国际电工委员会规定接触电压的限定值（安全电压）U=50V，一般人体电阻 R=1700Ω，计算人体允许电流（直流电）。

解：电流 I=U/R=50×1000/1700=29.41（mA）

答：人体允许电流（直流电）约 30mA。

Jf5D2102　设人体的最小电阻 R=720Ω，当通过人体的电流 I 超过 50mA 时，就会危及人体安全，试求安全工作电压 U。

解：U=IR=0.05×720=36（V）

答：安全工作电压为 36V。

Jf4D3103　某季度中，电厂某车间所管辖的辅助设备中，一类设备为 526 台，二类设备为 30 台，三类设备为 2 台，该车间该季度辅助设备完好率及一类率为多少？

解：辅助设备完好率$=\dfrac{526+30}{526+30+2}×100\%$=99.6%

辅助设备一类率$=\dfrac{526}{526+30+2}×100\%$=94.3%

答：辅助设备完好率为 99.6%，一类率为 94.3%。

Je3D4104　某 600MW 汽轮发电机组年可用小时为 8040h，降出力等效停用小时为 9.17h，求该机组年等效可用系数。

解：年等效可用系数=[(年可用小时−降出力等效停用小时)/统计期间小时数]×100%=[(8040−240)/(24×365)]×100%= 89.04%

答：该机组年等效可用系数为 89.04%。

Jf3D4105　某 300MW 汽轮发电机组年可用小时为 7320h，求该机组年可用系数。

解：年可用系数 =(年可用小时/统计期间小时数)×100%
=[7320/(24×365)]×100%

=(7320/8760)×100%=83.56%

答：该机组的年可用系数为83.56%。

Jf2D3106 某300MW汽轮发电机组年可用小时为7388h，非计划停运3次，计划停运1次，求平均连续可用小时。

解：平均连续可用小时=年可用小时/(非计划停运次数

+计划停运次数)

=7388/(3+1)=1847（h）

答：平均连续可用小时为1847h。

Jf2D4107 根据表D-4的资料，绘制网络图，计算各结点时间参数，确定关键路线及总工期。

表D-4 网络图绘制资料

作业代号	紧后作业	作业时间（天）	作业代号	紧后作业	作业时间（天）
A	BCDEF	60	J	L、M	10
B	G	14	K	L、M	25
C	G	20	L	N	10
D	J	30	M	P	5
E	H	21	N	O	15
F	H、I	10	O	Q	2
G	J	7	P	Q	7
H	K	12	Q	—	5
I	N	60			

答：绘制网络图如图 D-15 所示。各个结点的最早必须开始时间和最迟必须结束时间标注在图 D-15 中，各结点的时差为：

$S(1)=0$　　$S(2)=0$　　$S(3)=2$　　$S(4)=0$

$S(5)=23$　　$S(6)=23$　　$S(7)=20$　　$S(8)=2$

$S(9)=2$　　$S(10)=17$　　$S(11)=0$　　$S(12)=0$

S（13）=0 S（14）=0

关键路线为：1→2→4→11→12→13→14。

总工期为 152 天。

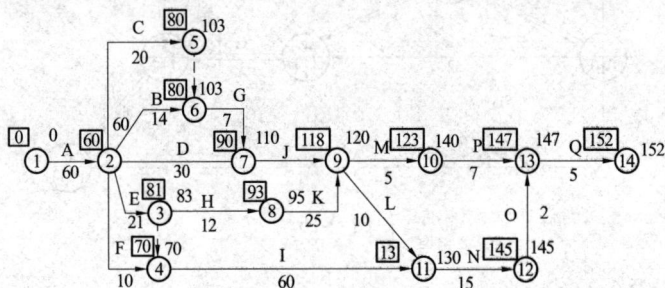

图 D-15

Jf1D4108 某工程的作业关系及各项作业所需作业时间、人员如表 D-5 所示，画出该工程的网络图，并对网络计划的人力资源进行调整，既保证工程如期完成，又使每天投入的人力不超过 10 人。

表 D-5

序号	作业代号	紧后作业	作业时间（天）	需要人数
1	A	—	4	8
2	B	E	2	3
3	C	F	2	6
4	D	G	2	3
5	E	H	3	8
6	F	G	2	7
7	G	H	3	2
8	H	—	4	1

解：（1）该工程的网络图见图 D-16。

（2）工程进度暨人力资源调整（调整前）见表 D-6。

187

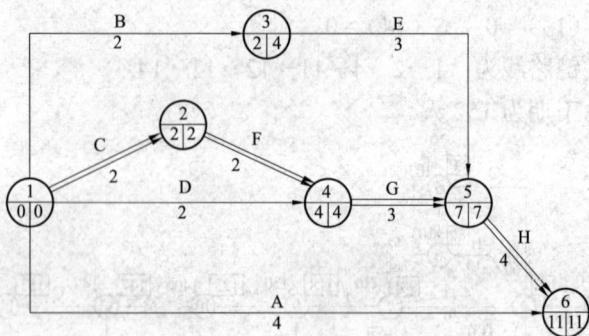

图 D-16

节点与作业：
- 节点① 0|0
- 节点② 2|2
- 节点③ 2|4
- 节点④ 4|4
- 节点⑤ 7|7
- 节点⑥ 11|11
- B 2（①→③），E 3（③→⑤）
- C 2（①→②），F 2（②→④）
- D 2（①→④），G 3（④→⑤）
- H 4（⑤→⑥）
- A 4（①→⑥）

表 D-6

作业	$t(i,j)$	$T_{ES}(i,j)$	$T_{LF}(i,j)$	$R(i,j)$	1	2	3	4	5	6	7	8	9	10	11
A（①~⑥）	4	0	11	7	8	8	8	8							
B（①~③）	2	0	4	2	3	3									
C（①~②）	2	0	2	0	2	2									
D（①~④）	2	0	4	2	3	3									
E（③~⑤）	3	2	7	2			8	8	8						
F（②~④）	2	2	4	0			7	7							
G（④~⑤）	3	4	7	0					2	2	2				
H（⑤~⑥）	4	7	11	0								1	1	1	1
调整前人数					16	16	23	23	10	2	2	1	1	1	1

（3）工程进度暨人力资源调整（调整后）见表 D-7。

表 D-7

作业	$t(i,j)$	$T_{ES}(i,j)$	$T_{LF}(i,j)$	$R(i,j)$	1	2	3	4	5	6	7	8	9	10	11
A（①~⑥）	4	0	11	7								8	8	8	8
B（①~③）	2	0	4	2	3	3									
C（①~②）	2	0	2	0	2	2									
D（①~④）	2	0	4	2	3	3									
E（③~⑤）	3	2	7	2					8	8	8				
F（②~④）	2	2	4	0			7	7							
G（④~⑤）	3	4	7	0					2	2	2				
H（⑤~⑥）	4	7	11	0								1	1	1	1
调整后人数					8	8	7	7	10	10	10	9	9	9	9

Je1D5109 某项工程共有 7 项作业，其作业项目明细见表 D-8，该工程的直接费用在正常作业时间下为 60 000 元，间接费用为每周 1000 元。求直接费用与间接费用之和最低时的工程周期？

表 D-8

作业名称	紧后作业	作业时间（周）		作业费用（千元）		赶工费用率 K（千元/周）	可能压缩的最大周数
		正常工期	赶工工期	正常费用	赶工费用		
A	B、C	7	6	5	7	2	1
B	E、D	4	2	4	5	0.5	2
C	F	7	3	6	9	0.75	4
D	F	5	4	3	5	2	1
E	G	5	3	8	11	1.5	2
F	G	6	3	10	11	1/3	3
G	—	3	2	4	6	2	1

解：（1）绘制网络图如图 D-17 所示，并按正常作业时间计算网络时间值，标注图中。

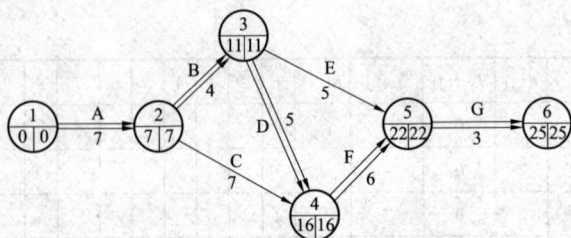

图 D-17

（2）计算：

①由网络图可知，工程的总工期为 25 周，故间接费用为

$$1000 \times 25 = 25\ 000\ 元$$

在正常作业下的工程总费用为：60 000+25 000=85 000（元）

②选择赶工作业，确定赶工后的工期及工程费用节约额。

由网络图可知共有三条路线，各路线及路长见表 D-9。

表 D-9

序号	路　　线	路长（周）
1	1→2→3→5→6	19
2	1→2→4→5→6	23
3	1→2→3→4→5→6	25

其中序号 3 线路为关键路线，1→2→3→4→5→6。

首先压缩路线 3 上的作业 F，由 6 周压缩到 3 周，路长由 25 周缩短到 22 周（序号 2 线路同时缩短到 20 周），工程费用节约额为：

$$3 \times 1000 - 3 \times 1/3 \times 1000 = 2000\ 元$$

再压缩作业 B，由 4 周压缩到 2 周，此时序号 3 线路由 25 周缩短到 23 周，工程费用节约额为：

$$2 \times 1000 - 2 \times 0.5 \times 1000 = 1000（元）$$

同时压缩作业 B 和 F，作业 B 由 4 周压缩到 2 周，作业 F 由 6 周压缩到 3 周，此时序号 3 线路由 25 周缩短到 20 周，工程费用节约额为：

5×1000−(3×1/3×1000+2×0.5×1000)=3000（元）

调整后的三条路线的路长见表 D-10。

表 D-10

序号	路　　线	路长（周）
1	1→2→3→5→6	17
2	1→2→4→5→6	20
3	1→2→3→4→5→6	20

由于工程项目中其他作业的赶工费用率均大于 1000 元/周，即每压缩 1 周，直接费用的增加额将大于间接费用的节约额，故工程的最佳工期为 20 周。

4.1.5 绘图题

La5E1001 画一个正六棱柱的二视图，其底边长 12mm，柱高 18mm，并标注尺寸。

答：如图 E-1 所示。

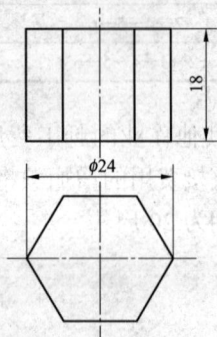

图 E-1

La5E4002 画出纯凝汽式汽轮发电机组热能转换成电能的能流图。

答：如图 E-2 所示。

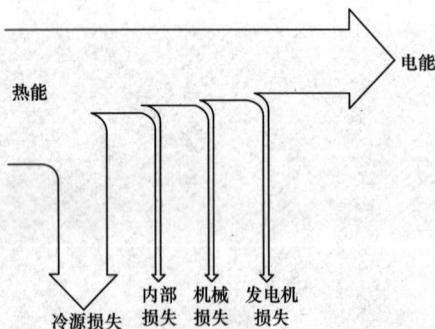

图 E-2

La4E3003 将主视图 E-3（a）改画成全剖视图，并补画做半剖的左视图。

答： 如图 E-3（b）所示。

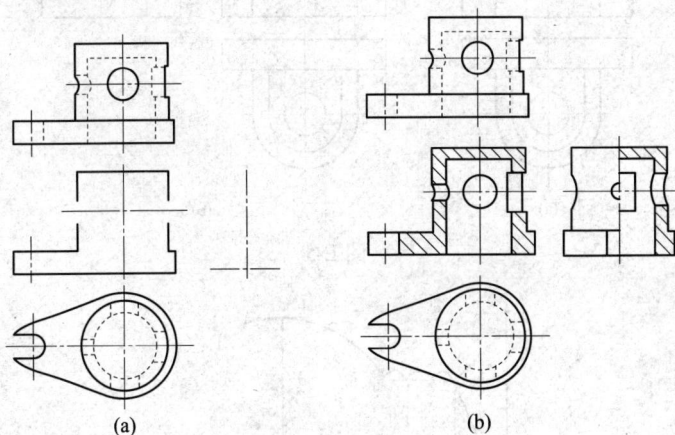

(a)   (b)

图 E-3

La4E3004 根据 29.49mm 尺寸画出千分尺的读数示意图。

答： 如图 E-4 所示。

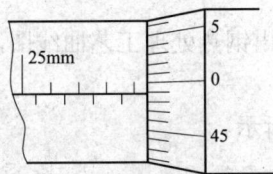

图 E-4

La3E3005 根据主、俯视图［见图 E-5（a）］，补画左视图。

答： 如图 E-5（b）所示。

La2E3006 画出低碳钢的拉伸试验应力—应变曲线，并在图上标出比例极限 σ_p、屈服极限 σ_s 和强度极限 σ_b。

答：如图 E-6 所示。

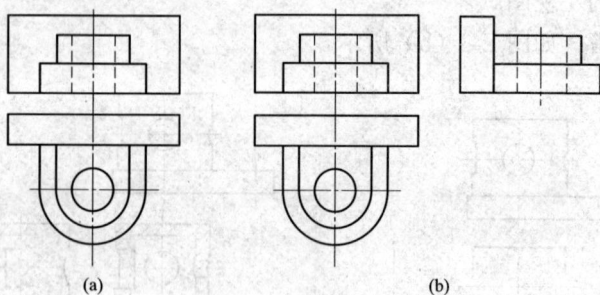

(a)　　　　　　　　　(b)

图 E-5

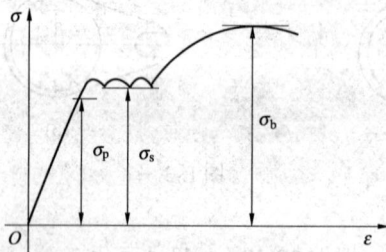

图 E-6

La2E4007　画出钢热处理工艺曲线图，标出热处理的三个阶段。

答：如图 E-7 所示。

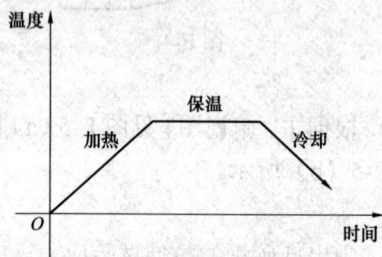

图 E-7

194

La1E4008 绘制金属杆弯曲后的宏观应力示意图。

答： 如图 E-8 所示。

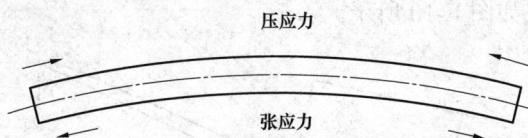

图 E-8

La1E5009 在温—熵图上画出具有一次中间再热机组的实际热力循环过程，并用简要文字说明此循环过程。

答： 如图 E-9 所示。

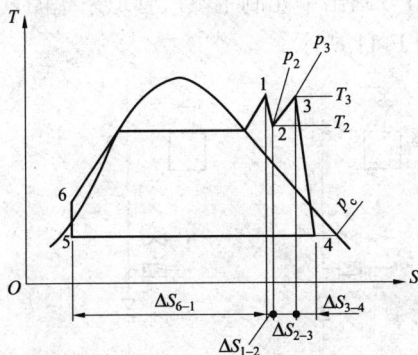

图 E-9

实际的一次中间再热热力循环过程为：

1—2 为主蒸汽在高压缸膨胀做功；

2—3 为高压缸排汽在再热器中吸热；

3—4 为再热蒸汽在中、低压缸膨胀做功；

4—5 为低压缸排汽在凝汽器中凝结为饱和水；

5—6 为凝结水经过低压加热器中加热和给水泵升压成为高压给水；

6—1 为高压给水在高压加热器中加热和在锅炉中吸热成为过热蒸汽。

Lb5E1010 画出横向放置的长方形物件由撬棒撬起的受力图。

答： 如图 E-10 所示。

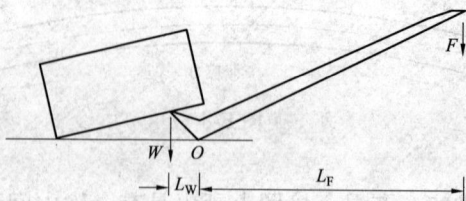

图 E-10

Lb5E1011 画出单元制主蒸汽管道系统图。

答： 如图 E-11 所示。

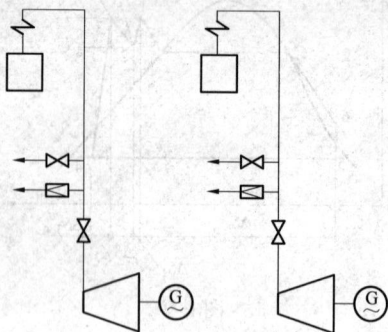

图 E-11

Lb5E2012 画出单母管分段制低压给水管道系统图。

答： 如图 E-12 所示。

Lb5E2013 画出在冷态工况下支架倾斜悬吊安装示意图并标明管道热膨胀位移方向。

答： 如图 E-13 所示。

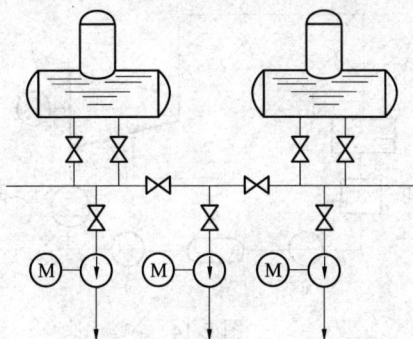

图 E-12

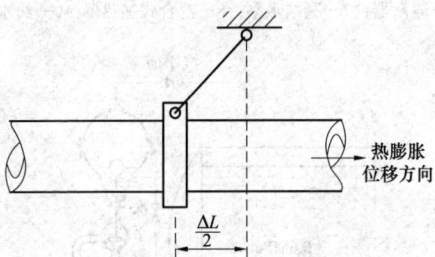

热膨胀
位移方向

$\dfrac{\Delta L}{2}$

注：ΔL 为管道热膨胀量。

图 E-13

Lb5E3014　画出具有一段抽汽回热装置示意图,并标明设备名称。

答：如图 E-14 所示。

Lb3E4015　画出高压除氧器水箱上的溢流装置图,并标上主要设备的名称。

答：如图 E-15 所示。

Lb4E1016　画出主蒸汽管道扩大单元制系统图。

答：如图 E-16 所示。

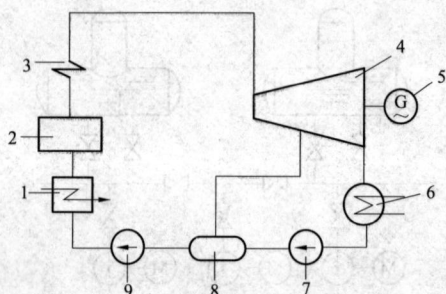

图 E-14

1—省煤器；2—锅炉；3—过热器；4—汽轮机；5—发电机；

6—凝汽器；7—凝结水泵；8—混合式加热器；9—给水泵

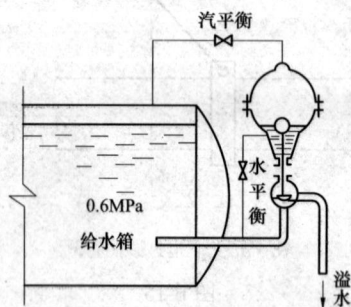

图 E-15

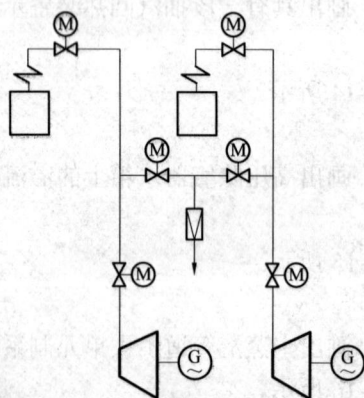

图 E-16

Lb4E2017 画出切换母管制低压给水管道系统图。

答：如图 E-17 所示。

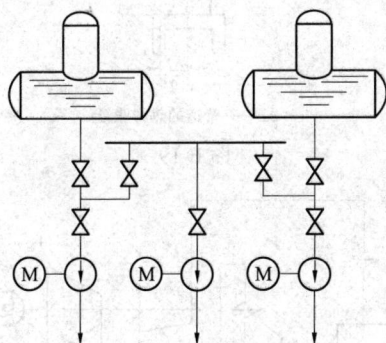

图 E-17

Lb4E2018 画出胀管法在管板上连接固定凝汽器铜管的示意图。

答：如图 E-18 所示。

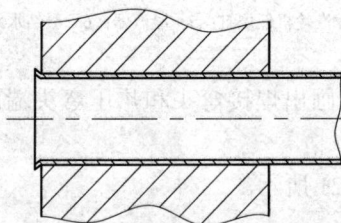

图 E-18

Lb4E3019 用图表示滑动支架安装管道时的位置并表示热膨胀位移方向。

答：如图 E-19 所示。

Lb4E4020 画出中间再热循环装置示意图，并标明设备名称。

答：如图 E-20 所示。

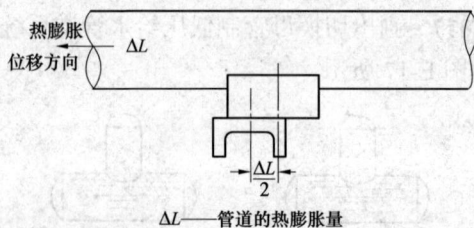

ΔL——管道的热膨胀量

图 E-19

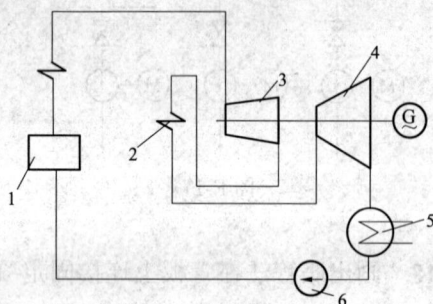

图 E-20

1—锅炉；2—再热器；3—汽轮机高压缸；

4—汽轮机低压缸；5—凝汽器；6—凝结水泵

Lb4E4021 画出焊接弯头和热压弯头端面垂直度偏差示意图。

答：如图 E-21 所示。

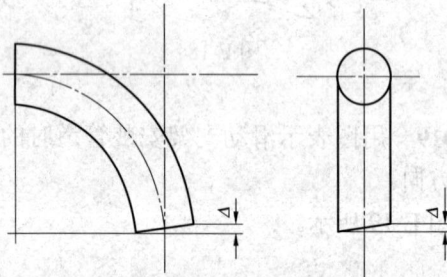

图 E-21

注：端面垂直度偏差Δ应不大于管子外径的1%，且不大于3mm。

Lb3E2022　画出波纹管补偿器示意图。

答：如图 E-22 所示。

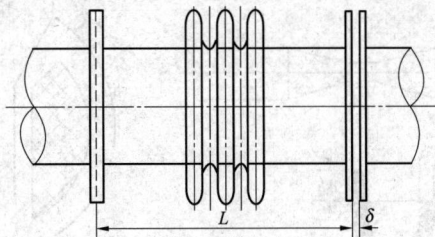

图 E-22

Lb3E2023　画出凝汽器内中间隔板装置示意图，并标明设备名称。

答：如图 E-23 所示。

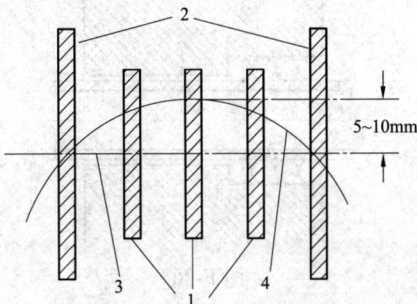

图 E-23

1—中间隔板；2—两端管板；3—管板、管孔中心线；4—冷却管中心线

Lb3E3024　画出文丘里管测量管道中流量的装置示意图。

答：如图 E-24 所示。

Lb3E3025　画出汽流向上式凝汽器示意图。

答：如图 E-25 所示。

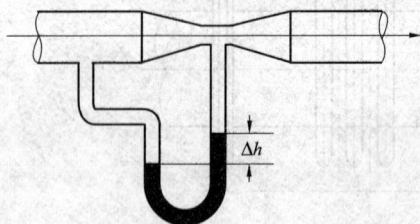

图 E-24

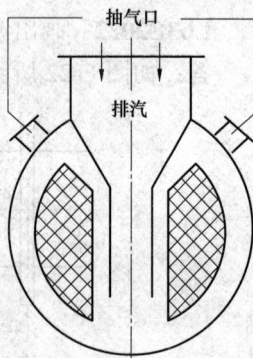

图 E-25

Lb3E4026 画出密封圈连接固定凝汽器铜管示意图。

答：如图 E-26 所示。

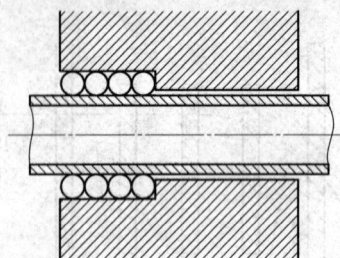

图 E-26

Lb3E4027 画出凝汽器热水井中真空除氧装置示意图，并标明设备名称。

答：如图 E-27 所示。

Lb3E5028 画出 125MW 机组的回热系统示意图，并标明设备名称。

答：如图 E-28 所示。

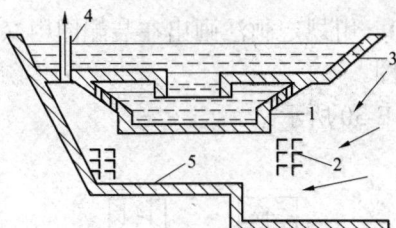

图 E-27

1—淋水盘；2—溅水角铁；3—集水板；4—空气至凝汽器抽气口；5—热水井

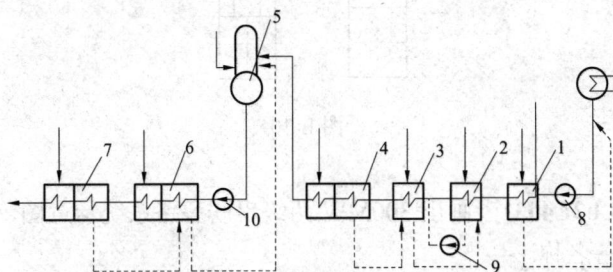

图 E-28

1～4—低压加热器；5—除氧器；6、7—高压加热器；

8—凝结水泵；9—流水泵；10—给水泵

Lb2E2029 画出卧式表面式加热器示意图。

答： 如图 E-29 所示。

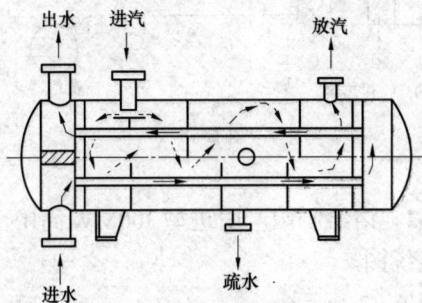

图 E-29

Lb2E3030 用规定画法画出在装配图中深沟球轴承和推力球轴承的视图。

答：如图 E-30 所示。

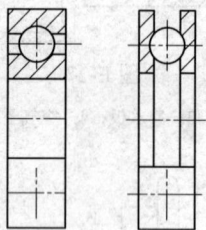

图 E-30

Lb2E4031 画出 300MW 两级串联旁路系统示意图，并标明设备名称。

答：如图 E-31 所示。

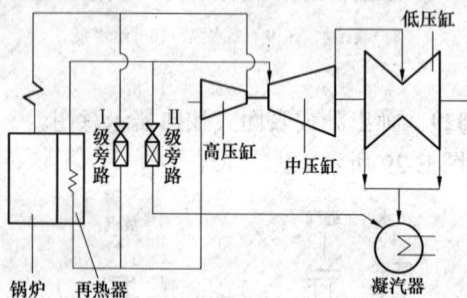

图 E-31

Lb2E5032 请绘制国产引进型 300MW 高中压合缸机组的原则性热力系统图。

答：如图 E-32 所示。

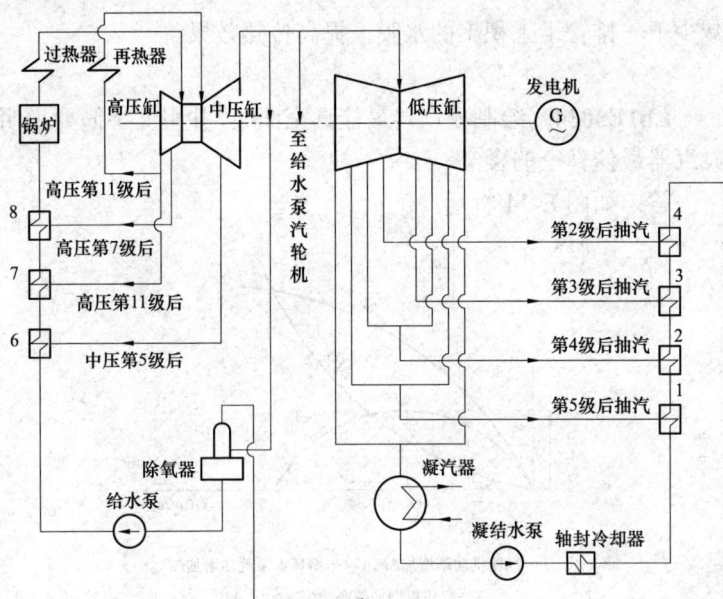

图 E-32

Lb1E4033 绘制凝汽器管板与铜管的安装示意图,并简要说明理由。

答: 如图 E-33 所示。

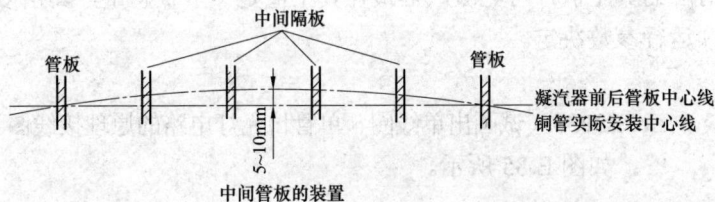

图 E-33

凝汽器中间管板的中心一般要比两侧水室的端头管板中心高5～10mm,以保证管子与管板的紧密接触,并可改善管子的振动特性。同时,由于冷却水管人为地向上弯曲,不但可抵消一部分热应力,还能使凝结水沿弯曲的管子中心向两端流动,

205

减少下一排管子上积聚的水膜，提高传热效果。

Lb1E5034 绘制凝汽器最佳真空曲线，并用文字简要说明凝汽器最佳真空的含义。

答：如图 E-34 所示。

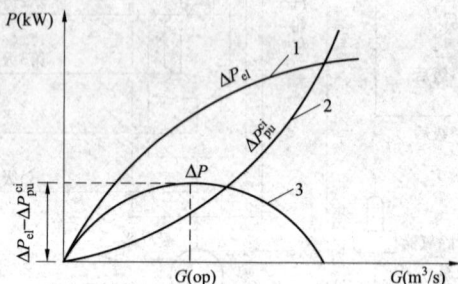

1—汽轮机功率增加 ΔP_{el}；2—循环水泵耗功增加 ΔP_{pu}^{ci}；
3—汽轮机增加的净功 $\Delta P = \Delta P_{el} - \Delta P_{pu}^{ci}$

图 E-34

凝汽器最佳真空值，指当进入凝汽器的蒸汽流量和循环冷却水温度一定时，增加循环水量带来的汽轮机功率增加量，与循环水量增加消耗的循环泵厂用电量增加量相比，为最大值时对应的真空值，可见凝汽器最佳真空值是一个状态量，其由多项运行参数决定。

Lc5E3035 试画出单线圈、单管日光灯电路的原理接线图。

答：如图 E-35 所示。

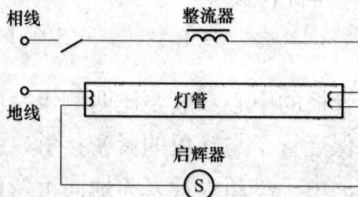

图 E-35

Lc4E3036　画出轴向位移发信器的原理图，并标明设备名称。

答：如图 E-36 所示。

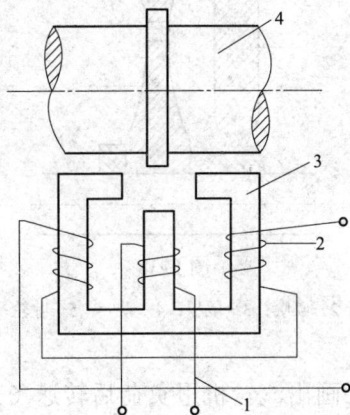

图 E-36

1—初级线圈；2—次级线圈；3—Ш型磁铁；4—主轴

Lc3E3037　画出汽轮机喷嘴配汽示意图。

答：如图 E-37 所示。

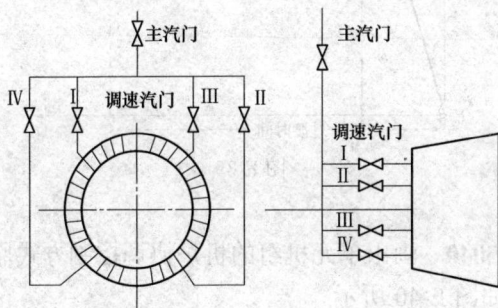

图 E-37

Lc3E4038　画出汽轮机级的结构简图，并标明设备名称。

答：如图 E-38 所示。

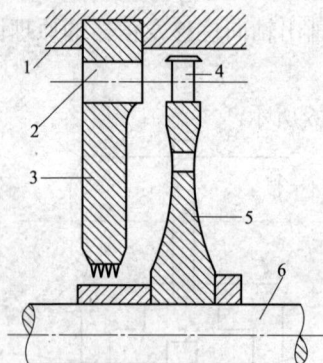

图 E-38

1—汽缸；2—喷嘴；3—隔板；4—动叶；5—叶轮；6—主轴

Lc2E2039　画出汽轮机甩负荷后转速飞升量的变化示意图。

答：如图 E-39 所示。

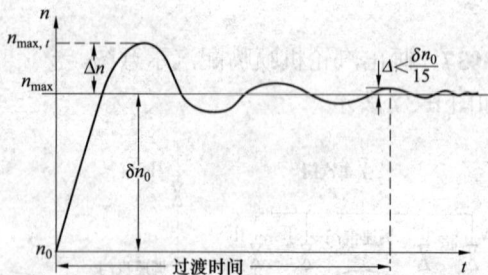

图 E-39

Lc2E3040　画出单元机组的机炉协调控制方式原理图。

答：如图 E-40 所示。

Lc1E4041　试把平面、立面图上的管道［见图 E-41（a）］画成轴测图。

答：如图 E-41（b）所示。

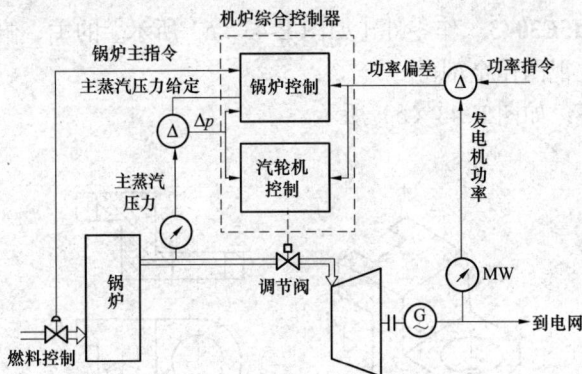

图 E-40

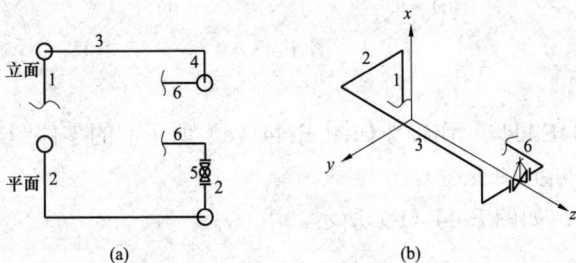

(a)　　　　　　(b)

图 E-41

Lc1E5042　绘制离心水泵主要性能曲线,并标注每条曲线名称。

答:如图 E-42 所示。

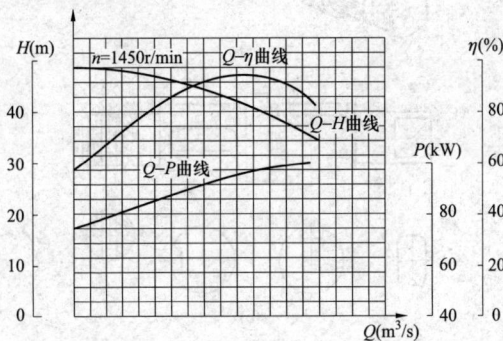

图 E-42

209

Jd5E3043 作零件 [如图 E-43（a）所示] 的主、俯视图，要求主视图作全剖。

答： 如图 E-43（b）所示。

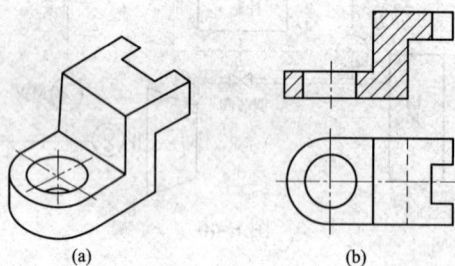

(a)　　　　　　　　　(b)

图 E-43

Jd4E3044 作轴 [如图 E-44（a）所示] 的零件图（用剖视图、断面图表达）。

答： 如图 E-44（b）所示。

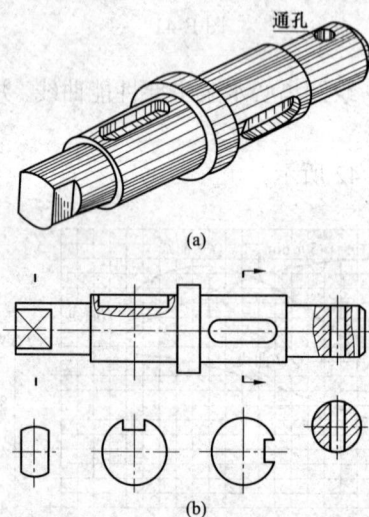

通孔

(a)

(b)

图 E-44

Jd3E3045 画轴承座 [（如图 E-45（a）所示] 零件图（主视图作局部剖视，俯视图、左视图作全剖视）。

答：如图 E-45（b）所示。

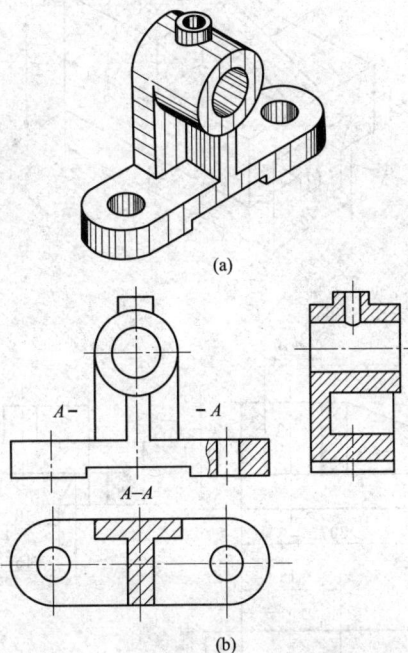

(a)

$A-A$

(b)

图 E-45

Jd3E3046 根据立体图 E-46（a），选一组合理的视图、剖视图、断面图等表示该物体形状，按 1:1 画图，并标注尺寸。

答：如图 E-46（b）所示。

Jd2E3047 根据已知图形 E-47(a)，补剖视图中缺漏的线。

答：如图 E-47（b）所示。

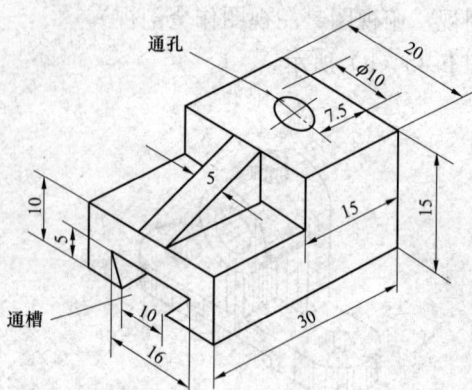

(a)

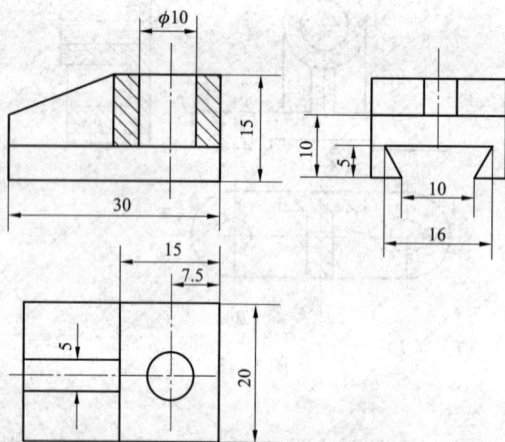

(b)

图 E-46

Jd2E4048 完成弯管零件图 E-48（a）的表达（作出指定位置的 A 向斜视图，B 向和 C 向局部视图）。

答： 如图 E-48（b）所示。

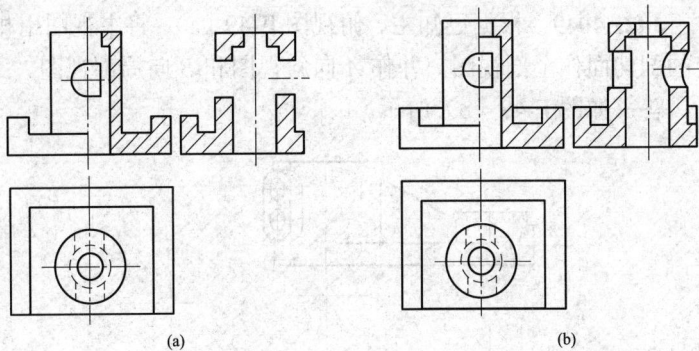

(a)　　　　　　　　　　(b)

图 E-47

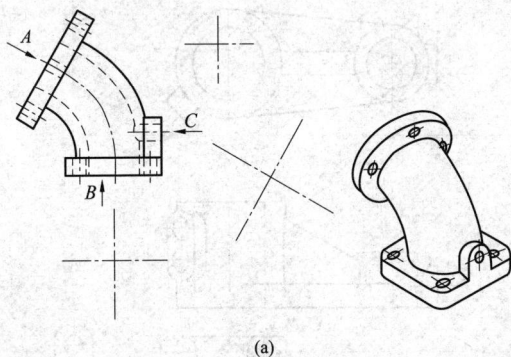

(a)

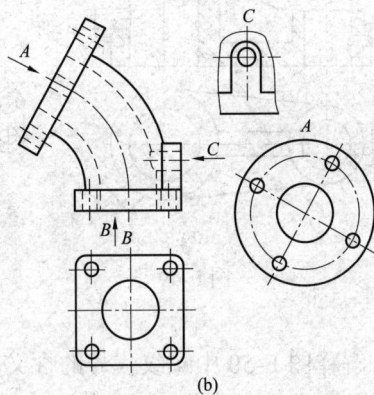

(b)

图 E-48

Jd2E4049　根据已知主、俯视图 E-49（a），将主视图用相交的剖切面作全剖视图，并作 A 向斜视图和 B 向局部视图。

答：如图 E-49（b）所示。

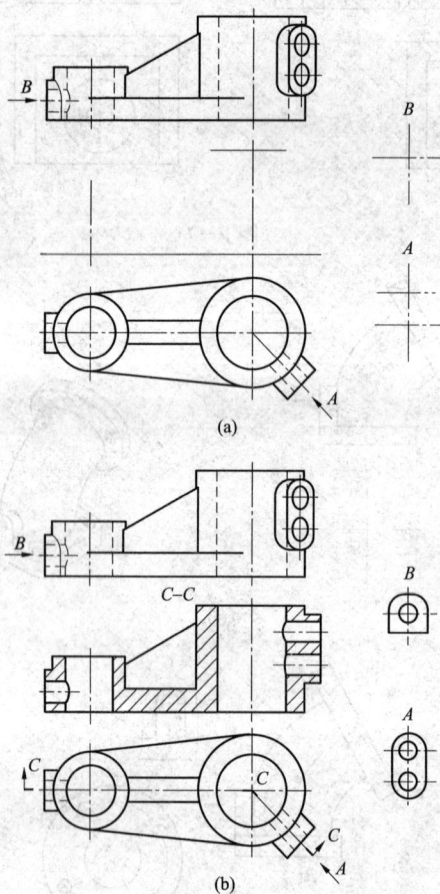

图 E-49

Je5E1050　解释图 E-50 中螺纹代号的含义。

答：粗牙普通螺纹，直径 20mm，右旋。

图 E-50

Je5E1051 画出带过热蒸汽冷却段和疏水冷却段的高压加热器的图形符号。

答：如图 E-51 所示。

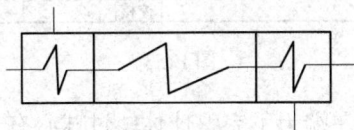

图 E-51

Je5E1052 根据 54.28mm 尺寸，作出游标卡尺的读数示意图。

答：如图 E-52 所示。

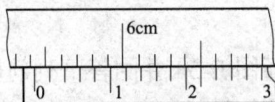

图 E-52

Je5E2053 根据轴的零件图（见图 E-53），回答下列问题：

（1）轴是什么形状？

（2）轴用什么材料？

（3）轴的总长、总宽度尺寸是多少？

（4）$\phi 20h10$ 尺寸，表示什么含义？

（5）轴向尺寸的基准是什么？

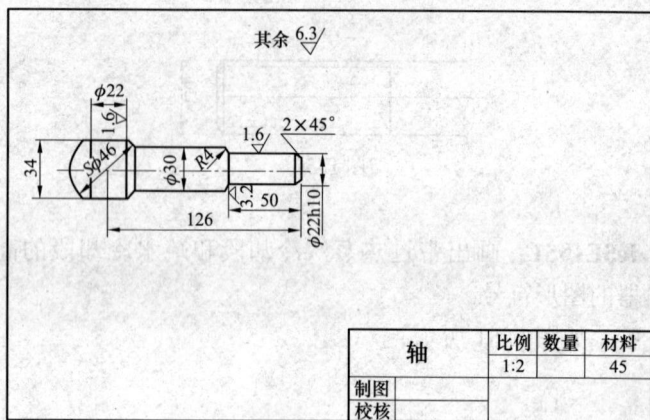

图 E-53

答：（1）轴左端为不完整球体，过球心有一φ22 通孔（垂直于轴线），中部和右部为不同直径的圆柱体；

（2）材料：45 号钢；

（3）总长：（126+23）mm=149mm，总宽：46mm；

（4）φ22h10：φ22 表示基本尺寸 22mm，h 表示基本偏差代号，10 表示标准公差 10 级；

（5）轴向基准为φ22 孔中心线。

Je4E3054 看懂图 E-54 并回答下列问题：

（1）这个零件的件号是_____，名称是_____，数量是_____，材料是_____，比例是_____。

（2）这个零件按基本体分析，可分成三个部分：上面是一个_____体；中间一个是_____体；下面一个是_____体。

（3）这个零件的总高尺寸是_____，总长尺寸是_____，总宽尺寸是_____。

（4）注有①表面的粗糙度 R_a 为_____。

（5）注有②表面的粗糙度 R_a 为_____。

216

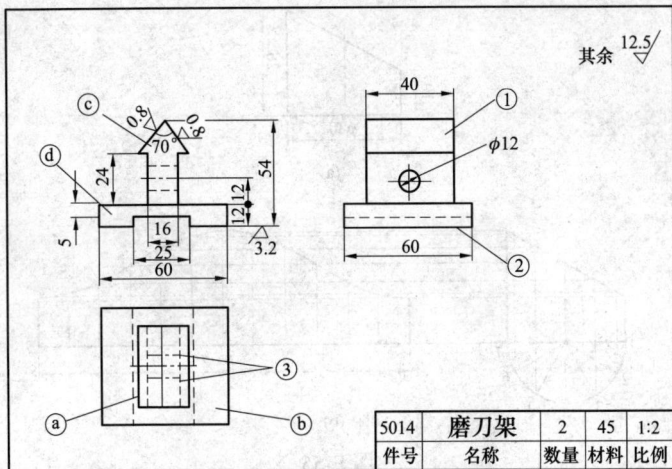

图 E-54

（6）俯视图上注有③的两条虚线是表示_____的投影。

（7）比上下：ⓐ_____；ⓑ_____；比前后：

ⓒ_____；ⓓ_____。

答：（1）5014，磨刀架，2，45 号钢，1:2。

（2）三棱柱，四棱柱，带缺口四棱柱。

（3）54，60，60。

（4）0.8。

（5）3.2。

（6）圆孔。

（7）ⓐ上；ⓑ下；ⓒ后；ⓓ前。

Je5E4055 作斜口圆管［见图 E-55（a）］的表面展开图（按 12 等分法）。

答：（1）12 等分圆周；

（2）作展开图，如图 E-55（b）所示。

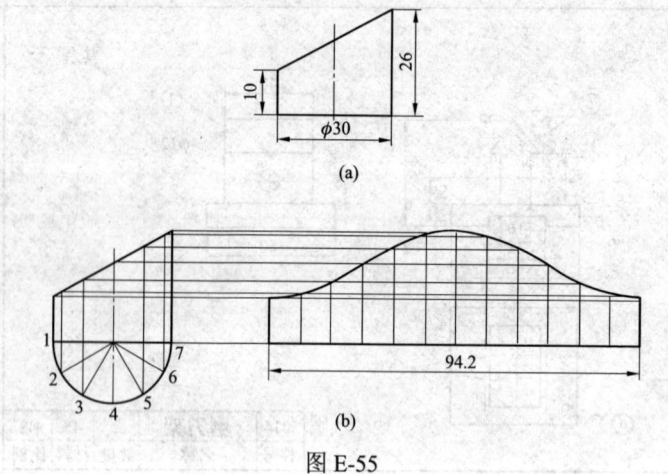

(a)

(b)

图 E-55

Je5E4056 读阀芯零件图 E-56，并回答问题。

（1）阀芯的主视图中作了一个＿＿＿＿＿＿＿，表达＿＿＿＿＿＿＿。

（2）图中的符号 1:7 表示＿＿＿＿＿。

M208g 表示＿＿＿＿＿。

（3）图中①所指的交叉粗实线称为＿＿＿＿＿，②所指的交叉细实线表示＿＿＿＿＿。

（4）图中 168 属于＿＿＿＿尺寸，ϕ18 属于＿＿＿＿尺寸，45 属于＿＿＿＿尺寸，135° 属于＿＿＿＿尺寸。

答：（1）相交的剖切面剖开的局部剖视图，孔的内部贯通情况。

（2）锥度 1:7。粗牙普通螺纹，大径为 20、中径和顶径公差带代号为 8g。

（3）相贯线，平面。

（4）总体，定形，定位，定位。

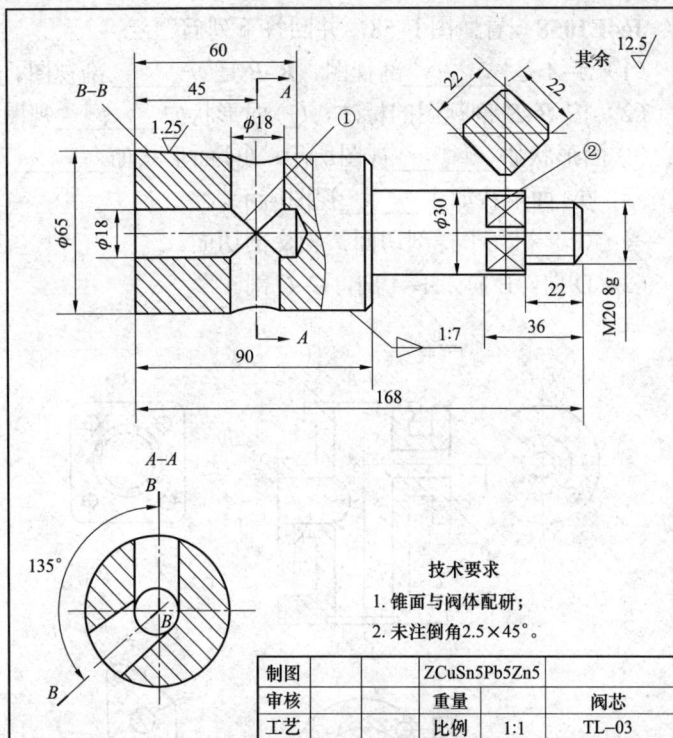

图 E-56

Je4E1057 $\phi 108 \times 12$ 的管道，采用电焊焊接。试画出其坡口加工图，并注明坡口形式和坡口角度 α，对口间隙 b，边厚度 p 的数值。

答：如图 E-57 所示。

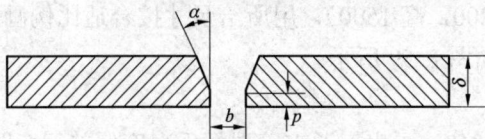

图 E-57

V 形坡口；$\alpha = 30° \sim 35°$；$b = 1 \sim 3mm$；$p = 1 \sim 2mm$。

Je4E1058 看懂图 E-58，并回答下列问题：

（1）*A–A* 是_____剖视图，*B–B* 是_____剖视图。

（2）按 *B–B* 剖视图的标注，Ⅰ 面形状如_____视图所示；Ⅱ 面形状如_____视图所示；Ⅲ 面形状如_____视图所示；Ⅳ 面形状如_____视图所示。

答：（1）相互平行剖切面，相交剖切面。

（2）D 向，E 向，*A–A* 剖，*C–C* 剖。

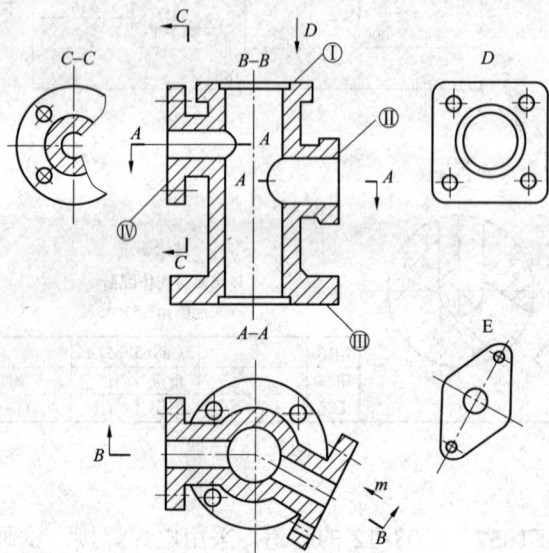

图 E-58

Je4E2059 画一个天圆地方过渡节零件图（ϕ=800，长方形 1400×1200，高 1500），用所给尺寸按合适比例画。

答： 如图 E-59 所示。

Je4E2060 画出三通支管端面垂直度偏差示意图。

答： 如图 E-60 所示。

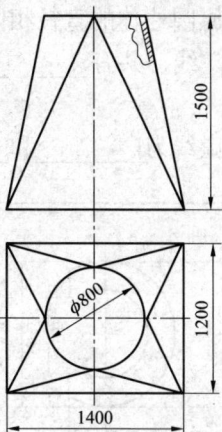

图 E-59

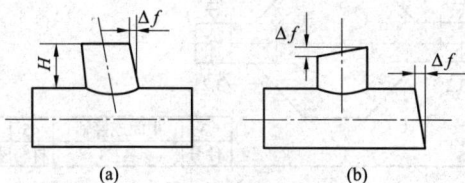

(a)   (b)

图 E-60

（a）支管垂直度偏差Δf不大于支管高度 H 的 1%，且不大于 3mm；

（b）各端面垂直度偏差Δf由端面偏差表查得

Je4E3061　看懂图 E-61，并回答下列问题：

（1）这个零件的件号是_____，名称是_____，材料是_____，数量是_____。

（2）中间连接轴的基本形体是直径为_____的_____体,总长为_____,它的两头为_____面,半径为_____,两球心相距_____。

（3）在圆柱体两头的前后各切出_____圆坑，圆坑的中心与_____重合，中间留下的厚度为_____，然后再加工直径为_____的孔。

（4）由于圆坑与原圆柱体的直径相同，所以它们的相贯线反映在俯视图上为＿＿＿线，共有＿＿＿＿＿条线，成＿＿＿＿＿倾斜。

（5）俯视图上的虚线为＿＿＿＿＿和＿＿＿＿＿的投影。

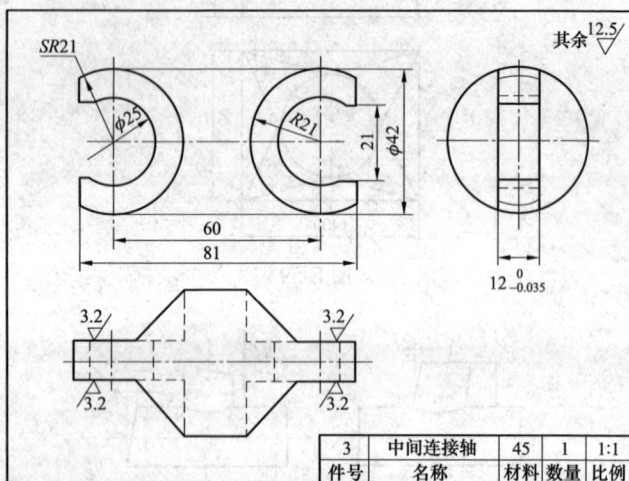

图 E-61

答：（1）3，中间连接轴，45 号钢，1。

（2）42mm，圆柱，81mm，球，21mm，60mm。

（3）$\phi42$，球心，$12_{-0.035}^{0}$，$\phi25$。

（4）直，4，45°。

（5）圆坑，圆柱。

Je4E4062 绘制一份内径相等、壁厚不同的大径厚壁管道双 V 形坡口对接图。

答：如图 E-62 所示。

Je4E4063 根据管路的两视图 E-63（a），补画第三视图。

答：如图 E-63（b）所示。

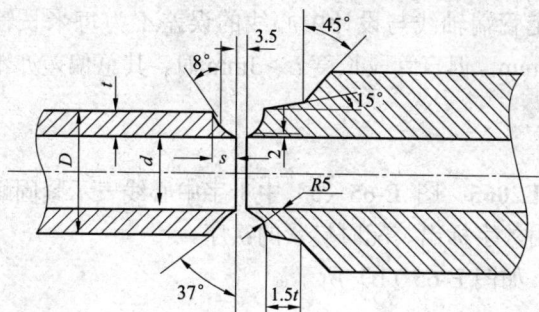

图 E-62

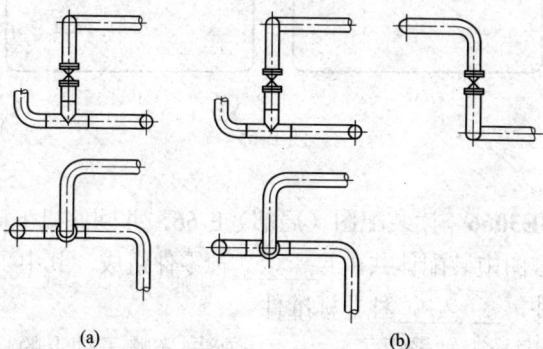

(a)　　　　(b)

图 E-63

Je3E2064　弯管管端轴线与设计中心线的误差 Δ' 是如何规定的？并画出示意图。

答：如图 E-64 所示。

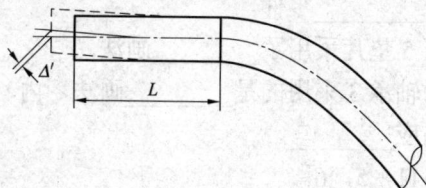

图 E-64

规定管端轴线与设计中心线的误差 Δ' 为每米长管段长度允许±5mm，但直管段长度 $L>3mm$ 时，其总偏差亦不得超过±15mm。

Je3E2065 图 E-65（a）中十字中心线表示紧固螺钉的位置，请用数字标出装配时旋紧的次序。

答：如图 E-65（b）所示。

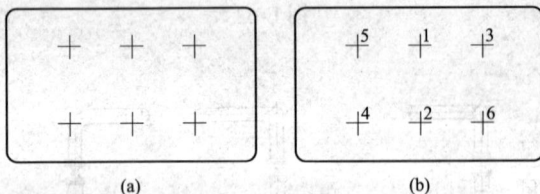

(a)　　　　　(b)

图 E-65

Le3E3066 读装配图（局部）E-66，并回答以下问题：

（1）图中装配体共由_____种零件组成，其中_____种标准件，_____种非标准件。

（2）序号 1 轴采用了_____画法，省略了轴上的_____和_____槽等工艺结构。

（3）轴、螺母、垫圈、键等零件按不剖画出，采用的是装配图的_____画法。

（4）序号 4 螺钉及螺钉连接采用的是_____画法，图中下方仅画出点画线表示_____的位置。图中采用此种形式画法的还有序号_____零件。

（5）序号 5 垫片采用了_____画法。

（6）滚动轴承 3 采用的是_____画法，内、外圈的剖面线方向和间隔应_____。

答：（1）11，5，6。

（2）简化，倒角，退刀。

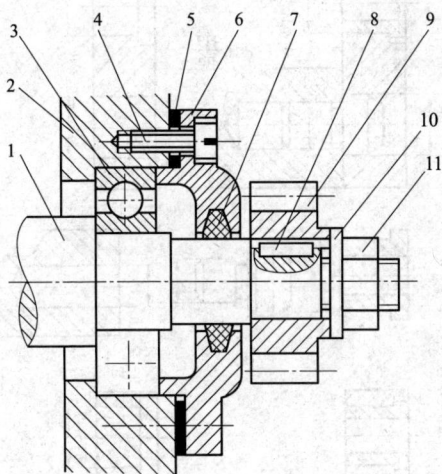

图 E-66

1—轴；2—机座；3—滚动轴承；4—螺钉；5—垫片；6—端盖；

7—毡圈；8—平键；9—齿轮；10—垫圈；11—螺母

（3）规定。

（4）简化，螺钉，3。

（5）夸大。

（6）规定，相同。

Je3E3067 读装配图 E-67（a）并回答以下问题：

（1）说明图中 $\phi16\dfrac{H7}{n6}$ 代表＿＿＿＿制＿＿＿＿配合；

$\phi15\dfrac{H7}{h6}$ 代表＿＿＿＿制＿＿＿＿配合。

（2）按规定在相应零件图上注上图中给定尺寸。

答：（1）基孔，过渡；基孔，间隙。

（2）相应零件图上给定尺寸如图 E-67（b）所示。

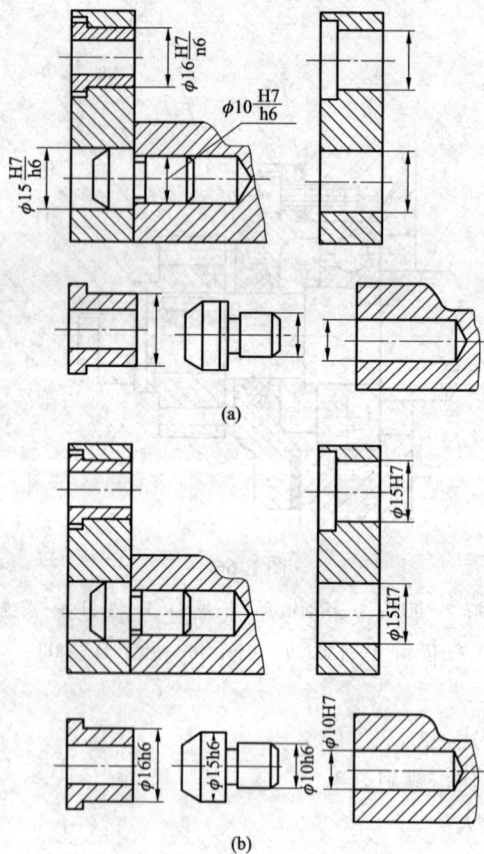

图 E-67

Je3E3068 分析零件图 E-68，并回答下列问题：

（1）从标题栏中能了解到哪些内容？

（2）图中采取了哪些图形表达零件形状？

（3）此图尺寸基准是什么？

答：（1）从标题栏中可知此零件的名称是偏心轴，是用 45 号钢制作的，制图比例为 1:2，图形是实物大小的一半，此零件只做一个。

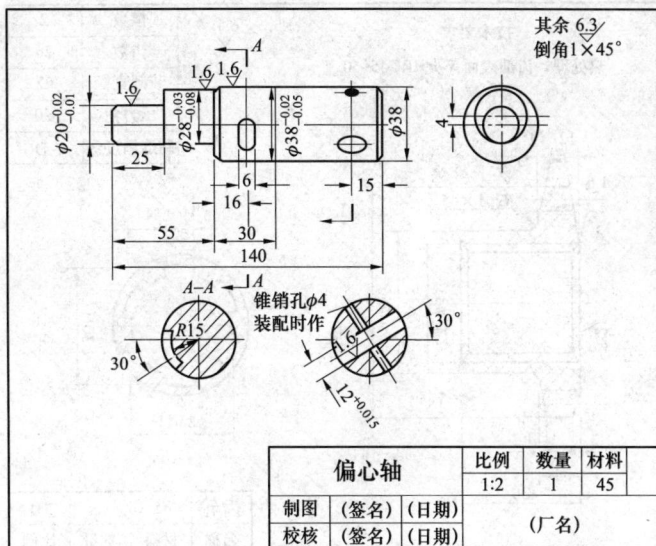

图 E-68

（2）图中采用主、左视图表示偏心轴的外形，采用两个断面图：A–A 和在剖切延长线上的断面图表示偏心轴上槽及销孔的形状。

（3）此图的尺寸基准是：在径向以轴心线为基准；在轴向以轴的两端面及 ϕ38 的左端面为基准。

Je3E3069 分析和识读齿轮零件图 E-69，并填写下列内容：

（1）齿轮的材料是_____，模数是_____，齿数是_____，压力角是_____，制造精度级_____。

（2）齿顶圆直径_____，节圆直径_____，齿顶高_____，齿根高_____。

（3）花键孔的大直径是_____，小直径是_____。

（4）轮齿的粗糙度是_____，齿顶圆表面的粗糙度是_____。

（5）齿部的技术要求是_____。

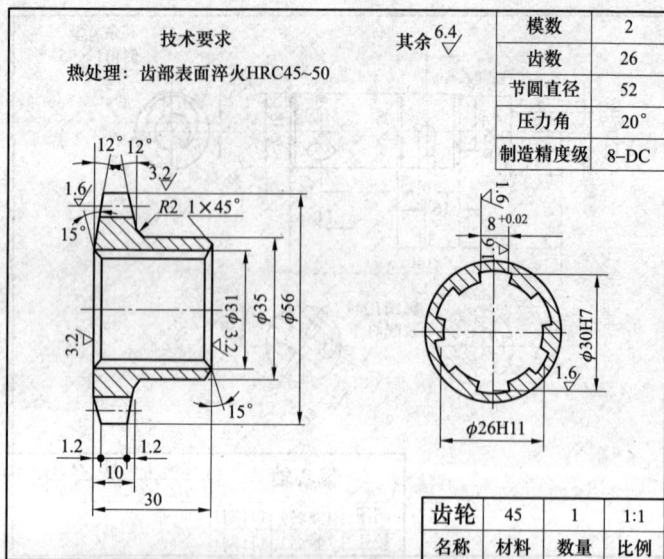

模数	2
齿数	26
节圆直径	52
压力角	20°
制造精度级	8–DC

齿轮	45	1	1:1
名称	材料	数量	比例

技术要求

热处理：齿部表面淬火HRC45~50

图 E-69

答：（1）45 号钢，2，26，20°，8-DC。

（2）$\phi56$，$\phi52$，2mm，2.5mm。

（3）$\phi30$H7，$\phi26$H11。

（4）$\frac{1.6}{\vee}$，$\frac{3.2}{\vee}$。

（5）表面淬火 HRC45-50。

Je3E4070　画出为减少疏水装置数量而采用的几种简化疏水系统图。

答：如图 E-70 所示。

Je3E4071　读等压器装配图 E-71 并回答下列问题：

（1）本部件共有＿＿＿＿种零件，其中标准件有＿＿＿＿种。

（2）本图共有＿＿＿＿个图形，主视图是＿＿＿＿图，俯视图只画出了一半，这是因为部件＿＿＿＿对称，它主要表达了＿＿＿＿的外形和＿＿＿＿的位置。件 7、件 9*A*–*A* 是

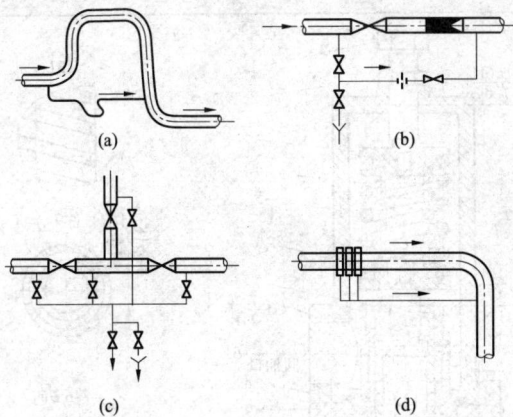

图 E-70

（a）高位至低位的疏水转注；（b）高压段至低压段的疏水转注；

（c）疏水集中处的疏水合并；（d）焊制波形补偿器底部的疏水合并

图，它主要表示了_____的分布。件 6*B* 向是_____视图，它表示了件_____上的回油口凸台的形状，并用局部剖视表示了螺栓孔。图中还有一处_____图，其比例为_____。

（3）$\phi 70H8/g7$ 表示件_____与件_____之间是基_____制的_____配合。$\phi 40H8/f7$ 和 $\phi 20H8/f7$ 表示件_____与件_____之间是基_____制的_____配合。

（4）$M20\times1.5$—$6H/6g$ 表示件_____与件_____之间采用_____连接。

（5）$G1\frac{1}{2}$ 中，G 表示_____，$1\frac{1}{2}$ 是它的_____。

（6）件 11（法兰）、件 9（套筒）和件 6（壳体）是以螺栓连接的，螺纹的规格是_____，螺栓的公称长度是_____。

（7）件 14 是_____垫圈，使用这种垫圈的目的是_____。

（8）当调节弹簧压紧力时，应先松开件_____，然后拧动_____进行调节，调节完毕后应_____。

（9）本部件的总体尺寸为_____。

（10）件 7（活塞）上部台肩上的小孔的作用是_____。

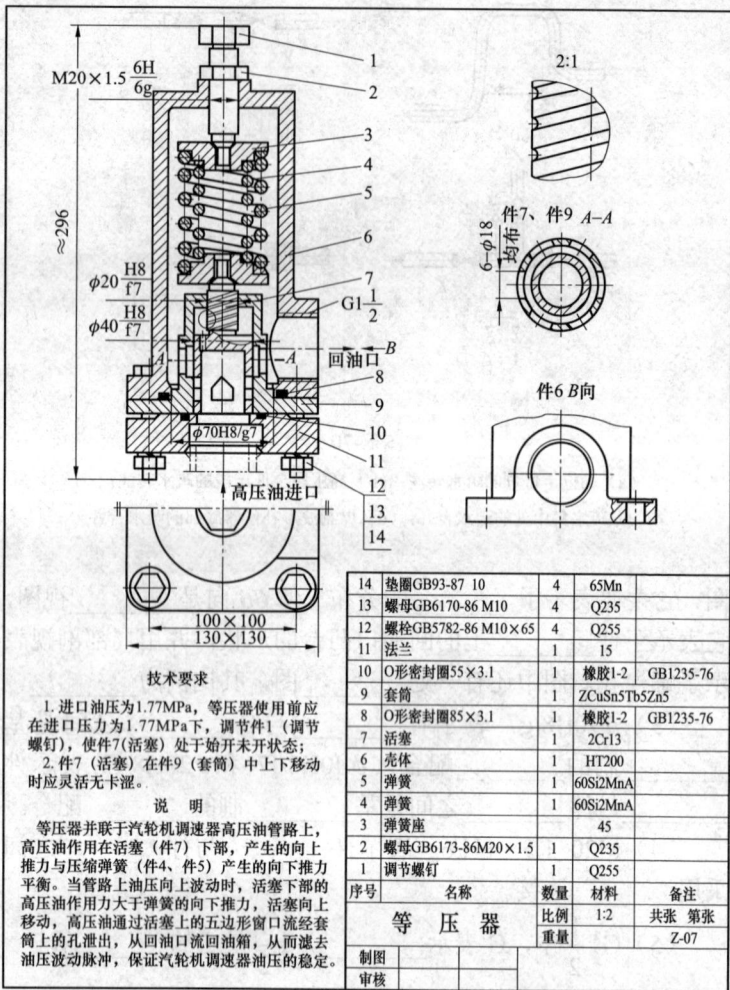

图 E-71

技术要求

1. 进口油压为1.77MPa，等压器使用前应在进口压力为1.77MPa下，调节件1（调节螺钉），使件7（活塞）处于始开未开状态；

2. 件7（活塞）在件9（套筒）中上下移动时应灵活无卡涩。

说　明

等压器并联于汽轮机调速器高压油管路上，高压油作用在活塞（件7）下部，产生的向上推力与压缩弹簧（件4、件5）产生的向下推力平衡。当管路上油压向上波动时，活塞下部的高压油作用力大于弹簧的向下推力，活塞向上移动，高压油通过活塞上的五边形窗口流经套筒上的孔泄出，从回油口流回油箱，从而滤去油压波动脉冲，保证汽轮机调速器油压的稳定。

14	垫圈GB93-87 10	4	65Mn	
13	螺母GB6170-86 M10	4	Q235	
12	螺栓GB5782-86 M10×65	4	Q255	
11	法兰	1	15	
10	O形密封圈55×3.1	1	橡胶1-2	GB1235-76
9	套筒	1	ZCuSn5Tb5Zn5	
8	O形密封圈85×3.1	1	橡胶1-2	GB1235-76
7	活塞	1	2Cr13	
6	壳体	1	HT200	
5	弹簧	1	60Si2MnA	
4	弹簧	1	60Si2MnA	
3	弹簧座	1	45	
2	螺母GB6173-86M20×1.5	1	Q235	
1	调节螺钉	1	Q255	
序号	名称	数量	材料	备注

等　压　器		比例	1:2	共张　第张
		重量		Z-07
制图				
审核				

答：（1）14，6。

（2）5，全剖视，前后，壳体，螺栓。断面图，套筒上孔。单个零件的局部，6。局部放大，2:1。

（3）9，6，孔，间隙。7，9，孔，间隙。

（4）1，6，螺纹。

（5）非螺纹密封的管螺纹，尺寸代号。

（6）M10，65。

（7）弹簧，防松。

（8）2，调节螺钉（件 1），拧紧螺母（件 2）。

（9）296、130。

（10）起微调等压。

Je3E4072　作三通支管的表面展开图，尺寸如图 E-72（a）所示。

答：如图 E-72（b）所示（支管 12 等分圆）。

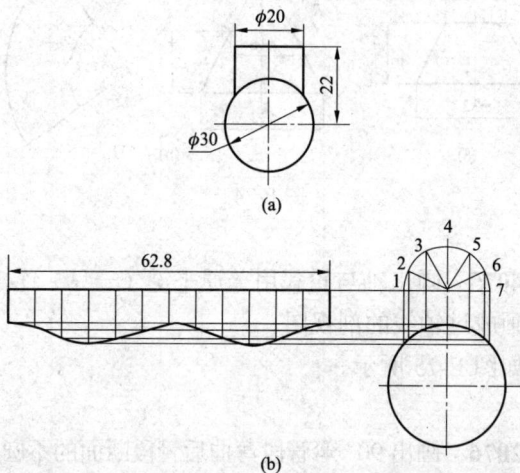

图 E-72

Je3E4073　画出气动蝶阀、液动蝶阀的图形符号。

答：如图 E-73（a）、图 E-73（b）所示。

Je3E4074　作如图 E-74（a）所示的正圆锥管接头的表面展开图。

答：（1）作两等腰线延长线交于一点，见图 E-74（b），则 $r=33$，$R=66$。

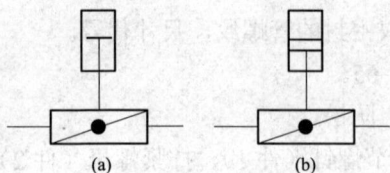

图 E-73

（a）气动蝶阀；（b）液动蝶阀

（2）求得展开后扇形角为 180°×16/33=87.3°。

（3）作扇形展开图，见图 74（b）。

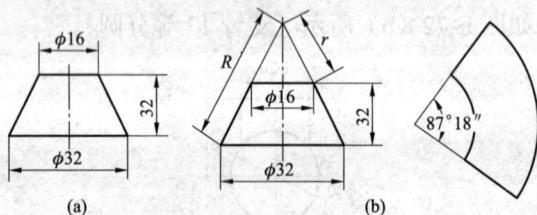

图 E-74

Je3E4075 画出轴与轮毂用普通平键（一只）连接的装配图，要求画成过轴线的剖视图。

答：如图 E-75 所示。

Je2E2076 画出 90°弯管段弯曲后管段断面的不圆度示意。

答：如图 E-76 所示。

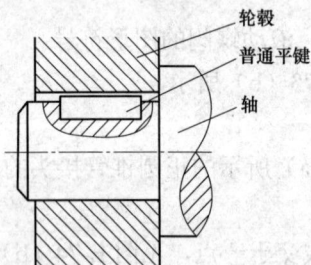

图 E-75

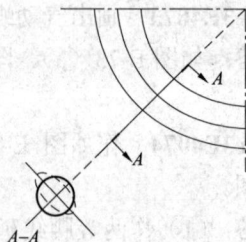

图 E-76

Je2E2077 画出高压加热器钢管堵漏堆焊图。

答：如图 E-77 所示。

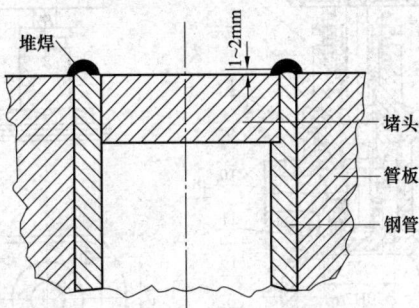

图 E-77

Je2E3078 读控制阀装配图（见图 E-78）并回答下列问题：

（1）该部件由_____种零件组成，其中标准件_____种。

（2）该部件共有_____个视图，主视图采用了_____，俯视图采用了_____画法。零件_____、零件_____是单个零件的局部视图。

（3）控制阀的工作原理是_____逆时针旋转时，_____上升，通过_____的锁紧作用将_____一起带动上升，流体即由阀体左边的入口流入，流过阀门与_____所形成的空隙上升至上部空腔，并从右边的出口流出。

（4）阀杆（件9）与阀盖（件7）是用_____连接的。阀门（件12）与阀杆（件9）是通过_____连接的。

（5）填料（件6）、压盖（件3）、螺栓（件4）和螺母（件5）组成_____装置，其作用_____。

（6）螺塞（件15）的作用是_____。

（7）φ70H7/r6_____。

（8）该部件的总体尺寸_____。

（9）M80×6-7H/6f 表示件_____与件_____之间的连接尺寸，其中 M80×6 表示_____，螺距是_____，7H 是件_____

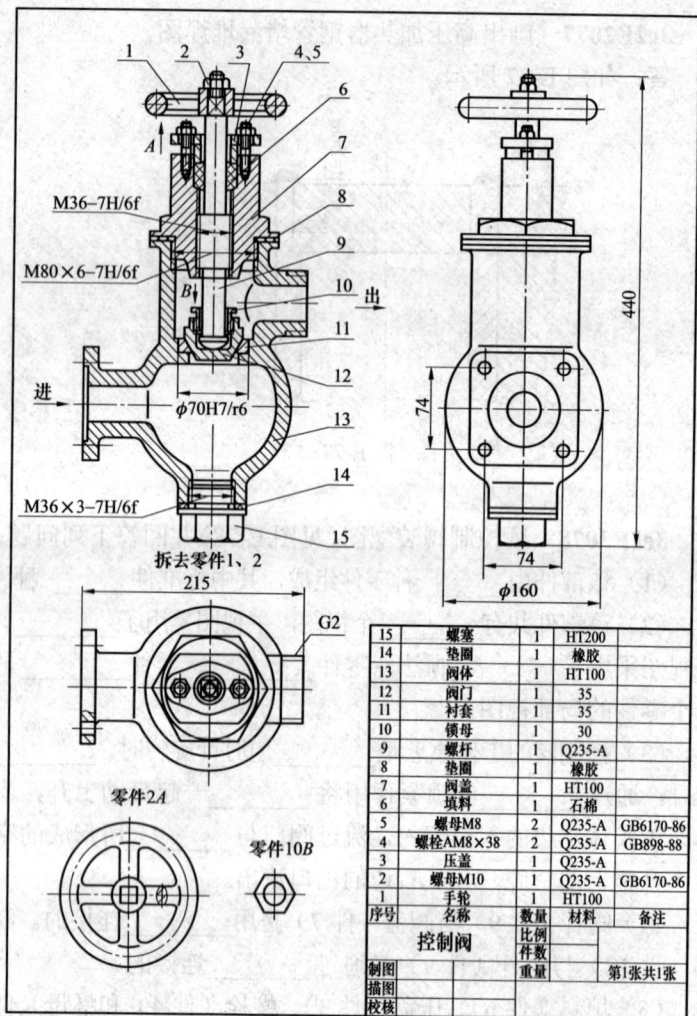

M36–7H/6f

M80×6–7H/6f

B

进

φ70H7/r6

M36×3–7H/6f

出

拆去零件1、2

215

G2

零件2A

零件10B

74

440

74

φ160

15	螺塞	1	HT200	
14	垫圈	1	橡胶	
13	阀体	1	HT100	
12	阀门	1	35	
11	衬套	1	35	
10	锁母	1	30	
9	螺杆	1	Q235-A	
8	垫圈	1	橡胶	
7	阀盖	1	HT100	
6	填料	1	石棉	
5	螺母M8	2	Q235-A	GB6170-86
4	螺栓AM8×38	2	Q235-A	GB898-88
3	压盖	1	Q235-A	
2	螺母M10	1	Q235-A	GB6170-86
1	手轮	1	HT100	
序号	名称	数量	材料	备注
控制阀		比例 件数		
制图		重量		第1张共1张
描图				
校核				

图 E-78

上的_____螺纹的_____、_____公差带代号，6f 是件_____上的_____螺纹的_____、_____公差代号。

答：（1）15，3。

（2）5，全剖视，拆卸。2A，10B。

(3) 当手轮 1，螺杆 9，锁母 10，阀门 12，衬套 11。

(4) 螺纹。锁母（件 10）。

(5) 密封，防止流体沿阀杆往外泄漏。

(6) 排污。

(7) 表示阀体（件 13）与衬套（件 11）之间是基孔制过盈配合。

(8) 215、ϕ160、440。

(9) 7，13，螺纹代号，6，13，内，中径，顶径，7，外，中径，顶径。

Je2E3079 图 E-79（a）为一齿轮的装配单元。其中尺寸 B_1 为 $80^{+0.10}_{0}$ mm，尺寸 B_2 为 $60^{0}_{-0.06}$ mm，尺寸 B_3 为 20mm。请画出该装配单元的尺寸链图。

答：如图 E-79（b）所示。

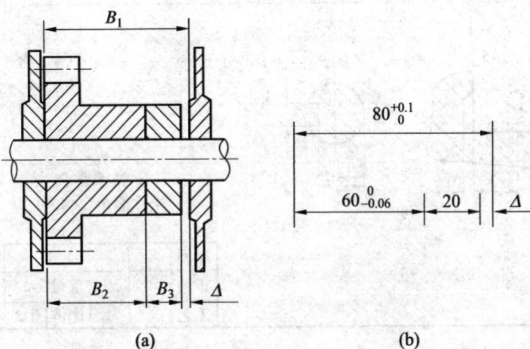

图 E-79

Je2E4080 读主轴零件图 E-80 并回答下列问题：

(1) 该零件共用了＿＿＿＿个图形表达，其中主视图采用了＿＿＿＿，$B–B$ 为＿＿＿＿，另外一个图形为＿＿＿＿。

(2) 轴上埋头孔的定形尺寸是＿＿＿＿，其定位尺寸是＿＿＿＿，其表面粗糙度要求是＿＿＿＿。

（3）轴上 $\phi40h6$（ $^{0}_{-0.016}$ ）的基本尺寸是_____，上偏差是_____，下偏差是_____，最大极限尺寸是_____，最小极限尺寸是_____，公差是_____。

（4）解释框格的 $\boxed{\perp\ |\ 0.025\ |\ A}$ 含义：其中"$\perp$"表示_____，0.025 表示_____，A 表示_____。

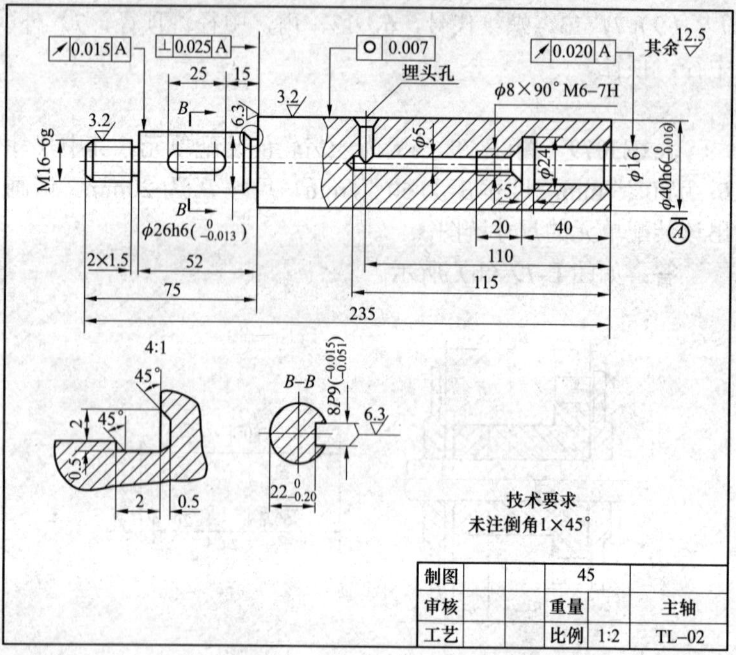

图 E-80

答：（1）3，局部剖视，移出断面，局部放大图。

（2）$\phi8\times90°$，110，$\overset{12.5}{\bigtriangledown}$。

（3）$\phi40$，0，-0.016，$\phi40$，$\phi39.984$，0.016。

（4）垂直度，公差值，基准是 $\phi40h6$ 的轴线。

Je2E3081 读装配图 E-81 并回答下列问题：

（1）该装配图共采用了_____个视图表达，其中一个是全剖的_____视图，另两个是_____视图。

（2）图中尺寸 $\phi14H8/x8$，表示序号 4 柱销与序号 6 弹性圈采用基_____制_____配合。

（3）序号 6 弹性圈的作用是允许联轴器所连接的_____间有一定的_____，缓冲高速旋转时产生的_____和_____。

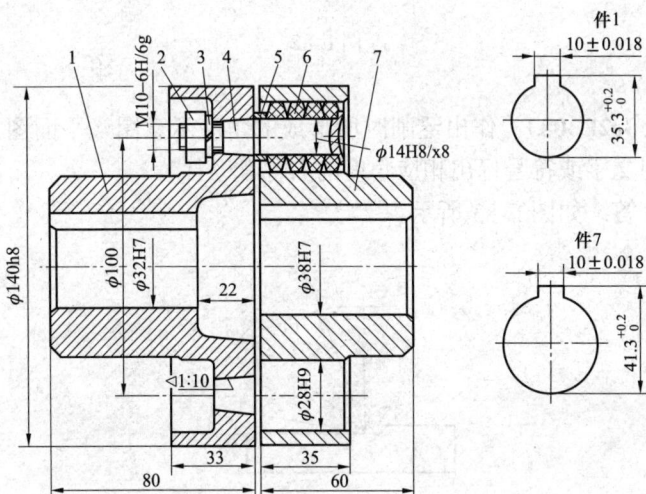

图 E-81

答：（1）3，主，局部。

（2）孔，过盈。

（3）两轴，偏斜，冲击，振动。

Je2E3082 已知多管路平面图 E-82（a），试作出 A–A 转折剖面图（用单线图表示）。

答：如图 E-82（b）所示。

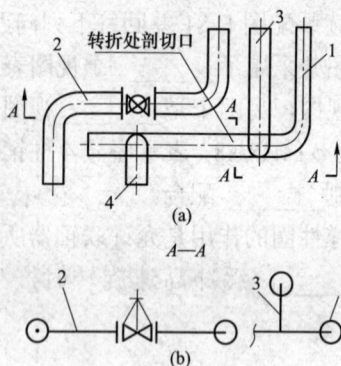

图 E-82

Je2E3083　作出錾削时所形成的角度示意图（平面图），并用文字或符号标出相应角度的名称。

　　答：如图 E-83 所示。

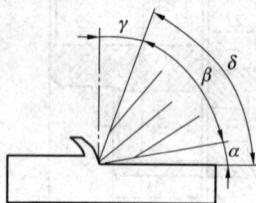

α—后角；β—楔角；γ—前角；δ—切削角

图 E-83

Je2E3084　如图 E-84（a）所示的螺纹装配件上，如何用串联钢丝方法防止回松？

　　答：如图 E-84（b）所示。

Je2E4085　请画出平面刮削中，粗刮刀、细刮刀、精刮刀的头部形状图，并标出相应的角度。

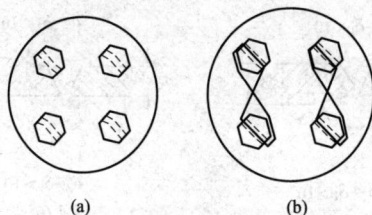

(a)　　　　　　(b)

图 E-84

答：如图 E-85 所示。

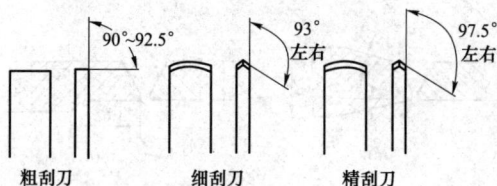

90°~92.5°　　　93°左右　　　97.5°左右

粗刮刀　　　　细刮刀　　　　精刮刀

图 E-85

Je2E5086　请画出不同壁厚的管子的对口形式示意图。
答：如图 E-86 所示。

Je1E4087　请绘制波纹膨胀节组件示意图，并用简要文字说明波纹膨胀节组件的适用范围和拉杆螺栓的功用。
答：如图 E-87 所示。

波纹膨胀节组件一般适用于工作压力不大于 0.6MPa、工作温度不大于 200℃的管道上。

拉杆螺栓的作用：① 波纹膨胀节出厂时内、外侧拉杆螺栓并紧，运输、安装过程保护波纹膨胀节不承受异常外力，保证波纹节不变形；② 安装焊接完成、温度降至常温后，松开内侧螺母 10mm，外侧螺母保持不动，保证通工质运行时管系膨胀产生的伸长量由波纹节吸收，但管系承受的拉伸外力由拉杆螺栓来承受，不传递到波纹节上使波纹节受损。

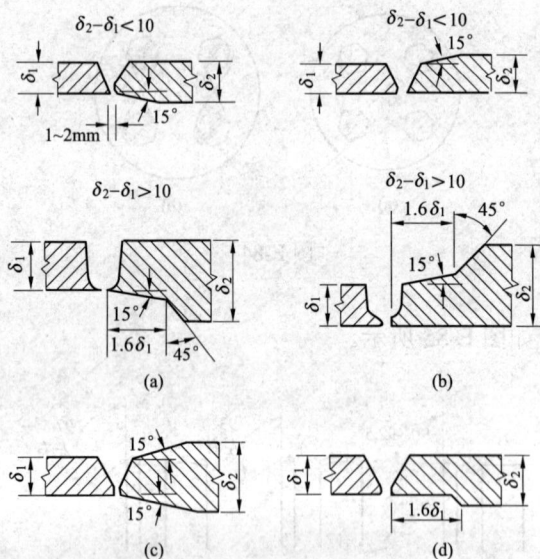

$\delta_2 - \delta_1 < 10$

$\delta_2 - \delta_1 < 10$

$\delta_2 - \delta_1 > 10$

$\delta_2 - \delta_1 > 10$

（a）

（b）

（c）

（d）

图 E-86

（a）内壁尺寸不相等，外壁齐平；（b）外壁尺寸不相等，内壁齐平；

（c）内、外壁尺寸均不相等；（d）内壁尺寸不相等，厚度差小于等于 5mm

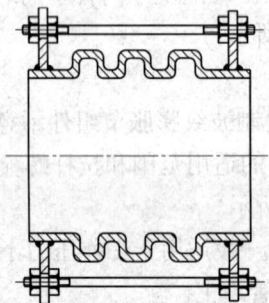

图 E-87

Je1E5088　画出直径为 D 的等径直角三通管的展开图。

答：如图 E-88 所示。

Je1E5089　绘制主蒸汽管道蠕变监督测点装置安装示意图，

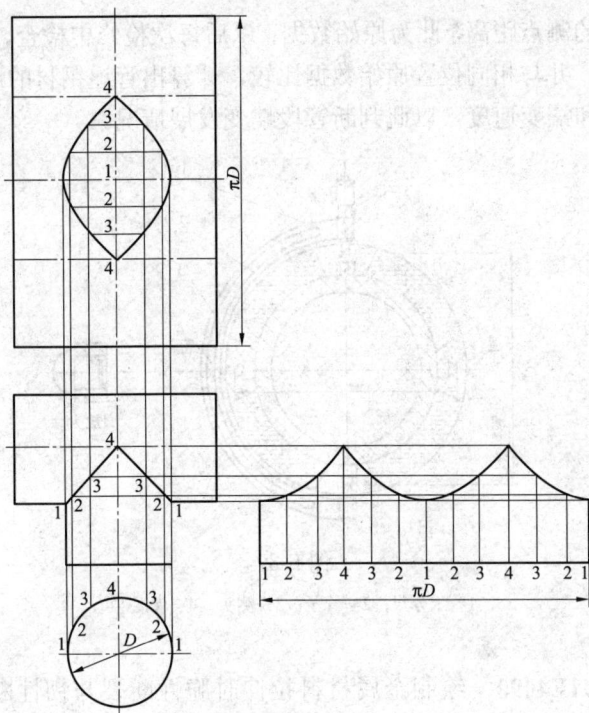

图 E-88

并文字说明主要安装步骤及监督测量方法。

答：如图 E-89 所示。主蒸汽管道蠕变监督测点主要安装步骤及监督测量方法如下：

（1）选取监督管段，直管段长度不少于 5m，管段上不得安装测量元件接管座，也不得安装支吊架及其他临时装置。

（2）准备不锈钢材质（一般为 1Cr18Ni9Ti）的蠕变测点装置，清理选取管段表面，并用规矩样板划出圆周线，在圆周线均布四点位置确定测点焊接位置并用角磨机打磨露出金属光泽。

（3）用不锈钢焊条焊接四只蠕变测点装置于主管段上，冷却至常温状态。

（4）用量程合适的外径千分尺测量并记录两只 180°对称

位置的测点距离，此为原始数据；以后每次检修中检查、测量、记录，并与相同位置原始数据比较，计算出管道钢材的蠕变变形量和蠕变速度，以此判断管段蠕变发展情况。

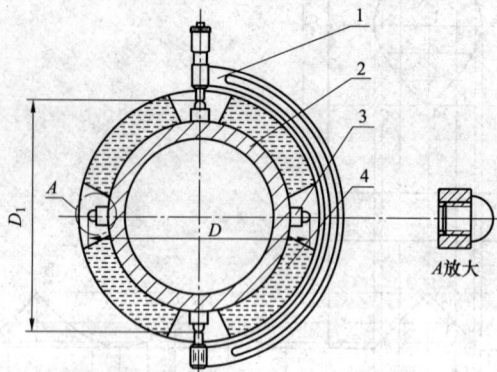

图 E-89

1—千分尺；2—管子；3—测头；4—保温层

Jf1E4090 绘制金属材料拉伸时脆性断裂与韧性断裂时的截面形貌图。

答：如图 E-90 所示。

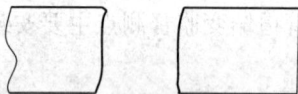

特征:断裂前没有明显的塑形变形，断口形貌是光亮的结晶状。

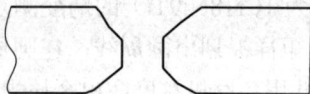

(a) 脆性断裂

特征:断裂前有塑形变形，断口形貌是暗灰色纤维状。

(b) 韧性断裂

图 E-90

4.1.6　论述题

La5F3001　发电厂内部汽水损失的原因是什么？

答：发电厂内部汽水损失的主要原因是：

（1）主机和辅机的自用蒸汽消耗；

（2）热力设备、管道及附件连接不严密造成的汽水泄漏；

（3）热力设备在检修和停运时的放水、放汽；

（4）经常性和暂时性的汽水损失；

（5）热力设备启动时的用汽和排汽。

La4F2002　选用量具的原则是什么？

答：选用量具的原则是：

（1）按被测零件的尺寸大小来选择相适应的量具；

（2）根据被测量零件尺寸的公差来选择量具；

（3）根据被测量零件的表面质量来选择量具；

（4）根据生产性质来选择量具。

La3F3003　试述凝汽器的作用及对凝汽器的要求。

答：凝汽器在火电厂可起到以下三个作用：

（1）冷却汽轮机的排汽，使之凝结为水后重新送入锅炉使用；

（2）在汽轮机的排汽口建立并维持高度的真空，使蒸汽所含的热量尽可能多地转变为机械能，以提高汽轮机的效率；

（3）在正常运行中，凝汽器还可以起到一级真空除氧器的作用，从而提高水的质量，防止设备腐蚀。

对凝汽器的要求是：

（1）有较高的传热系数和合理的管束布置；

（2）凝汽器本体及真空系统要有高度的严密性；

（3）汽阻及凝结水过冷度要小；

（4）水阻要小；

（5）凝结水的含氧量要小；

（6）便于清洗冷却水管；

（7）便于安装和运输。

La2F3004　螺纹连接为什么要防松？

答：连接用的螺纹标准体都能满足自锁的条件，在静载荷的作用下，连接一般不会自行松脱。但是，在冲击、震动或变载荷作用下或当温度变化很大时，螺纹副中的自锁性能就会瞬时减小或消失。这种现象多次重复出现，将使连接逐渐松脱，甚至会造成重大事故。因此，必须考虑螺纹连接的防松。

Lb5F3005　为什么有的管道上安装串联疏水门？怎样操作？

答：蒸汽压力在 1.96MPa 以上的管道上应装有疏水串联门。放疏水时第一只先开足，第二只调节；关闭时第二只先关，第一只再关，以保证阀门关闭后不会漏气。对蒸汽压力在 1.96MPa 以下而需要经常调节并有漏气情况的管路也应考虑装串联门。

Lb5F3006　主抽气器采用多级的原因是什么？

答：（1）将抽出的气、汽混合物从凝汽器压力压缩到高于大气压的排出压力分为多次，使每次的压缩量减小，可以提高扩压管的效率；

（2）在两级抽气器之间设置冷却器，使汽、气混合物的温度降低，其中大部分的蒸汽可以凝结，因此能减少下一级抽气器的负担；

（3）减少最后随空气带走的蒸汽量，使蒸汽损失减少，同时减少对汽轮机车间的污染。

Lb5F4007　叙述油压千斤顶的特点和工作原理。

答：油压千斤顶具有起重力大、操作省力、上升平稳、安全可靠等优点，但其上升速度较慢，一般不能在水平方向操作使用，它的起重质量为 5～320t，最大可达 500t，起重高度为 100～200mm。油压千斤顶有手动和机动两种，工作原理相同。

手动油压千斤顶的工作原理：操作时，将回油门关闭，摇把提起，油泵中活塞上升使油门打开，油室中的油压将油门关闭，这时储油腔中的油通过油门进入油泵。当摇柄向下压时，油活塞向下移动，使油泵中的油产生压力，将油门关闭；当油压不断增大至大于油室的油压时，推开油门使油进入油室，推动活塞上升，将重物顶起；要使顶物活塞下移时只要打开回油阀，使油室中的油回到储油腔内，活塞由重物压着下降。

Lb5F4008　如何减小管道的压力损失？

答：减小管道压力损失的方法有：

（1）选用合理的工质流速；

（2）尽可能减少管道中的连接件和附件，尽可能减少管道中局部阻力损失，减少不必要的阀门、弯头、三通、大小头、节流孔板等管道附件；

（3）选择绝对粗糙度较小的管材；

（4）应尽可能缩短管道总长度；

（5）选用局部阻力损失系数较小的附件。

Lb5F5009　为什么要安装排污扩容器？

答：排污扩容器分为定期排污扩容器和连续排污扩容器。连续排污扩容器是利用锅炉连续排污水排至扩容器（分为Ⅰ、Ⅱ级扩容器），排污水进入扩容器后因压力降低、容积扩大而汽化，将汽化的蒸汽分离回收；在Ⅰ级扩容器中留下的排污水再流入下级扩容器中进一步降低压力、扩容后再收回一部分蒸汽；余下的压力较低的排污水再进入排污冷却器用以加热化学补充水；最后将已浓缩、水质差的部分排入地沟不再利用。一般地，如果 I 级排污水由压力 9.8MPa 扩容至 0.59MPa，可回收的蒸汽量约占排污水量的 35.07%，为了能回收蒸汽和热量，扩容器应保持有水位运行。

Lb4F3010 高、低压加热器为什么要装空气管？

答：因为高、低压加热器蒸汽侧聚集着空气并在管束表面形成空气膜，严重地阻碍了传热效果，从而降低了热经济性，因此必须安装空气管路以抽走这部分空气。高压加热器空气管接到除氧器或冷凝器上以回收部分热量。低压加热器空气管通往凝汽器，利用凝汽器的真空，将低压加热器内积存的空气吸入凝汽器，最后经抽气器抽出。

Lb4F3011 回热加热器的级数越多，其经济性就越高吗？

答：虽然采用回热加热运行方式，对提高汽轮机和电厂经济性有相当的作用，但并不是回热加热的级数越多，经济性就越高，而是回热级数越多，经济性提高的幅度越小。相反，采用了与机组功率、效率不匹配的加热器级数，不仅要增加不必要的设备费用投入，而且使热力系统过于复杂。因此，在选择回热加热器级数时，应考虑每增加一个加热器就要增加一些设备费用，所增加费用应当能从节约燃料的收益中得到补偿。同时还要避免发电厂的热力系统过于复杂，以保证运行的可靠性。

Lb4F3012 简述液压扳手及液压泵的保养维修。

答：液压扳手及液压泵的保养维修主要有：

（1）所有的运动部件都应定期涂上优质的润滑剂，并经常清洗。

（2）油管每次工作后应检查是否存在断裂和泄漏的情况，接头应保持清洁，不允许在地面拖拉。

（3）发现油缸密封泄漏，应及时更换部件。

（4）液压油应定期更换，每年至少更换两次，并始终保证油箱满油。压力表应定期检验，确保准确。

（5）电器设备应定期检验。

（6）工作时，若油箱温升过高，应停机待其冷却后再进行工作。

Lb4F3013 大型电厂的热力系统中为何使用高压除氧器？

答： 使用高压除氧器的原因为：

（1）高压除氧器能起到一台混合式加热器的作用，减少热力系统中高压加热器的台数；

（2）高压加热器全停时，用高压除氧器出水做锅炉给水，温度虽然低些但锅炉还能承受；

（3）因有大量热疏水排入高压除氧器，只有采用较高压力的高压除氧器才能避免除氧器内产生自沸腾现象，保证除氧效果；

（4）高压除氧器除氧效果较低压除氧器好，因为压力越高，气体的溶解度越低。

Lb4F4014 为何高温高压紧固件安装不当或工艺方法不对，容易造成螺栓断裂？

答： 紧固螺栓时采用过大的初紧力、热紧时加热方式不当、拆装螺栓时用大锤锤击、螺栓安装偏斜等，都容易发生螺栓断裂。电厂在实际安装时为保证密封，往往给予过高的扭紧力，这样对紧固件钢的屈服极限要求提高，同时容易使紧固件用钢产生蠕变脆性。加热不当，如用火焰加热，容易造成过热；加热过快或不均匀，会增大热应力。CrMoV 钢在 150～390℃时冲击韧性值最高，因此紧固件装拆时加热到该温度较为有利。装拆螺栓用大锤锤击容易使螺栓的某些部位造成损坏和过大的应力集中而产生裂纹。螺栓安装偏斜会使螺栓承受不均匀的附加轴向应力，从而导致螺栓过早断裂。

Lb3F3015　用超声波探伤检查焊缝的质量有何优点？

答：超声波探伤是利用高频声波可穿透金属的原理进行的。根据遇到焊接缺陷反射的波束在超声波仪的荧光屏上显示的脉冲波形来判断缺陷的位置、尺寸和性质。因此，超声波探伤对焊缝敏感，效率高，不损伤人身健康，与 X 射线配合使用能正确地发现缺陷位置、尺寸及性质。

Lb3F3016　试述水平仪的维护和使用注意事项。

答：水平仪的维护和使用注意事项主要包括：

（1）水平仪是精密仪器，应专人负责保管；使用时注意轻拿轻放，切忌碰撞，以免影响精确度；

（2）使用处的温度与保存处的温度不同时，需使水平仪温度与环境温度一致后方可使用；

（3）严格要求温度恒定在（20±2）℃的范围内，如一般现场做不到，需将室温记录下来以供参考；

（4）必须定期对水平仪进行校验；

（5）被测量件的温度与室温不一致时，禁止进行测量；

（6）水平仪使用完毕，必须妥善保管；

（7）精密的水平仪禁止借给不会使用的人使用。

Lb3F4017　高压加热器长期不能投入运行，对机组运行有什么影响？

答：采用汽轮机的抽汽来加热凝结水和给水后，这部分蒸汽不再排入凝汽器中，因而减少了在凝汽器的冷源损失，提高了给水温度，单位蒸汽在锅炉中的吸热量降低了，提高了电厂的热经济性。虽然有些机组制造厂家规定在加热器不投入运行的情况下可长期运行，但这样一来不仅会降低机组运行的经济性，甚至还会影响机组的正常出力，无形中增加了凝汽器的排汽量，并且还会使汽轮机推力瓦温度增高，通流部分产生不必要的过负荷，对于机组本身安全不利。因此，加热器的投入率也是衡量机组设备健康完好的重要标志。

Lb3F5018 叙述对 PL300/35-GY963 型高压旁路蒸汽变换阀卡涩（阀杆不能上下移动）的分析及处理。

答： 高压旁路蒸汽变换阀卡涩（阀杆不能上下移动）的可能原因及处理方法如下：

（1）阀杆与阀杆螺母严重咬合及推力球轴承损坏。修理阀杆与阀杆螺母的梯形螺纹，更换推力球轴承。

（2）阀盖与笼式阀瓣严重咬合。解体阀门，清理阀盖与笼式阀瓣接合面的氧化层，如拉毛严重，应采用机械加工修理。

（3）阀杆与填料盖或导向套咬合。修理拉毛的阀杆、填料盖及导向套表面，测量阀杆弯曲情况，如有可能，对阀杆表面进行完整加工，严重变形时，应考虑更换。调整填料盖四周间隙。

（4）阀座与笼式阀瓣严重咬合。此时应解体阀门，修理阀座与阀瓣密封面及结合面，磨损严重时，可采用机械加工，密封面加工后再研磨，再用适当的溶剂清洗阀座和阀瓣。必要时将焊接阀座取出更换，同时调换阀瓣。

Lb2F3019 叙述固定支吊架的安装要点。

答： 支吊架通常固定在梁、柱或混凝土结构的预埋构件上，必须保证支承件牢固。固定支架的承力最大，它不但承受管道和管内介质的重量，而且还承受管道温度变化时产生的推力或拉力。安装中要保证托架、管箍与管壁紧密接触，并把管子卡紧，使管子不能转动、窜动，从而起到管道膨胀死点的作用。

Lb2F3020 空气漏入对凝汽器工作有什么影响？

答： 空气漏入对凝汽器工作的主要影响为：

（1）空气漏入凝汽器后，使凝汽器压力升高，引起汽轮机排汽压力和排汽温度升高，从而降低了汽轮机设备运行的经济性并威胁汽轮机及凝汽器的安全。

（2）空气是热的不良导体，凝汽器内漏入空气后，将使蒸汽与冷却水的传热系数降低，导致排汽与冷却水出口温度差增大，使凝汽器真空下降。

（3）空气漏入凝汽器后，凝汽器内空气的分压力增大，带来两方面的影响：一方面，因为液体中溶解的气体与液面上该气体分压力成正比，造成凝结水的含氧量增加，不利于设备的安全运行；另一方面，蒸汽是在蒸汽分压力下凝结的，空气分压力增大必然使蒸汽的分压力相对降低，导致凝结水的过冷度加大。

Lb2F4021　什么是除氧器的滑压运行，其优点是什么？会带来什么问题？

答：除氧器的滑压运行是指除氧器的压力不是恒定的，而是随着机组负荷与抽气压力而改变的。采用滑压运行，对提高热力系统的经济性、降低热耗、简化系统、节省投资等方面都具有一定的好处。因此，中间再热机组除氧器已广泛采用了滑压运行。

除氧器滑压运行的优点是：

（1）可以避免除氧器抽气的节流损失；

（2）可以使除氧器抽气得到合理分配，提高机组的热经济性。

除氧器的滑压运行带来的问题是：

（1）汽轮机负荷变化（主要是机组负荷突然增加）时，除氧器会发生"返氧"现象，影响除氧效果；

（2）汽轮机负荷变化（主要是机组负荷突然减小）时，给水泵进口水容易汽化，使给水泵汽蚀。

Lb2F5022　引起凝汽器铜管泄漏的原因有哪些？

答：引起凝汽器真空逐渐下降的原因有：

（1）凝汽器冷却管束表面脏污，传热效果变坏；

（2）冷却水量减少或冷却水进口温度升高及凝汽器水位升高；

（3）真空系统的设备管路及其附件有漏气的地方，使空气漏入；

（4）汽轮机的低压端轴封间隙过大或轴封供汽不良；

（5）抽气器的工作失常。

Lb1F3023　哪些情况会引起加热器运行不正常？

答：引起加热器运行不正常的情况有：

（1）加热器受热面结垢，使传热恶化或严重时加热器管子被堵塞；

（2）加热器中聚集空气会严重地影响传热，而且还会造成加热器管子的腐蚀；

（3）加热器的疏水装置工作不正常；

（4）加热器的旁路门漏或未关严，致使被加热的主凝结水或给水不能全部经过加热器而从旁路流过，回热系统的效果降低；

（5）对于高压加热器的运行，还要密切监视加热器管子是否漏水和加热器保护装置是否能正确动作。

Lb1F3024　通常装设哪些保护设施来保证除氧器的正常工作？

答：保证除氧器正常工作的保护设施有：

（1）并列运行的除氧器，其汽侧应装设汽平衡管，水侧装设水平衡管，使并列运行的各除氧器的压力、水位稳定一致。

（2）除氧器的进汽管必须装有压力调整装置，以保持压力稳定。

（3）除氧水箱应装设水位调整器，保证水位在正常范围内。

（4）除氧器本体或除氧水箱应装设通过最大加热蒸汽量的全启式安全阀，当除氧器压力超限，安全阀自动动作，向大气排汽。

（5）除氧水箱应装设放水门，以便在发生事故或停机检修时，可放掉水箱中的水；除氧水箱还应设溢水管，当水位升高时，排出部分水以保持水位不超过允许高度。

Lb1F4025　造成加热器疏水闪蒸现象的原因和易发生的部位有哪些？

答：疏水闪蒸现象是指局部疏水温度比相对应压力下的饱和温度高时发生的剧烈汽化现象。造成的原因和易发生的部位有：

（1）由于疏水流速大（如疏水量突然增大），经过疏水冷却器或疏水管道时，其压力下降较大，即相应的饱和温度大幅下降，使得疏水温度高于饱和温度而出现闪蒸。

（2）疏水流速虽正常，但在疏水冷却器入口处，由于设计不合理，局部压力（例如疏水进入传热管束处、传热管通过的窗状通道处等）损失过大，致使疏水温度高于相应压力下的饱和温度。

（3）加热器水位控制不好，水位过低，蒸汽进入疏水冷却段或疏水冷却器，一方面，使流动压损增大；另一方面，进入疏水冷却器的蒸汽使疏水的冷却效果降低，使疏水进一步汽化。

（4）疏水冷却段或疏水冷却器管子本身传热效率低或特殊原因（如包壳泄漏、金属壁导热等），使疏水温度升高。

（5）疏水管道中，弯头、三通、阀门等元件会造成一定的压降，垂直上升的管段也会造成其中流体压力的下降。因此在疏水过冷度不足的情况下，很容易在阀门、弯头或垂直管段后出现疏水闪蒸。

Lb1F5026　引起除氧器发生振动的原因有哪些？

答：易引起除氧器发生振动的原因有：

（1）由于除氧器暖管不当造成热胀不均，而产生振动；

（2）投入除氧器时，由于汽水负荷分配不均或操作太快而振动；

（3）进入除氧器各管路中的疏水未放尽或存汽等带入除氧器内产生振动；

（4）并列除氧器时，汽压、水位、水温不符合要求，各自产生压差而振动；

（5）运行中由于内部机件脱落（如淋水盘、筛盘隔板等）造成冲击而振动；

（6）运行中突然进入大量冷水，使冷水不均产生冲击而振动；

（7）运行中除氧器满水造成进水困难，内部应力不均匀而振动；

（8）运行中汽压突然升高，造成进水管进水困难或进汽管进汽困难，引起内部应力不均而振动；

（9）装有再沸腾水管的除氧器，在快速加热除氧器时会引起振动。

Lc5F3027　汽轮机找中心的目的是什么？

答：汽轮机找中心的目的是：

（1）使汽轮机的转动部件与静止部件在运行中，其中心偏差不超过规定的数值，以保证转动与静止部件在轴向不发生触碰。

（2）使汽轮发电机组各转子的中心线能连接成为一根连续的曲线，以保证各转子通过联轴器连接成为一根连续的轴，从而在转动时，对轴承不致产生周期性交变作用力，避免发生振动。

Lc4F3028　汽缸大盖吊开后，紧接着应做好哪些安全防护工作？

答：汽缸大盖吊开后，为防止拆吊隔板套、轴封套时将工具、螺母及其他异物掉进抽气口、疏水孔等孔洞中，必须首先用石棉布包等堵好缸内的孔洞。在将全部隔板套、轴封套及转子吊出时，还要用胶布将喷嘴组封好。若在一个班内完不成这些工作时，应当用毡布将汽缸全部盖好，并派专人看守。

253

Lc3F4029 在容器、槽箱中检修，应注意哪些事项？

答：凡在容器、槽箱内进行工作的人员，应根据具体工作性质，事先学习必须注意的事项（如使用电气工具，气体中毒、窒息急救法等）。工作人员不得少于 2 人，其中 1 人在外面监护。在可能发生有害气体的情况下，工作人员不得少于 3 人，其中 2 人在外面监护。监护人应站在能看到或听到容器内工作人员工作的地方，以便随时进行监护。监护人不准同时担任其他工作。

Lc2F5030 在有害气体的容器或槽箱内工作的安全措施有哪些？

答：在容器或槽箱内存在着有害气体或有可能产生有害气体处，必须先进行通风，把有害气体或可能发生有害气体的物质清除后，工作人员才可进入工作，并应轮换作业和休息。在容器内衬胶、涂漆、刷环氧玻璃时，应打开人孔门及管道阀门，并强力通风。工作场所应备有灭火器和干砂等消防工具，严禁明火。对此项工作有过敏的人员不准参加。

Lc1F3031 对汽轮机组状态的检测有哪些内容？

答：对汽轮机组的状态监测和故障诊断内容，大致可分为机械类和热参数类两大类。

机械类主要有转子不平衡、转子弯曲、转子涡动、转子摩擦、轴承不稳定、转子不均匀、短路电流转矩、热膨胀、叶片断裂、进冷汽冷水、阀门门杆卡涩、热疲劳裂纹、阀门开度等。

热参数类主要有压力、温度、温差、压差、温度变化率、压力变化率、转速、流量、流速等。

Lc1F4032 机械密封结构选择时，应注意哪些问题？

答：机械密封结构选择时应注意：

（1）工作压力。一般地，工作压力高于 3MPa 时，采用双端面平衡型结构密封；超过 15MPa 时，可采用多级密封；在 0.7MPa 以下，可采用非平衡密封；对于黏度低、润滑性差的场合，在 0.2～0.3MPa 压力下采用平衡型密封。

（2）周速。周速高于 25m/s 时，宜采用静止式机械密封。

（3）温度。介质温度在 80℃以下，一般机械密封都能适应。温度高于 150℃的，常采用焊接金属波纹管结构，低于–20℃的密封为普通低温密封，低于–50℃的密封为深冷密封。

（4）轴径。轴径大于 120mm 的密封为大轴径密封，轴径小于 25mm 的为小轴径密封。

（5）介质性质。对于腐蚀性较弱的介质可选用内装式密封，对于腐蚀性较强的介质可选用外装式密封。对于易燃、易爆和有毒产品应选用双端面或多级密封。

Jd5F4033　按划线钻孔时，一开始孔中心发生偏移如何修正？

答：钻孔时要使钻头尖对准钻孔中心的样冲眼，先试钻一浅坑，观察该坑（直径越小越好）与所需要的孔的圆周的同轴度，如果同轴度好，可继续钻，如果同轴度不好，可以移动工件或移动钻床的主轴予以纠正。若偏离过多，可以用样冲或油槽錾，在因偏离中心而未钻去的部位上，錾几道槽，以减小该部分的切削阻力，从而在切削过程中使钻头产生偏离，达到纠正的目的。

Jd4F3034　叙述游标卡尺的使用方法。

答：（1）检查主尺与游标刻度线零位线是否对齐，如对齐，则说明游标卡尺的精度达到要求；否则，卡尺有误差，应修理或报废，或者只能测量精度要求差的工件。

（2）测量小工件时，一般左手拿工件，右手拿尺体，大拇指动副尺的下右位置；测量固定的大工件时，左手拿住固定卡脚上的上部，右手拨动副尺进行测量。测量的卡尺的位置必须与工件垂直，不允许歪斜，固定卡脚先贴靠在工件表面，右手推动游标，使活动卡脚也靠紧工件，将游标的紧定螺钉拧紧，然后把游标卡尺取下来认读测量值。

Jd3F3035 在没有螺纹规时，如何测定螺距？

答：可直接用钢板尺测量，也可用拓印法测定螺距。方法是将螺纹在纸上拓印出螺距。一般采用 5～10 个的螺距长 L，算出平均螺距（$P = L/n$），再查阅标准螺距，采用与实测最近的标准螺距为所测螺距。

Jd3F5036 什么叫互换性？为什么要求零件尺寸有互换性？

答：同一规格产品，不经选择和修配就可以互换的性能，叫互换性。互换性对简化产品设计，缩短生产周期，提高生产效率，降低生产成本，方便使用、维修等都有很重要的意义。

Jd2F4037 如何矫正薄板材变形？

答：薄板材变形主要有两种情况：一种是中间凸起；另一种是四周扭曲。对中间凸起，不宜采用见凸就打的方法，而是应以凸面为准，击打凸起的四周，使变形部分逐渐向外转移、延展，从而使中间凸起变形得到矫正。四周扭曲，则是板材内部纤维长短不一或"松"、"紧"不同而造成的，对松的部分要收，对紧的部分要放，即用锤敲打"紧"部位或收"松"的部位。收或放时锤子一定要敲均匀，且紧的部位要稠密，松的部位也可用收边机收。矫平时，一定要找出板材变形的松紧部位，否则愈敲变形愈大。

Jd2F50038 装配工艺过程有哪几个阶段？

答：装配工艺过程有以下三个阶段：

（1）装配前的准备阶段：① 熟悉产品装配图、工艺文件和技术要求，了解产品结构、零件作用及相互连接关系；② 确定装配方法、顺序和准备工具；③ 清理零件，打毛、除锈污；④ 对有些零件进行刮研，对特殊要求的零件做平衡、密封性试验等。

（2）装配阶段。分部件装配和总装配。

（3）调整、检验和试车阶段：① 调整零件和机构之间的相互位置、配合间隙，使机器工作协调；② 检验几何精度和工作精度；③ 试车检验机器操作的灵活性、准确性、振动、噪声、温升等性能，直至全部符合要求。

Je5F3039　阀门检修应注意哪些事项？

答：阀门检修应注意：

（1）阀门检修当天不能完成时，应采取防止杂物掉入的安全措施；

（2）更换阀门时，主管道焊接前要把阀门开启 2～3 圈，以防止阀头因温度过高而胀死、卡住或把阀杆顶弯；

（3）阀门在研磨过程中，要经常检查密封面是否被磨偏，以便随时纠正或调整研磨角度；

（4）用专用卡子进行阀门水压试验时，试验人员应防止卡子脱落伤人，要躲开卡子飞出的方向；

（5）在阀门组装前对合金钢螺栓要逐个进行光谱和硬度检查，以防错用材质；

（6）更换新合金钢阀门时，对新阀门各部件均应打光谱鉴定，防止发生错用材质，造成运行事故。

Je5F3040　主蒸汽管道的检修内容有哪些？

答：主蒸汽管道的检修内容有：

（1）对主蒸汽管道进行蠕胀测量。高温高压蒸汽管道长期在高温高压条件下工作，管壁金属会产生由弹性变形缓慢转变成塑性变形的蠕胀现象，因此每次主设备大修时都要对主蒸汽管道的蠕胀测点进行测量，以便与原始段对照比较，监督蠕胀变化情况。

（2）运行一定时间后，对主蒸汽管道需进行光谱复核，进行不圆度测量、壁厚测量、焊口有无损伤检查以及金相检查等。对于运行超过 10 万 h 的管道，应按金属监督规程要求做材质鉴定试验。

（3）主蒸汽管道的金相试验是对主蒸汽管道进行覆膜金相组织检查，也是监视主蒸汽管道金相变化的有效办法。

（4）支吊架检查，主要包括：① 检查支吊架和弹簧有无裂纹、歪斜，吊杆有无松动、断裂，弹簧压缩度是否符合设计要求，弹簧有无压死；② 固定支吊架的焊口和卡子底座有无裂纹和位移现象；③ 滑动支吊架和膨胀间隙有无杂物影响管道自由膨胀；④ 弹簧吊架的弹簧盒是否有倾斜现象；⑤ 支架根部有无松动，本体有无变形。

（5）检查保温是否齐全，凡不完整的地方，应进行修复，并按规定涂色、标记。

（6）对管道流量、温度测量等其他附件进行检查。

Je5F3041　加热器管子的破裂是由哪些因素引起的？

答：引起加热器管子破裂的因素有：

（1）管子振动。当管子隔板安装不正确以及管子与管子隔板之间有较大间隙时，在运行中会发生振动，管子的振动会带来磨损及破坏。

（2）管子锈蚀损坏。由于给水的除氧不足或者是蒸汽空间的空气排除不良，往往引起管子的锈蚀，在较低的部位和蒸汽空间中，隔板所形成的死角处尤其容易发生管子锈蚀损坏。

（3）水冲击损坏。在给水管道和加热器投用时，由于切换过快使系统中的部件受热不均，而发生水冲击，给水管道与加热器内有空气阻塞时也有可能发生水冲击。

（4）管子质量不好。管子的热处理不正确或管子上有伤痕、沟槽等缺陷，往往是引起加热器管子损坏的直接原因，在安装和检修时应严格控制管子的质量。

Je5F3042　如何判断修理中遇到的螺纹种类及其尺寸？

答：为了弄清螺纹的尺寸规格，必须对螺纹的外径、螺距和牙形进行测量，以便调换或制作。

（1）用游标卡尺测量螺纹外径；

（2）用螺纹样板量出螺距及牙形；

（3）用游标卡尺或钢板尺量出英制螺纹英寸牙数，或将螺纹在一张白纸上滚印痕，用量具测量出公制螺纹的螺距或英制螺纹的每英寸牙数；

（4）用已知螺杆或丝锥与被测量螺纹接触，来判断是哪一规格的螺纹。

Je5F3043　常用金属垫是如何选用的？

答：发电厂常用的金属垫有紫铜、碳钢、合金钢等材质。紫铜垫一般做成平的，钢垫多做成齿状的。

（1）紫铜垫。当介质为水时，可在压力为 9.8MPa、温度为 250℃下使用；当介质为蒸汽时，可在压力为 6.3MPa、温度为 420℃以下使用。紫铜垫使用前要先经退火软化。

（2）碳钢垫。可用于压力低于 10MPa、温度为 510℃的汽水阀门法兰。

（3）合金钢垫（1Cr13）：可用于压力低于 20MPa、温度为 540℃的汽水阀门法兰。

（4）不锈钢垫（1Cr18Ni9Ti）。可用于压力为 20MPa、温度为 600℃的汽水阀门法兰。

Je5F4044　管子使用前应做哪些检查？

答：管子使用前应检查：

（1）用肉眼检查管子表面，应光洁无裂纹、重皮、磨损凹陷等缺陷。

（2）用卡尺或千分尺检查管径和管壁厚度，根据管子不同用途，尺寸偏差应符合标准。

（3）检查不圆度时，用千分尺或自制样板，从管子全长选择 3～4 个位置来测量，被测截面的最大与最小直径之差与公称直径之比即为相对不圆度，通常要求相对不圆度不超过0.05。

（4）有焊缝的管子需进行通球检查，球的直径为公称内径的 80%～85%。

（5）各类管子在使用前应按设计要求核对其规格，查明钢号。根据出厂证件，检查其化学成分、机械性能和应用范围，对合金钢管要进行光谱分析,检查化学成分是否与钢号相符合。对于要求严格的部件，对管材还应做压扁试验和水压试验。

Je4F3045　高压阀门如何检查修理？

答： 高压阀门的检查修理内容是：

（1）核对阀门的材质，更换零件材质前应做金相光谱检验，阀门材质更换应征得金相检验人员同意，并做好记录。

（2）清扫检查阀体是否有砂眼、裂纹或腐蚀。若有缺陷，可采用挖补焊接方法处理。

（3）阀门密封面要用红丹粉进行接触，接触点要达到 80%以上，若小于 80%时，需要研磨。对于密封面上的凹坑和深沟，要采用堆焊方法加以消除。

（4）门杆弯曲度、不圆度应符合要求，门杆丝扣螺母配合要符合要求，无松动、过紧和卡涩现象。

（5）检查阀杆与阀瓣连接处零件有无裂纹、开焊、冲刷变形或损坏严重现象，锁紧螺母丝扣是否配合良好，如有缺陷，应更换处理。

（6）用煤油清洗轴承，检查轴承有无裂纹，滚珠应灵活、完好，转动无卡涩，碟形补偿垫无裂纹或裂纹变形。

（7）清扫门体、门盖、填料室、压环、固定圈、填料压盖，螺栓等各部件要干净，见金属光泽。

（8）测量各部间隙。

（9）传动装置动作灵活，配合间隙合格。

Je4F3046　叙述凝汽器抽管的工艺方法及要求。

答：先用不淬火的鸭嘴扁铲在铜管胀口处将旧铜管口凿成三叶花形（注意不可在管板孔内凿出伤痕、沟槽）；然后用不淬火的 A$_3$ 圆钢将铜管冲击至一定距离，用手抽出；全部抽出后，清理检查管板管孔，应符合以下要求：

（1）管孔用专用工具进行管孔打磨至清洁，无脏物、无纵向贯通沟槽，两端 1×45°坡口。

（2）铜管与管孔的间隙为 0.25～0.40mm。

Je4F3047　阀门常见的故障有哪些？阀门本体泄漏是什么原因？

答：阀门常见的故障有：

（1）阀门本体漏；

（2）与阀杆配合的螺纹套筒的螺纹损坏或阀杆头折断，阀杆弯曲；

（3）阀盖结合面漏；

（4）阀瓣与阀座密封面漏；

（5）阀瓣腐蚀损坏；

（6）阀瓣与阀杆脱离，造成开关不动；

（7）阀瓣、阀座有裂纹；

（8）填料盒泄漏；

（9）阀杆升降滞涩或开关不动。

阀门本体泄漏的原因：制造时铸造不良，有裂纹或砂眼，阀体补焊中产生应力裂纹。

Je4F4048　试述 Ω 形或 Π 形补偿器、小波纹补偿器和套筒补偿器的结构及优缺点。

答：Ω 形和 Π 形弯曲补偿器是用管子经弯曲制成。它具有补偿能力大、运行可靠及制造方便等优点，适用于任何压力和温度的管道，能承受轴向位移和一定量的径向位移，其缺点是尺寸较大，蒸汽流动阻力也较大。波纹补偿器是用 3～4mm 的钢板经压制和焊接制成的，其补偿能力不大，每个波纹约 5～7mm，一般波纹数有 3 个左右，最多不超过 6 个；这种补偿器只能用于介质压力 0.7MPa，直径 150mm 以下的管道。套筒式补偿器是在管道接合处装有填料的套筒，在填料套筒内填入石棉绳等填料，管道膨胀时靠内外套筒相对位移吸收管道的膨胀伸长；其优点是结构尺寸小，波动阻力小，吸收膨胀量大，缺点是要定期更换填料，易泄漏，一般只用于介质工作压力低于 1.3MPa，直径 80～300mm 的管道上，电厂不宜采用。

Je4F4049　阀门在运行中产生振动和噪声的主要原因有哪些？如何减少振动与噪声？

答：产生振动和噪声主要原因有：

（1）介质压力波动、流体冲刷阀体、驱动装置运动等造成机械振动。这种振动一般较小，但如产生在其自振频率下的共振，则会导致大应力，造成零件破坏。

（2）汽蚀。

（3）高温气体通过时的冲刷、收缩和扩张，引起冲击波和湍流运动，造成气体动力噪声，这是噪声的主要来源。

（4）阀门的突然启闭会引起水冲击，产生振动和噪声，严重时会导致泄漏或阀件受损。

减少振动和噪声的方法是：

（1）改进结构设计以减小机械振动。主要零件要有足够的刚度，阀杆和导向套的配合间隙要调整适当，并采用耐磨、耐热材料以防止间隙扩大；应用压力平衡结构减少不平衡力，利用弹性圈密封和减振。

（2）减少汽蚀。

（3）改进通道结构设计，以减少气体流速和湍流范围，还可加装消声器。

（4）控制阀门的启闭时间以防止水冲击。

Je4F5050　管道焊接时，对其焊口位置有什么具体要求？

答：管道焊接时，其焊口位置的具体要求是：

（1）管子接口距离弯管起弧点不得小于管子外径，且不小于 100mm，管子两个接口间距不得小于管子外径，且不小于 150mm。管子接口不应布置在支吊架上，至少应离开支吊架边缘 50mm。对焊后需热处理的焊口，该距离不得小于焊缝宽度的 5 倍，且应不小于 100mm。

（2）在连通管道上的铸造三通、弯头、异径管或阀件时，应加短管，在短管上焊接，当短管公称直径大于等于 150mm 时，短管长度应不小于 100mm。

（3）在管道附件上或管道焊口处，不允许开孔或连接支管和表座管。

（4）管道连接时，不得强力对口，管子与设备的连接，应在设备安装定位后进行，一般不允许将管道重量支撑在设备上。

（5）管子或管件的对口，一般应做到内壁齐平，局部错口不应超过壁厚的 10%，且不大于 1mm；外壁的差值不应超过薄件厚度的 10%，另加 1mm，且不大于 4mm，否则应按规定做平滑过渡斜坡。

（6）管子对口时用直尺检查，在距接口中心线 200mm 处测量，其折口允许差值 a 为：当管子公称通径小于 100mm 时，a 不大于 1mm，当管子公称通径大于等于 100mm 时，a 不大于 2mm。

Je3F3051　管道的安装要点有哪些？

答：管道的安装要点有：

（1）要检查管道垂直度（用吊线锤法或用水平尺检查）；

（2）管道要有一定的坡度，汽水管段的坡度一般为 2%；

（3）焊接或法兰连接的对口不得强制对口（冷拉除外），最后一次连接的管道法兰应焊接，以消除张口现象；

（4）汽管道最低点应装疏水管及阀门，水管道最高点装放气管和放气阀；

（5）管道密集的地方应留足够的间隙，以便保温和维修，油管路不能直接和蒸汽管道接触，以防油系统着火；

（6）蒸汽温度高于 300℃，管径大于 200mm 的管道，应装膨胀指示仪。

Je3F3052　加快检修进度、提高工效应采取哪些措施？

答：为了加快检修进度，提高工效，应采取下列措施：

（1）编制检修网络图，重点抓影响进度的关键项目，保证按期或提前顺利完成；

（2）制定合理的工时定额，开展技术革新，改进施工机械及工具，改进工艺方法，采用机械化机具；

（3）按现代的科学管理方法合理安排检修工序和进度，搞好班组之间的配合协作；

（4）采用轮换备品和材料预先加工，减少大修时的加工工作量。

Je3F4053　管道安装施工测量的主要方法是什么？

答：测量时，应根据施工设计图纸的要求定出主干管和各转角的位置。对水平管段先测出一端的标高，再根据管段长度要求，定出另一端标高。两端标高确定后，就可以用拉线法定出管道中心线的位置；再在主干管两中心线上，确定出各支管的位置、各管道附件的位置，然后再测量各管段的长度和弯头的角度。如果是连接设备的管道，一般应在设备就位后进行测量。根据测量结果，绘出详细的管道安装图，作为管道组合和安装的依据。

Je3F4054　高压管道的对口要求是什么？

答：高压管道的对口要求是：

（1）高压管道焊缝不允许布置在管子弯曲部分：① 对接焊缝中心线距离管子弯曲起点或距汽包联箱的外壁以及支吊架边缘，至少 70mm；② 管道上对接焊缝中心线距离管子弯曲起点不得小于管子外径，且不得小于 100mm，其与支吊架边缘的距离则至少有 70mm；③ 两对接焊缝中心线间的距离不得小于 50mm，且不得小于管子的直径。

（2）凡是合金钢管子，在组合前均需经光谱或滴定分析检验，鉴别其钢号。

（3）除设计规定的冷拉焊口外，组合焊件时，不得用强力对正，以免引起附加应力。

（4）管子对口的加工必须符合设计图纸或技术要求，管口平面应垂直于管子中心，其偏差值不应超过 1mm。

（5）管端及坡口的加工，以采取机械加工方法为宜，如用气割施工，需再作机械加工。

（6）管子对口端头的坡口面及内外壁 20mm 内应清除油漆、垢、锈等，至发出金属光泽。

（7）对口中心线的偏差不应超过 1/200mm。

（8）管子对口找正后，应点焊固定，根据管径的大小对称点焊 2～4 处，长度为 10～20mm。

（9）对口两侧各 1m 处设支架，管口两端堵死以防穿堂风。

Je3F4055　清理检查除氧器内部应如何进行？

答：进行除氧器内部清理检查，应先打开除氧器搬物孔和人孔门，用风机将除氧器内部余热吹尽，进入除氧器内部工作，用 12V 行灯照明，做以下项目检查：

（1）清理检查喷嘴。

（2）清理检查淋水盘。

（3）清理检查除氧器水箱、水线附近有无结垢、裂纹、腐蚀等。检查各纵、环焊缝有无裂纹。

（4）检查除氧器内部附件，检查除氧头、水箱管道连接焊缝有无裂纹。

（5）除氧器内部检修工作完毕，应将内部清理干净，确认容器内部无遗漏物后关闭人孔门和搬物孔。

Jd3F5056　疏水调节阀为什么应尽量安装在靠近接收疏水的容器处？

答：应尽量靠近接收疏水的容器处的原因是：

疏水在流经疏水调节阀时有较大压降，容易在阀后出现"闪蒸"而形成汽水两相流动，为了减轻疏水管道的侵蚀和振动，疏水调节阀应安装在靠近接收疏水的容器处。尤其像从高压加热器通向除氧器的疏水管道，由于管道长，垂直距离大，如调节阀安装在高压加热器一侧，阀门后的整个管道很快就会被侵蚀损坏，有时还会出现振动，所以应将调节阀移到除氧器附近，阀门前的管道应尽量平直，减少弯头，管内流速不能太高，因为调节阀前的闪蒸会使调节阀丧失正常调节性能，引起水位波动，使水位控制系统工作不稳定。

Je3F5057　叙述拆除高压加热器人孔门盖的工艺方法。

答：其拆除的工艺方法如下：

（1）确定高压加热器汽、水侧已泄压后，拆除固定人孔盖的双头螺栓和压板；

（2）将拆装托架固定在人孔座上，并与人孔盖中心相连，用合适的手动葫芦支吊拆装装置和人孔盖；

（3）松开人孔盖，将其推入水室，沿逆时针方向旋转拆装装置的螺杆，将其退出，一直旋转下去，直至人孔盖与拆装装置贴紧；

（4）将人孔盖朝任何方向旋转 90 度，留出空隙，以便从椭圆口中取出；

（5）用葫芦将人孔盖从人孔中拉出，并从拆装装置上拆下人孔盖；

（6）有垫圈的结合面拆开后，复装时注意换上新的垫圈。

Je2F3058　凝汽器底部弹簧支架起什么作用？

答：凝汽器底部弹簧支架除了承受凝汽器质量（汽侧不带水）外，当排汽缸和凝汽器受热膨胀时，它能被压缩以补偿其热膨胀。如凝汽器支撑点没弹簧，而是硬性支撑，排汽缸受热膨胀时只能向上移动，使低压缸的中心被破坏，造成机组径向间隙变化而产生振动。

Je2F3059　引起高压加热器严重泄漏的原因有哪些？

答：引起高压加热器严重泄漏的原因有：

（1）高压加热器启动方式不当，未能随机滑参数启动，管束与管板温差太大，金属热应力增大，造成管束胀口松弛和管束膨胀不均引起泄漏。

（2）高压加热器启动前，预热工作不充分，产生交变热应力；同时，管系内空气排不净，造成水冲击引起管束泄漏。

（3）高压加热器长期停运，汽水侧均没有进行防腐，造成管束腐蚀而泄漏。

（4）加热蒸汽与被加热的给水温差太大，产生局部应力造成管束泄漏。

Je2F3060　为防止由材质不良和工艺不良引起的低压加热器管子泄漏，要采取哪些措施？

答：要采取以下措施：

（1）装前要对每根管子进行探伤、水压试验等必要的检验。

（2）U形管弯制后，对弯管部位采取适当的热处理措施。

（3）管束装配前后，U形管应无硬伤、划痕等直观缺陷；

弯管部位内外侧应光滑。

（4）加热器管板、中间挡流板上的管孔应保持一定的粗糙度、公差和同心度，管孔倒角或倒圆应光滑无毛刺。

（5）加热器总装后应进行水压试验。

Je2F3061　N-15300-Ⅳ型凝汽器检修后，应如何验收？

答：N-15300-Ⅳ型凝汽器检修后，主要验收：

（1）水室及管板清洁无泥垢；管板、水室大盖平整无变形，密封面无缺陷、橡皮密封条不老化且完好无损。

（2）人孔门平面平整、无贯穿槽痕或腐蚀，橡皮垫完好；人孔盖铰链连接牢固、不松动。

（3）铜管内壁清洁无泥垢、杂物；在隔板管孔部位无振动磨损痕迹，表面应无锈蚀、严重脱锌、开裂及凹痕。

（4）内部支撑及管道支吊架无脱落及脱焊现象。

（5）汽侧内部杂物、落物清理干净。

（6）凝汽器灌水查漏，铜管及胀口无泄漏、渗漏现象。

（7）水位计检查检修完毕。

（8）检修技术记录正确、齐全。

Je2F4062　阀门手动装置长时间使用会出现哪些缺陷，如何修复？

答：阀门手动装置长时间使用会出现的主要缺陷及修复方法为：

（1）手轮的轮辐及轮缘因操作不当、用力过大极易发生断裂。一般可在断裂处开好 V 形坡口进行补焊，或清理后采用粘接和铆接修复。

（2）手轮、手柄及扳手螺孔会使滑丝乱扣、键槽拉坏、方孔成喇叭口。键槽可用补焊方法将原键槽填满后，重新上车床加工，或将键槽加工成燕尾形，嵌入燕尾铁后修成圆弧，也可采用粘接的方法。螺纹孔损坏可采用镶套的方法进行修复。方孔及锥方孔损坏可用方锉重新加工好，然后用铁皮制成方孔或锥方孔套，将套嵌入相应的孔中，用粘接法固定，并保证孔与阀杆配合间隙均匀。

Je2F4063　攻丝时螺纹乱牙产生的原因及防止方法有哪些？

答：产生的原因：

（1）底孔直径太小，丝锥不易切入孔口乱牙；

（2）攻二锥时，没旋入已切出的螺纹；

（3）螺纹歪斜过多，而用丝锥强行纠正；

（4）韧性材料没加冷却润滑液或切屑未断碎强行攻制，把已切削出的螺纹拉坏；

（5）丝锥刃口已钝。

防止方法：

（1）根据工件材料选择合理的底孔直径；

（2）攻二锥时，先用手将二锥顺切出的螺纹旋入，再缓慢攻入；

（3）开始攻入时，两手用力要均衡，并多检查丝锥与工件表面的垂直性；

（4）韧性材料加冷却润滑液，多倒转丝锥，使切屑断碎；

（5）用油石或砂轮修磨。

Je2F5064　造成阀门杆开关不灵的原因有哪些？

答：造成阀门杆开关不灵的原因有：

（1）操作过猛使阀杆螺纹损伤。

（2）缺乏润滑油或润滑剂失效。

（3）阀杆弯曲。

（4）阀杆表面光洁度不够。

（5）阀杆螺纹配合公差不准，咬得过紧。

（6）阀杆螺母倾斜。

（7）阀杆螺母或阀杆材料选择不当。

（8）阀杆螺母或阀杆被介质腐蚀。

（9）露天阀门缺乏保养，阀杆螺纹沾满尘沙或被雨露霜雪所锈蚀等。

（10）冷态时管的过紧，热态时胀住。

（11）填料压盖与阀杆间隙过小或压盖紧偏卡住门杆。

（12）填料压得过紧。

Je1F3065　检修时常用哪些方法对凝汽器铜管进行清洗？清洗后应达到怎样的质量标准？

答： 检修时常用以下方法对凝汽器进行清洗：

（1）高压水冲洗。将高压冲洗枪头伸入铜管内，逐排逐根通以高压水冲洗；冲洗结束后，用压缩空气，将铜管逐排逐根吹干。

（2）毛刷子冲洗。先将尾端带有橡胶皮碗的特质毛刷子从铜管一端塞入，冲洗枪通入 0.6～1.0MPa 压力水，从橡皮碗端将毛刷子向另一端顶出。洗干净的毛刷子可重复利用。

（3）"子弹"冲洗。在铜管内壁结垢严重时，可在铜管内逐排逐根塞入"子弹"，再用冲洗枪通入高压水将"子弹"向铜管另一端顶出，刮除结垢。洗干净的"子弹"可重复利用。

清洗后应达到：

（1）铜管内壁清洁、无污垢，金属子弹清洗后，应能看到金属光泽。

（2）水室、管板内壁清洁，无污垢、锈蚀。

（3）铜管胀口应无渗漏。

（4）铜管无严重脱锌、腐蚀、开裂和凹痕，堵管数量过大时，应考虑更换铜管。

Je1F3066　如何对高压加热器管束进行水压检漏及检修？

答：（1）管束内部注满水，使水面稍高于管口，检查钢管是否有泄漏。

（2）关闭汽侧与系统连接阀门和向空气门。

（3）汽侧内用除盐水灌满后泵压，检查钢管与胀口泄漏情况，对泄漏点做好记号。检查完毕，放去汽侧内剩水，吹干管板和泄漏管子内的剩水。

（4）对泄漏管子（U 形管）的两端管口焊缝磨光，用铰刀将被堵钢管内径稍铰大些，然后清理干净管板和孔。

（5）用专用工具将专用堵头压入泄漏钢管，堵头稍低于管板 1～2mm，再用电焊封牢。注意焊前对焊接部位预热，以除去潮气，保证焊接质量。

（6）如是管板与管子之间的焊缝泄漏，可先磨去原焊缝，再压入专用堵头，焊前预热后进行焊补。

（7）修理完成后，需对汽侧再泵压一次，直至没有泄漏为止。

Je1F4067　常用带压堵漏的方法有哪些？

答： 常用带压堵漏方法有：

（1）单纯粘接法。选择粘接强度大于泄漏点压力的胶粘剂，经涂敷固化即可修复。适用于低压泄漏或条件允许停车堵截的部位。

（2）粘贴板材法。先将泄漏点周围涂以胶粘剂，再将涂上胶粘剂的板材（如石墨板）粘贴到泄漏点上。适用于负压或低压表面的泄漏点。

（3）先堵后粘法。先选择填充物堵塞使其不漏，然后用选好的胶粘剂或自制胶泥粘接加强，再以浸渍或涂刷胶粘剂的玻璃布缠绕贴敷泄漏点，待固化即成。适用于低中压的砂眼、裂纹、法兰接头等泄漏。

（4）夹具堵漏法。按实际情况制造夹具，选择填料如橡胶板料、聚四氟乙烯带料、柔性石墨料等堵在漏点上，然后组装夹具，用螺栓紧固，或夹具上留注入螺纹孔，以注射器注入密封胶。适用于中高压泄漏、裂口、法兰接头等。

（5）填料函泄漏的堵截。可在填料盒上开注入螺纹孔，注入密封胶即可。

Je1F4068　怎样合理使用密封件？

答：合理使用密封件应注意：

（1）正确选择密封件的结构形式。应根据工作条件及使用性能来合理选用密封件。组合密封件能满足多种工作条件及使用性能要求，它比橡胶密封结构的工作寿命提高了 90 倍。

（2）正确安装密封件。装入密封圈处必须倒角，避免锐边擦伤密封件，也可作为安装密封圈时的导承。安装密封件要经过螺纹时必须采用专用工具，以保护密封件表面不被碰伤。

（3）提高密封面的表面质量。对作直线运动的密封面需进行研磨，作旋转运动的密封面需进行磨削和抛光，以提高密封面的表面质量，从而改善摩擦条件。

（4）考虑密封件在工作时的膨胀因素。一般密封件在工作时体积均增大 10%～20%。安装 V 型密封件时应考虑密封件在工作中的体积膨胀，防止引起密封件的黏合，产生过度的磨损。安装 O 型密封圈的配合间隙应严格控制，以防止产生挤入现象。

（5）保持安装环境清洁，装配时应避免密封件与污染液体接触。

Je1F5069　防止高压除氧器爆破事故有哪些规定？

答：防止高压除氧器爆破事故发生应做到：

（1）除氧器的运行操作应符合《电站压力式除氧器安全技术规定》的要求。除氧器两段抽汽的切换点应根据上述规定进行核算后在运行规程中明确规定、严格执行，严禁高压汽源直接进入除氧器，推广滑压运行。

（2）运行中的除氧器及其安全附件（如安全阀、监视表计、自动装置等）应处于正常工作状态。压力表应列为计量强制检验表计，按规定同期进行强检。

（3）除氧器内有压力时，严禁进行任何修理或紧固工作。

（4）单元制的给水系统，除氧器上应配备不少于两只全启式安全阀，并完善除氧器的自动调压和保护装置。

（5）结合压力容器的定期检验或检修，每两个检验周期至少进行一次耐压试验。

（6）除氧器安全阀的总排汽能力，应能满足其在最大进汽工况下不超压。

（7）除氧器应按《压力容器安全技术监察规程》和《电力工业锅炉压力容器监察规程》的规定进行定期检验。检验时应对与除氧器相连的管系进行检查，特别对蒸汽进口的内表面的热疲劳、冲刷、腐蚀情况进行检查，防止爆破汽水喷出伤人。

（8）除氧器投入使用必须按照《压力容器使用登记管理规则》办理注册登记手续。

（9）在订购除氧器前，应对设计单位和制造厂商的资格进行审核，其供货产品必须附有"压力容器产品质量证明书"和制造厂所在地锅炉压力容器监检机构签发的"监检证书"。要加强质量验收，参加水压试验等重要项目的验收见证。

（10）禁止在除氧器上随意开孔和焊接其他构件，若必须开孔和修理，应先核算强度，制定工艺技术措施，经锅炉监察工程师审定、总工程师批准后严格按工艺措施实施。

（11）建立除氧器设备档案。

Je1F5070　在检修中提高 300MW 机组凝汽器的真空主要有哪些措施？

答：影响凝汽器真空的因素主要有：传热情况差、真空系统有空气漏入及抽气器工作失常。在检修中提高 300MW 机组凝汽器真空的主要措施有：

（1）通过机械冲刷或高压水冲洗凝汽器铜管，清除凝汽器冷却管束的表面污垢，改善传热情况。

（2）消除阀门内漏，防止水倒流回凝汽器内而使凝汽器水位升高。

（3）调整汽轮机低压端轴封间隙；改善汽轮机低压端轴封供汽，如低压缸上轴封增加一路进汽管等减小空气漏入。

（4）结合凝汽器铜管查漏，对真空系统高位（一般 11m）灌水查漏，消除负压系统的设备管路及其附件泄漏点。对于低压缸进汽管及轴封回汽管等无法用压水方法检查的部分，可利用检修机会进行灌水检查或在运行中抽真空查漏，以此来提高真空系统严密性。

（5）检查抽真空系统设备（真空泵、射水抽气器等），确保其工作正常。

Jf5F3071　电气设备着火时应如何扑救？

答：遇到电气设备着火时，首先将相关设备的电源切断，然后进行救火。对可能带电的电气设备，如电动机、发电机等应使用干式灭火器、二氧化碳或 1211 灭火器进行灭火；对已隔离电源的油开关、变压器等，可用干式灭火器、1211 灭火器灭火，不能扑灭时，可用泡沫式灭火器灭火，在危急情况不得已时，只能用干砂灭火；地面上绝缘油着火应使用干砂灭火。扑救可能产生毒气体的火灾（如电缆火）时，扑救人员应使用正压式消防呼吸器。

Jf4F4072　如何编写月度材料计划？

答：编写月度材料计划时：

（1）材料计划应根据当月工作计划任务编制；

（2）按照物资供应范围，分单位工程将材料需用计划汇总；

（3）根据核定的初期预计库存量、储备量及计算公式，编制材料计划；

（4）对各项材料的品种、规格、型号及数量作初步平衡，分别计算多余和不足的数量；

（5）材料计划还必须与资金进行平衡，材料要有资金保证，要与各种不同渠道的资金来源相适应。

Jf3F4073　制定班组培训计划应遵守怎样的原则？

答：制定班组培训计划应遵守以下原则：

（1）班组培训计划要根据生产实际需要和人员素质情况而制定，做到切实、具体、针对性和可靠性强。

（2）班组培训计划应在上级培训工作的指导下制定，并包含上级培训计划与培训要求的有关内容。

（3）班长培训计划应分为年度计划和月度计划两个层次，做到长计划、短安排、分段实施。

（4）班组培训计划应包括培训项目、培训对象、培训目标、培训措施、培训负责人、计划完成时间、完成情况和考核办法等。

Jf3F5074　A级检修前的检修准备工作主要包括哪些内容？

答：A级检修前的检修准备工作主要包括以下内容：

（1）编制设备一览表，确定需要检修的设备。

（2）编制A级检修准备工作进度表，确定检修所需工器具、备品备件、材料、人工等，制定保安措施。

（3）制定A级检修项目表及进度表，各工种间要相互配合，以加快检修进度，缩短检修工期。

（4）制定现场布置方案，划分机件的安放地点、搬运线路、照明及安全用具。

（5）编制检修材料、备品需用计划。

（6）做好劳动力的组织和培训工作。

Jf3F5075　必须具备哪些条件才能在运行中的管道和法兰上，采用带压堵漏新工艺方法消除泄漏？

答：必须具备的条件：

（1）采用带压堵漏工作，必须经分场领导批准。

（2）采用带压堵漏工作，必须按规定办理工作票，并经值长同意。

（3）工作人员必须是分场（车间）领导指定，经过专业培训、持证的熟练人员，并在工作负责人的指导和监护下进行工作。

（4）工作前要做好可靠的防护措施（如穿防护服，戴防护手套、防护面罩）。

（5）工作中还要特别注意操作方法的正确性（注意操作位置，防止汽水烫伤）。

Jf2F3076　检修计划的编制根据有哪些？

答：其根据如下：

（1）电业检修规程和制造厂要求。

（2）设备存在的缺陷及设备状态检测的数据记录。

（3）上次检修未能解决的问题和试验记录。

（4）零部件磨损、腐蚀、老化规律。

（5）设备安全检查记录和事故对策。

（6）定期监测、试验、校验和鉴定项目。

（7）技术监督要求，采取的改进措施。

（8）技术革新建议和推广先进经验项目。

（9）季节性工作要求。

（10）检修工时定额和检修材料消耗记录。

Jf2F4077　大修现场主要有哪些安全管理措施？

答：大修现场的主要安全管理措施有：

（1）进入现场必须戴好安全帽，高空作业必须系好安全带。

（2）设备、孔、洞等处要设置临时安全围栏，严禁跨越或移作他用。

（3）在汽缸上，工作人员必须穿连体工作服，禁止穿带钉的工作鞋，必须按规定使用工、器具。

（4）设备、零部件按指定地点放置整齐，起重工作按规定操作。

（5）电源线、电焊线不得随意乱接乱拖。

（6）必须做到工完料尽场地清，地面无积水、积油、垃圾等杂物。

（7）大修现场禁止吸烟。

（8）现场动火作业严格按规定执行，清洗零件用油应倒在指定容器内，禁止乱倒。

（9）现场拆卸过的设备、管口、抽气器等部位工作后及时封堵。

（10）加强对现场的易燃易爆物品的管理。

Jf2F4078　发生事故后调查分析的原则是什么？

答： 发生事故后应立即进行调查分析，调查分析事故必须实事求是、尊重科学、严肃认真，做到事故原因不清楚不放过，事故责任者和应受到教育者没有受到教育不放过，没有采取有效防范措施不放过，事故责任者和有关责任人没有受到责任追究不放过，对弄虚作假、草率从事、大事化小、小事化了的均应追究有关人员和领导者责任。

Jf1F3079　编制特殊项目的技术措施应包括哪些具体内容？

答： 具体内容包括以下几点：

（1）提出特殊项目的主要原因和依据以及该项目的主要目的、要求。

（2）对复杂的特殊项目，应做出理论计算、技术设计和工艺设计方面的报告。

（3）为达到设计要求，应制定在施工中对重点质量、工艺、安全等方面所采取的措施和说明。

（4）提出特殊项目需要的特别材料和一般材料预算，对大型设备和备件提出详细的型号、规格、规范要求。

（5）对该项目进行所需费用、效益的技术经济比较，特别是对改进工程应做出效益的分析。

（6）提出该项目总的费用，预计实施后的效果。

（7）提出工时、进度要求。

Jf1F4080　如何制定大修施工过程的组织措施？

答：组织措施的主要内容如下：

（1）正确地确定检修项目，并对特殊项目组织人员进行讨论。

（2）根据定员及检修项目，编制检修工时定额和进度计划。

（3）大修工序一般分为拆、修、装三个阶段：① 拆——需核实检修内容，对原计划进行必要的修订调整；② 修——重点安排技术力量，突破关键工作；③ 装——注意各工序的平衡，并做好项目的检修记录。

（4）组织大修施工过程中，应对检修人员进行合理的调配，各班组应有明确分工，同时要强调协作。

（5）检修场地需合理布置，设备解体后，各部件的存放应按安装顺序进行安放，对于一些中、小部件要妥善保管，设备要编号放置，防止装错。

（6）检修前，组织人员对检修工具进行检查、修正和补充，尽量采用机械化设备检修。

（7）大修前组织人员对大修材料、备件、配置加工件等进行全面检查，避免因材料供应不上而影响工期。

（8）制定质量验收项目，安排好检修记录人员，并指定专门人员，对质量进行检查和验收。

4.2 技能操作试题

4.2.1 单项操作

行业：电力工程　　　工种：汽轮机辅机检修工　　　等级：初/中

编　号	C54A001	行为领域	d	鉴定范围	5
考核时间	2h	题　型	A	题　分	20
试题正文	凝结水泵进口滤网清洗				
其他需要说明的问题和要求	1. 需要 2 人配合工作 2. 掌握其清洗过程 3. 符合清洗标准 4. 操作时注意文明、安全 5. 以 NLT350/400×6 型凝结水泵为例				
设备场地工具材料	设备：NLT350/400×6 型凝结水泵入口滤网 场地：现场型，照明充足 工具：梅花扳手（30）、手锤、12 寸活络扳手 材料：3mm 橡胶垫				

	序号	项目名称	质量要求	满分	得分与扣分
评分标准	1	办理检修工作票确认系统已隔离	必要的安全措施	4	安全措施未到位扣 4 分
	2	拆滤网端盖螺栓，吊去端盖	不损坏零件、螺栓放置整齐	4	损坏 1 件扣 1 分，丢失 1 件扣 1 分
	3	取出滤网进行清洗	清洗干净，网眼应畅通	4	未清理干净扣 4 分
	4	检查端盖橡胶垫是否完好，不好则要更换	橡胶垫无老化、破损现象	4	未检查橡胶垫扣 4 分
	5	回装	注意滤网开口方向对准来水	4	方向不正确扣 4 分

279

行业：电力工程　　工种：汽轮机辅机检修工　　等级：初/中

编　号	C54A002	行为领域	d	鉴定范围	5
考核时间	1h	题　型	A	题　分	20
试题正文	法兰垫片更换				
其他需要说明的问题和要求	1. 要求 2 人配合工作 2. 掌握其检修过程 3. 符合检修标准 4. 操作时注意安全、文明 5. 以 DN200　PN25 碳钢法兰为例				
设备场地工具材料	设备：DN200　PN25 碳钢法兰 场地：现场型，检修工作票已办理 工具：梅花扳手一套、12 寸活络扳手、撬棒、2 磅手锤、塞尺、游标卡尺 材料：金属缠绕垫、除锈剂、砂纸、防咬剂				

	序号	项目名称	质量要求	满分	得分与扣分
评分标准	1	办理好工作票，确认系统已隔离，放尽余水	必要的安全措施	2	安全措施未到位扣 2 分
	2	清理干净，在法兰结合面处做好标记	清理干净，法兰做好标记	2	不清理扣 1 分，没有标记扣 1 分
	3	按十字交叉顺序松开螺母，取掉螺栓和垫片	不损坏零件	4	方法不正确扣 4 分
	4	清洁并检查法兰密封面，清洁法兰螺栓、螺母	法兰密封面，法兰螺栓、螺母清理干净	4	未清理干净扣 4 分
	5	回装前螺栓要涂抹防咬材料，按要求选择垫片尺寸及材料	螺栓要涂抹防咬材料，垫片尺寸及材料要正确	4	不涂抹防咬材料扣 2 分，垫片尺寸及材料不正确扣 2 分
	6	紧固螺母按十字交叉顺序紧固，并测量法兰间隙。	紧固螺母按十字交叉顺序分 3 次紧固，按 4 点测量法兰间隙	4	紧固方法不正确扣 2 分，测量方法不正确扣 2 分

行业：电力工程　　　工种：汽轮机辅机检修工　　　等级：初/中

编　　号	C54A003	行为领域	d	鉴定范围	5
考核时间	2h	题　　型	A	题　分	20
试题正文	弯管时的装砂方法				
其他需要说明的问题和要求	1. 需要1人配合工作 2. 掌握装砂过程 3. 符合装砂方法 4. 操作时注意安全、文明设备场地				
设备场地工具材料	设备：钢管 场地：现场型 工具：手锤、木塞、砂、筛网 材料：管材				

	序号	项目名称	质量要求	满分	得分与扣分
评 分 标 准	1	砂子使用前进行筛选，清除泥土杂物，然后加热烘干	砂中无杂物，并不使其受潮	5	砂子未筛选扣2分，砂子未烘干扣3分
	2	装砂前，管子里外的水和油污消除干净、晾干	管子干净、无油污	5	管子油污扣3分，管子未晾干扣2分
	3	充砂时，将管子的一端堵塞，然后把砂子装入管子，并用手锤从下边开始敲振；随加随敲，至不再下沉为止。最后装好后用木塞堵上	管子充砂结实	10	管子充砂不结实扣10分

行业：电力工程　　　工种：汽轮机辅机检修工　　　等级：初/中

编　　号	C54A004	行为领域	d	鉴定范围	5
考核时间	30min	题　　型	A	题　　分	20

试题正文	加球室及传动轴填料的解体

其他需要说明的问题和要求	1. 掌握解体过程 2. 符合解体工艺标准 3. 只考核解体工作 4. 操作时注意安全、文明 5. 以 DH600 型加球室为例

设备场地工具材料	设备：DH600 型加球室 场地：现场型 工具：梅花扳手一套、8 及 12 寸活络扳手、小撬杠、掏盘根工具一套 材料：无

	序号	项目名称	质量要求	满分	得分与扣分
评分标准	1	签好检修工作票，确认系统已隔离	必要的安全措施	4	安全措施不到位扣4分
	2	将手轮转动松开，把加球室盖打开	不损坏零件	4	方法不正确扣4分
	3	拆去漏斗的连接螺母，抽出漏斗	不损坏零件	4	方法不正确扣4分
	4	拆去切换手柄的螺母，取下手柄	不损坏零件	4	方法不正确扣4分
	5	拆去传动轴的填料压盖螺母，取下手柄，取下填料盖，用扦子挖出盘根	不损坏零件	4	方法不正确扣4分

行业：电力工程　　　工种：汽轮机辅机检修工　　　等级：初/中

编　　号		C54A005	行为领域		d	鉴定范围		5
考核时间		30min	题　　型		A	题　　分		20
试题正文		除氧器磁性水位计检修						
其他需要说明的问题和要求		1. 要求掌握其检修过程 2. 符合检修标准 3. 操作时注意安全、文明 4. 以除氧器 CYX-1 型磁性水位计为例						
设备场地工具材料		设备：CYX-1 型磁性水位计 场地：现场型，照明充足 工具：梅花扳手（24）、12 寸活络扳手 材料：无						
评分标准	序号	项目名称	质量要求		满分		得分与扣分	
	1	签好检修工作票，确认系统已隔离	必要的安全措施		4		安全措施不到位扣 4 分	
	2	拆除测量筒体底部法兰，取出浮球，做好标记"上、下"	不损坏零件		4		方法不正确扣 2 分，未做标记扣 2 分	
	3	清理干净磁浮球，检查磁浮球是否损坏	浮球完好，清理干净		4		未清理干净扣 2 分，未检查扣 2 分	
	4	回装，将有"上"字样的一端向上	上下位置正确		4		方法不正确扣 4 分	
	5	检查磁性翻板动作是否灵活	翻转灵活		4		未检查扣 4 分	

行业：电力工程　　　工种：汽轮机辅机检修工　　　等级：初/中

编　　号	C54A006	行为领域	d	鉴定范围	5
考核时间	4h	题　　型	A	题　　分	20

试题正文	管道固定支架的制作

其他需要说明的问题和要求	1. 掌握其制作过程 2. 符合制作的工艺标准 3. 只考核制作工作 4. 需要电焊工配合工作 5. 操作时注意安全、文明 6. 以 $\phi 100$ 管道为例

设备场地工具材料	设备：无 场地：检修场地，有充足照明 工具：直尺、手锤、凿子、锉刀 材料：10mm 钢板

	序号	项目名称	质量要求	满分	得分与扣分
评 分 标 准	1	制作托座，根据图纸要求划线下料，切割钢板，凿去毛边，焊接成托座	符合图纸要求	10	与管子外径不吻合扣5分，尺寸不符合要求扣 5 分
	2	制作托架，根据图纸要求划线下料，切割钢板，凿去毛边，焊接成托架	符合图纸要求	5	尺寸不符合要求扣5分
	3	把托座焊接在托架上	符合图纸要求	5	尺寸不符合要求扣5分

284

行业：电力工程　　　工种：汽轮机辅机检修工　　　等级：初/中

编　　号	C54A007	行为领域	d	鉴定范围	5
考核时间	4h	题　　型	A	题　分	20
试题正文	低压加热器查漏				
其他需要说明的问题和要求	1. 要求 3 人配合工作 2. 掌握其查漏过程 3. 符合查漏标准 4. 只考核查漏工作 5. 操作时注意安全、文明 6. 以 DR600-3 型低压加热器为例				
设备场地工具材料	设备：DR600-3 型低压加热器 场地：现场型，工作票已办理，人孔门已打开 工具：梅花扳手 1 套、手锤、12 及 18 寸活络扳手 材料：皮管、堵板、洗洁精水、堵头				

	序号	项目名称	质量要求	满分	得分与扣分
评分标准	1	与低压加热器汽侧相连的管道阀门均应关闭或加装临时堵板	阀门均应关闭或加装临时堵板	5	阀门没关闭或未加装临时堵板扣 5 分
	2	从汽侧排空气门处接入压缩空气，压力为 0.4～0.6MPa。在上部管板涂肥皂水，检查钢管和管口的泄漏情况，发现泄漏的钢管和管口做好记录，待压后将管口清理干净。如是钢管漏，用 20 号钢加工成锥形堵头敲入管中，再用 J507 焊条焊牢固。如是管口漏，用 J507 焊条补焊。封堵管子做好检修记录	对泄漏的钢管和管口要全部可靠封堵	10	查漏方法不正确扣 5 分，封堵的管子不做检修记录扣 5 分
	3	焊后再次打压检查	钢管和管口无泄漏	5	未再次打压查漏扣 5 分

285

行业：电力工程　　　工种：汽轮机辅机检修工　　　等级：初/中

编　　号	C54A008	行为领域	d	鉴定范围	5
考核时间	1h	题　型	A	题　分	20
试题正文	轴封加热器的解体				

其他需要说明的问题和要求	1. 需要 3 人检修、1 名起重工配合工作 2. 掌握其解体过程 3. 符合解体标准 4. 只考核解体工作 5. 操作时注意安全、文明 6. 以 JQ–65 型汽封加热器为例
设备场地工具材料	设备：JQ–65 型汽封加热器 场地：现场型，照明充足 工具：大锤、敲击扳手、活络扳手、梅花扳手 材料：白布

	序号	项目名称	质量要求	满分	得分与扣分
评分标准	1	办理检修工作票，确认系统已隔离	必要的安全措施	2	安全措施不到位扣2分
	2	联系热工拆除大端盖上的温度计	拆出温度测点信号线	2	未拆温度计扣2分
	3	拆除进汽口法兰螺栓	不损坏零件	4	未拆螺栓扣 4分
	4	拆除大端盖上部的罩盖螺帽，拆除进出水管法兰连接螺栓	不损坏零件	4	未拆罩盖螺母扣4分
	5	拆除进出水室大端盖法兰螺栓	不损坏零件	4	未拆大法兰螺栓扣4分
	6	做好安全措施再吊走大端盖，并用白布包扎进出口门法兰	必要的安全措施	4	未设置安全围栏扣2分，未包扎法兰扣2分

286

行业：电力工程　　　工种：汽轮机辅机检修工　　　等级：初/中

编　　号	C54A009	行为领域	d	鉴定范围	5
考核时间	8h	题　　型	A	题　　分	20
试题正文	凝汽器水侧清洗				
其他需要说明的问题和要求	1. 需要 4 个人以上配合工作 2. 掌握其清洗过程 3. 符合清洗标准 4. 操作时注意安全、文明 5. 以 N18750-2 型凝汽器为例				
设备场地工具材料	设备：N18750-2 型凝汽器 场地：现场型，有足够照明 工具：专用扳手、撬棒 材料：木板				

	序号	项目名称	质量要求	满分	得分与扣分
评分标准	1	办理检修工作票，确认系统隔离，水已放尽	必要的安全措施	1	安全措施未到位扣 1 分
	2	联系搭好脚手架，放好脚手板	必要的安全措施	1	未搭脚手架扣 1 分
	3	在循环水进水管口铺好木板	木板放置要牢固	2	木板铺放不牢固扣 2 分
	4	进入水室清理杂物	清理干净	1	清理不干净扣 1 分
	5	用高压清洗泵逐根清洗铜管。清洗水室管板，用压缩空气将铜管和管板吹干	水室管板、铜管内壁干净	4	清洗方法不正确扣 2 分，清洗不净扣 2 分
	6	检查水室管板、铜管腐蚀情况，必要时进行防腐处理	水室管板、铜管无腐蚀	4	未检查扣 1 分，未处理扣 3 分
	7	打开另一端人孔门，清理杂物，清洗水室管板，吹干铜管和管板，并检查腐蚀情况，必要时进行防腐处理	水室管板、铜管内壁干净，无腐蚀	4	未打开另一端人孔门清理杂物扣 1 分，未检查扣 1 分，未处理扣 2 分
	8	汽侧灌水查漏	水室管板、铜管无渗漏	2	有渗漏未查出扣 2 分
	9	回装	检查橡皮垫无老化	1	未检查橡皮垫扣 0.5 分，回装方法不正确扣 0.5 分

行业：电力工程　　　工种：汽轮机辅机检修工　　　等级：初/中

编　号	C54A010	行为领域	d	鉴定范围	5
考核时间	8h	题　型	A	题　分	20

试题正文	轴封加热器检修

其他需要说明的问题和要求	1. 要求 2 人配合工作 2. 掌握检修过程 3. 符合检修标准 4. 只考核检修工作 5. 操作时注意安全、文明 6. 以 JQ-70 型轴封加热器为例

设备场地工具材料	设备：JQ-70 型轴封加热器 场地：现场型，要求照明充足。检修工作票已办理，加热器解体工作已结束 工具：铲刀、手锤、常用扳手、锉刀 材料：堵头、砂布

	序号	项目名称	质量要求	满分	得分与扣分
评分标准	1	清理检查法兰面	法兰面平整，无贯穿凹槽和严重腐蚀	2	少清理法兰面扣 1 分
	2	检查蒸汽进口处挡板的汽蚀情况，如汽蚀严重应更换	挡板无汽蚀	3	未检查扣 2 分
	3	检查筒体内部的汽蚀情况	筒体无汽蚀	2	未检查扣 2 分
	4	将芯子体吊起竖立，大法兰面朝上，灌水，进行静水压试验。如发现有钢管漏水，用堵头进行塞堵，再用焊条焊牢，并做好检修记录	钢管无泄漏	8	未进行静水压试验扣 4 分，堵管方法不正确、未做记录各扣 2 分
	5	检查水位计一次门	阀门关闭严密	2	未检查一次门扣 2 分
	6	检查磁性水位计及浮球指示牌	浮球完好，指示牌翻转灵活	3	未检查浮球扣 2 分，未检查指示牌扣 1 分

行业：电力工程　　工种：汽轮机辅机检修工　　等级：初/中

编　　号	C54A011	行为领域	d	鉴定范围	5
考核时间	1h	题　型	A	题　分	20
试题正文	止回阀解体检查				
其他需要说明的问题和要求	1. 要求2人配合工作 2. 掌握解体过程 3. 掌握检查过程，只作检查，不测量尺寸、不检修 4. 符合解体、检查标准 5. H44H-2.5 DN200为例				
设备场地工具材料	设备：H44H-2.5　DN200型止回阀 场地：现场型，照明充足 工具：手锤、梅花扳手1套、8～12寸活络扳手各1把，平口螺丝刀1把、2m卷尺1把 材料：包皮布（塑料皮）、棉纱、记号笔				

	序号	项目名称	质量要求	满分	得分与扣分
评分标准	1	办理好工作票，确认系统已隔离	必要的安全措施	2	安全措施未到位扣2分
	2	清理阀体、做好标记	清理干净，法兰做好标记	2	不清理扣1分，没有标记扣1分
	3	拆下阀门进、出口法兰连接螺栓并吊下阀门，运至指定检修场地。拆除阀门上盖法兰紧固螺栓，取下阀盖，向上扳动阀板，检查阀板转动是否灵活	不损坏零部件，检查阀板转动是否灵活	5	工艺方法错1次扣1分，不检查阀板转动扣1分
	4	拆阀板轴侧端盖堵头，取出轴及阀板，拆下连杆与阀板锁紧螺母，阀杆与连杆脱离，检查轴与套磨损情况	不损坏零部件，检查轴与套磨损情况	5	工艺方法错1次扣1分，未检查1项扣1分
	5	检查法兰密封面无划痕，检查阀座及阀板密封面光滑无拉痕	法兰密封面平整无划痕，阀座及阀芯密封面光滑无拉痕	4	未检查1项扣1分
	6	拆下的部件要摆放整齐，下面做好铺垫，法兰做好封堵	部件要摆放整齐，做好铺垫要规范，法兰做好封堵	2	部件摆放不整齐、铺垫不规范扣1分，法兰不堵扣1分

行业：电力工程　　工种：汽轮机辅机检修工　　等级：初/中

编　号	C54A012	行为领域	d	鉴定范围	5
考核时间	8h	题　型	A	题　分	20
试题正文	凝汽器进水电动蝶阀检修				
其他需要说明的问题和要求	1. 要求有 3 人配合工作 2. 掌握其检修过程 3. 符合检修标准 4. 只考核检修工作 5. 操作时注意安全、文明 6. 以 N18750-2 型凝汽器为例				
设备场地工具材料	设备：N18750-2 型凝汽器配套 DN2000 电动蝶阀 场地：现场型、照明充足。检修工作票已办理、阀门解体工作已结束 工具：梅花扳手 1 套、手锤、12 寸活络扳手、电筒、锉刀 材料：砂布、红丹粉、清洗剂				

	序号	项目名称	质量要求	满分	得分与扣分
评分标准	1	清理各零件	清理干净	2	少清理 1 件扣 0.5 分
	2	检查各螺栓丝扣	丝扣完好无损坏现象	2	未检查扣 2 分
	3	检查减速箱内涡轮、蜗杆磨损现象，如果磨损严重则应更换	涡轮、蜗杆完好	2	未检查扣 2 分
	4	检查平面轴承，应灵活，无锈蚀、无卡涩	轴承灵活无卡涩	2	未检查扣 2 分
	5	清理填料、填片，检查填料室光滑无毛刺，门盖法兰平面无径向划痕	填料室光滑无毛刺，法兰平面无划痕	4	未检查 1 项扣 1 分
	6	打磨清理门杆，门杆完好无磨损、无弯曲，丝扣部分无磨损	门杆弯曲小于 0.05mm	4	未检查扣 2 分，未测量扣 2 分
	7	阀头、阀座密封面进行修磨，用红丹粉检查，直到配合严密无泄漏	密封线连续均匀	4	未检查阀头、阀座扣 2 分，未检查密封线扣 2 分

编　　号	C43A013	行为领域	e	鉴定范围	4
考核时间	1h	题　　型	A	题　　分	20
试题正文	吊架的安装				
其他需要说明的问题和要求	1. 需要 1 人配合工作 2. 掌握安装过程 3. 符合吊架安装标准 4. 只考核吊架安装工作 5. 操作时注意安全、文明				
设备场地工具材料	设备：吊架 场地：现场型，照明充足；搭好脚手架 工具：卷尺 材料：拉杆，吊架				

	序号	项目名称	质量要求	满分	得分与扣分
评分标准	1	用拉杆的长度来调整管道与其吊架固定点的距离，当吊杆的长度超过 3m，应在中间加耳环	拉杆长度超过3m，中间应加耳环	10	未按质量要求，扣 10 分
	2	考虑到热膨胀，吊架的吊杆应该倾斜，倾斜方向与管道热位移方向相反，倾斜距离应等于管道热位移的一半	倾斜距离应等于管道热位移的一半	10	未按质量要求，扣 10 分

行业：电力工程　　　工种：汽轮机辅机检修工　　　等级：中/高

编　　　号	C43A014	行为领域	e	鉴定范围	4
考核时间	2h	题　　型	A	题　　分	20
试题正文	更换凝汽器局部铜管				
其他需要说明的问题和要求	1. 需要1人配合工作 2. 掌握换管操作过程 3. 符合铜管更换技术标准 4. 只考核换管操作工作 5. 操作时注意安全、文明				
设备场地工具材料	设备：N18750-2型凝汽器、$\phi25\times1$黄铜管 场地：现场型，照明充足。搭好脚手架 工具：鸭嘴扁錾、手锤、大样冲、内圆磨、锯弓、胀管机、手拉葫芦 材料：丙酮、棒状铜丝刷、细纱布、破布				

	序号	项目名称	质量要求	满分	得分与扣分
评分标准	1	抽管。用鸭嘴扁錾在需更换铜管两端胀口出沿管径圆周三个方向施力挤压，然后用大样冲向一头敲击，冲出一段后设法拉出	扁錾挤压角度均布、冲打力度合适，不得伤及管板	4	挤压角度不均布、伤及管板扣2分； 冲打力度不合适、伤及管板扣2分
	2	换管。管板孔内壁、管板端面、合格铜管外壁100mm范围打磨露出金属光泽，穿管到位	新铜管经过检验合格；管板孔内壁、管板端面打磨露出金属光泽；新铜管两端100mm管头打磨光洁；打磨部位用丙酮清洗	6	新铜管未经过检验合格扣1分；应打磨部位未打磨扣2分；打磨质量不合格扣2分；打磨部位未用丙酮清洗扣1分
	3	胀管。先胀端伸出管板端面3mm，胀管端头内壁涂少许黄油，另一端管头固定可靠，操作胀管器以合适力度胀紧管口并进行翻边，切短另一侧铜管，同样方法进行胀管、翻边操作	管口处胀薄5%，无欠胀或过胀现象；胀口及翻边处应平滑光洁、无裂纹及显著切痕；胀口的胀接深度为管板厚度的75%～90%	8	存在欠胀或过胀现象扣2分、胀口及翻边处不平滑、有裂纹及显著切痕扣4分；胀口的胀接深度不合要求口2分
	4	灌水查漏。在汽侧灌水，淹没换管部位500mm，检查胀口严密性	严密性良好，无渗漏水现象	2	严密性存在问题扣2分

行业：电力工程　　工种：汽轮机辅机检修工　　等级：中/高

编　　号	C43A015	行为领域		e	鉴定范围	4
考核时间	1h	题　　型		A	题　分	20
试题正文	高压加热器解体					
其他需要说明的问题和要求	1. 要求 2 人配合工作 2. 掌握解体过程 3. 符合解体工艺标准 4. 只考核解体工作 5. 操作时注意安全、文明 6. 以 JG885-1-3 型高压加热器（卧式）为例					
设备场地工具材料	设备：JG885-1-3 型高压加热器 场地：现场型，照明充足 工具：敲击扳手（55）、撬棒、手拉葫芦、12 寸活络扳手、梅花扳手 1 套、10 磅大锤、专用拆卸工具。 材料：无					

	序号	项目名称	质量要求	满分	得分与扣分
评分标准	1	签好检修工作票，确认系统已隔离，放尽余水、余压	必要的安全措施	3	安全措施未落实扣 3 分
	2	将拆卸用的专用工具，用螺栓固定在加热器人孔门下端的筒体上	专用工具连接要牢固	3	安装错误不牢固扣 2 分
	3	先拆除一颗人孔门的双头螺栓和压板，用螺栓把专用工具托架固定在人孔座上，再拆除另一颗双头螺栓和压板	不损坏零件	4	方法不正确扣 2 分
	4	将人孔门座推入水室内，用撬棒将人孔门座旋转 90°，使用螺杆旋转直至人孔门座与拆卸专用工具贴紧，然后用葫芦将人孔座拉出放好	不损坏零件	5	方法不正确扣 4 分
	5	进入水室（水室温度要低于 50℃），拆去水室隔板，取出	不损坏零件	3	方法不正确扣 3 分
	6	拆下的部件要摆放整齐，下面做好铺垫，人孔门做好封堵	部件要摆放整齐，铺垫要规范，人孔门做好封堵	2	部件摆放不整齐、铺垫不规范扣 1 分，人孔门不堵扣 1 分

行业：电力工程　　　工种：汽轮机辅机检修工　　　等级：中/高

编　　号	C43A016	行为领域	e	鉴定范围	4
考核时间	4h	题　　型	A	题　　分	20
试题正文	凝汽器热水井检查清理				
其他需要说明的问题和要求	1. 要求 2 人配合工作 2. 掌握检修清理过程 3. 符合检修标准 4. 操作时注意安全、文明 5. 以 N18750–2 型凝汽器为例				
设备场地工具材料	设备：N18750–2 型凝汽器热水井 场地：现场型，照明充足 工具：梅花扳手 1 套，15、18 寸活络扳手各 1 把，手锤，矿灯，电筒，铲子，扫帚 材料：3mm 橡皮垫				

	序号	项目名称	质量要求	满分	得分与扣分
评分标准	1	签好检修工作票，确认系统已隔离，水已放尽	必要的安全措施	5	安全措施未落实扣 5 分
	2	拆螺母，打开人孔门，把内部杂物清理干净	人孔门外应设专人监护，清理干净无杂物	5	无人监护扣 5 分
	3	检查热水井内部锈垢和腐蚀情况，严重时清除锈垢，并刷防腐漆	热井内无锈垢	2	未检查扣 2 分
	4	检查真空除氧装置各部分完好无损，淋水板、支架完好	内部零件完好无损	5	少检查 1 项扣 1 分
	5	检查完毕，做好垫子，确认无任何遗留物件，复装人孔门	工完料尽场地清	3	安装后泄漏扣 3 分

行业：电力工程　　工种：汽轮机辅机检修工　　等级：中/高

编　号	C43A017	行为领域	e	鉴定范围	4
考核时间	1h	题　型	A	题　分	20

试题正文	给水泵进口滤网解体清洗

其他需要说明的问题和要求	1. 要求1人配合工作 2. 掌握解体过程 3. 符合解体标准 4. 只考核解体清洗工作 5. 操作时注意安全、文明 6. 以斜插式滤网为例

设备场地工具材料	设备：斜插式滤网 场地：现场型 工具：梅花扳手（36）、（32）、12寸活络扳手、手锤 材料：无

	序号	项目名称	质量要求	满分	得分与扣分
评分标准	1	签好检修工作票，确认系统已隔离，放尽存水	必要的安全措施	3	安全措施未落实扣3分
	2	松开滤网法兰螺栓，对称留两颗松动后不拆除，其余全部拆除	不损坏零件	2	方法不正确扣2分
	3	用葫芦将端盖固定，拆下剩余两颗螺栓，然后吊下端盖，取出滤网	不损坏零件	5	方法不正确扣5分
	4	将筒体内清理干净，检查导轨是否正常，然后将管口可靠封堵	注意不使异物及污物落入给水泵入口管中	5	方法不正确扣5分
	5	用压缩空气和水吹洗滤网	清洗干净	5	未清洗干净扣5分

编　　号	C43A018	行为领域	e	鉴定范围	4
考核时间	30min	题　　型	A	题　　分	20
试题正文	弹簧支吊架检查				
其他需要说明的问题和要求	1. 掌握检查内容 2. 符合弹簧支吊架的标准 3. 只考核弹簧支吊架的检查工作 4. 操作检查时注意安全、文明				
设备场地工具材料	设备：弹簧支吊架 场地：现场型 工具：12寸活络扳手、电筒、卷尺 材料：无				

评分标准	序号	项目名称	质量要求	满分	得分与扣分
	1	检查弹簧有无变形、断裂，检查长度和弹性情况	弹簧不变形	5	未检查扣5分
	2	吊杆、包箍等连接螺栓均应完好，无开焊、松动	零部件完整，焊接牢固	5	未检查扣5分
	3	松紧螺母调整到管道水平	管道应处水平位置	10	未检查扣10分

行业：电力工业　　　工种：汽轮机辅机检修工　　　等级：中/高

编　　号	C43A019	行为领域	e	鉴定范围	4
考核时间	2h	题　　型	A	题　分	20
试题正文	循泵出口液控蝶阀密封面检修				
其他需要说明的问题和要求	1. 要求 2 人配合工作 2. 掌握检修过程 3. 符合检修标准 4. 只考核密封面检修工作 5. 操作时注意安全、文明 6. 以 DN1400 型循环出口液控蝶阀为例				
设备场地工具材料	设备：DN1400 型循环出口液控蝶阀 场地：现场型，检修工作票已办理，人孔门已打开 工具：梅花扳手 1 套，10 寸活络扳手、矿灯、手锤、电筒 材料：橡胶密封圈				

评分标准	序号	项目名称	质量要求	满分	得分与扣分
	1	密封面磨损泄漏时，一般可通过压紧密封圈压板上螺钉，增加橡胶密封圈的压出量来解决	不损坏零件	10	进入管道无人监护扣 5 分，方法不正确扣 5 分
	2	当发生较大泄漏时，可在密封圈内加一调整块来解决	不损坏零件	5	方法不正确扣 5 分
	3	当发生密封圈严重损坏时，可取下密封圈压板，更换橡胶密封圈	不损坏零件	5	方法不正确扣 5 分

行业：电力工业　　　工种：汽轮机辅机检修工　　　等级：中/高

编　号	C43A020	行为领域	e	鉴定范围	4
考核时间	4h	题　型	A	题　分	20
试题正文	内冷水系统截止阀检查、更换				
其他需要 说明的问 题和要求	1. 要求1人配合工作 2. 掌握发电机内冷水系统截止阀检查、更换过程 3. 符合检修标准 4. 操作时注意安全、文明				
设备场地 工具材料	设备：内冷水系统截止阀 场地：现场型，要求照明充足 工具：研磨盘、平板 材料：砂布、研磨膏、红丹粉、聚四氟乙烯垫片				

	序号	项目名称	质量要求	满分	得分与扣分
评分标准	1	清理各零件，检查各螺栓完好，检查法兰密封面应无裂纹、吹损等缺陷，检查填料压盖及填料室应光滑、无毛刺		5	少清理1件扣1分，少检查1件扣1分
	2	检查门杆丝母无磨损；检查门杆，校验应无弯曲	门杆丝母无严重磨损，门杆光滑、弯曲度小于0.05mm	5	少检查1项扣2分
	3	检查阀头、阀座密封面，应光滑，无麻点、腐蚀等缺陷，否则应修磨，用红丹粉检查密封性	密封线连续	6	未检查扣6分
	4	门杆填料室加装合适聚四氟乙烯成型填料，法兰密封垫采用聚四氟乙烯垫片	发电机定冷水系统密封件必须采用聚四氟乙烯材料	4	用错密封材料扣4分

298

行业：电力工业　　　工种：汽轮机辅机检修工　　　等级：中/高

编　号	C43A021	行为领域	e	鉴定范围	4
考核时间	8h	题　型	A	题　分	20
试题正文	凝汽器汽侧检查				

其他需要说明的问题和要求	1. 需要2个人配合工作 2. 掌握汽侧检查过程 3. 符合汽侧检查工艺标准 4. 操作时注意安全、文明 5. 以N18750-2型凝汽器为例
设备场地工具材料	设备：N18750-2型凝汽器 场地：现场型，有照明 工具：梅花扳手1套、手锤、12寸活络扳手、矿灯 材料：砂布、3mm橡胶垫

	序号	项目名称	质量要求	满分	得分与扣分
评分标准	1	签好检修工作票，确认系统已隔离	必要的安全措施	2	安全措施未落实扣2分
	2	拆汽侧人孔门螺栓，打开人孔门	不损坏零件	2	损坏1件扣1分
	3	检查汽侧喉部腐蚀和铜管外壁结垢情况。清理盐垢、锈垢	喉部结构件无异常腐蚀；铜管外壁无损伤、无结垢	2	未检查扣2分
	4	检查铜管受排汽冲蚀情况	铜管应无松动	2	未检查扣2分
	5	检查凝结水再循环管、补水管、减温水管等喷水孔眼有无堵塞	各水管无堵塞	3	未检查扣3分
	6	检查喉部喷淋装置的喷头，应无脱落，喷眼畅通	喷眼畅通	2	未检查扣2分
	7	检查挡水板、挡汽板，清理内部杂物	清理干净	2	未检查扣2分
	8	检查五、六、七、八号抽汽管道焊缝和膨胀节及防冲刷护板有无异常	抽汽管道焊缝无异常；膨胀节无变形、拉杆受力正常；防冲刷护板无脱落	4	一方面未检查扣1分
	9	检查人孔门橡胶垫	橡胶垫应完整、无老化	1	未检查扣1分

行业：电力工业　　　工种：汽轮机辅机检修工　　　等级：中/高

编　　号	C43A022	行为领域	e	鉴定范围	4
考核时间	4h	题　　型	A	题　　分	20
试题正文	除氧器检修				
其他需要说明的问题和要求	1. 要求 2 人配合工作 2. 掌握检修过程 3. 符合检修标准 4. 只考核除氧器、水箱检修工作 5. 操作时注意安全、文明 6. 以 GC-1080 型除氧器为例				
设备场地工具材料	设备：GC-1080 型除氧器 场地：现场型，检修工作票已办理，人孔门已打开 工具：矿灯、电筒、梅花扳手（17）、10 寸活络扳手、手锤 材料：砂布				

	序号	项目名称	质量要求	满分	得分与扣分
评分标准	1	进入容器内工作，使用安全电压，外面有人监护	必要的安全措施	2	安全措施未落实扣 2 分
	2	检查淋水盘孔眼	应全部畅通	2	未检查扣 2 分
	3	水槽盘检查脱落情况	无脱落情况	2	未检查扣 2 分
	4	检查喷嘴，应畅通无阻，弹簧无变形	喷嘴畅通无阻	2	未检查扣 2 分
	5	检查放空气管根部有无裂纹	无裂纹	2	未检查扣 2 分
	6	检查水箱内部，并清理	清理干净	2	未清理扣 2 分
	7	检查各管道有无堵塞、腐蚀损坏	无堵塞	2	未检查扣 2 分
	8	检查内壁表面、开孔接管处有无介质腐蚀或冲刷磨损；固定支架、支座钢板焊缝有无裂纹	对不合格部位进行补焊处理	2	未检查扣 2 分
	9	联系金属实验人员进行金属监督工作		2	未联系扣 2 分
	10	联系化学人员检查结垢情况		2	未联系扣 2 分

行业：电力工业　　　工种：汽轮机辅机检修工　　　等级：中/高

编　号	C43A023	行为领域	e	鉴定范围	4
考核时间	4h	题　型	A	题　分	20
试题正文	抽汽逆止门解体				
其他需要说明的问题和要求	1. 要求 2 人配合工作 2. 掌握解体过程 3. 符合解体标准 4. 操作时注意安全、文明 5. 以气动旋起式抽气止回阀为例				
设备场地工具材料	设备：气动旋起式抽气止回阀 场地：现场型，有照明 工具：吊具、手锤、梅花扳手 1 套、8～12 寸活络扳手各 1 把 材料：砂布、除锈剂				

	序号	项目名称	质量要求	满分	得分与扣分
评分标准	1	办好检修工作票，确认已与系统隔离，放尽余水	必要的安全措施	2	安全措施未落实扣 2 分
	2	拆除保温，并清理干净，阀盖法兰做好标记	必要的安全措施	2	未做好标记扣 2 分
	3	联系热控专业人员拆除行程开关信号装置，拆除操纵座与逆止门连杆销	不损坏零部件	3	方法不正确扣 3 分
	4	拆除操纵座进气活动接头，拆除操纵座与阀体连接螺母，吊下放至检修场地	不损坏零部件	3	方法不正确扣 3 分
	5	拆除阀盖螺栓，吊下阀盖，拆除阀杆两端的填料压盖螺母及端盖螺母，取下端盖与填料压盖	不损坏零部件	3	方法不正确扣 3 分
	6	用吊具将阀碟吊起少许，然后用紫铜棒冲出阀杆并吊出阀碟	不损坏零部件	3	方法不正确扣 3 分
	7	拆除活塞套与连接盖板连接丝杆，用专用丝杆及垫块，将活塞弹簧压缩后，拆去活塞顶部锁紧螺母，再逐渐松开丝杆至弹簧不受力。取出活塞、弹簧	不损坏零部件	4	方法不正确扣 4 分

行业：电力工业　　　工种：汽轮机辅机检修工　　　等级：中/高

编　　号	C43A024	行为领域	e	鉴定范围	4
考核时间	8h	题　　型	A	题　　分	20
试题正文	Ⅱ级旁路减温减压阀的检修				
其他需要说明的问题和要求	1. 要求有 2 人以上配合工作 2. 掌握检修过程 3. 符合检修标准 4. 只考核检修工作 5. 操作时注意安全、文明 6. 以 PLY963-10V 型Ⅱ级旁路减温减压阀为例				
设备场地工具材料	设备：PLY963-10V 型Ⅱ级旁路减温减压阀 场地：现场型，照明充足，检修工作票已办理 工具：研磨工具、油石、钢丝刷、锉 材料：研磨膏（120、280 目）、砂布、清洗剂、红丹粉				

	序号	项目名称	质量要求	满分	得分与扣分
评分标准	1	清理各部件	各部件清理干净	2	少清理 1 件扣 0.5 分
	2	检查各处丝扣，完好无损	各丝扣完好	2	未检查扣 2 分
	3	检查门杆并校验无弯曲	门杆光滑、弯曲度小于 0.05mm	2	未检查扣 1 分，未校验扣 1 分
	4	检查线芯，如有吹损，可在车床上修整；然后在环型胎上，用 120 目研磨膏研磨，最后用 280 目研磨膏细磨	阀芯密封面光洁	3	未检查扣 2 分，方法不正确扣 1 分
	5	检查阀座密封面，如有吹损，先将吹损部位打磨干净，用 A132 或 A102 焊条采用亚弧焊补焊。用磨光机打掉补焊处高起部分。用油石条精修补焊点，使其基本与周围平齐。用铸铁件车成 45°角，作专用研磨工具，用 120 目研磨膏粗研，最后用 280 目研磨膏细研磨，直至密封面光洁	阀座密封面光洁	3	未检查扣 2 分，方法不正确扣 1 分

	序号	项目名称	质量要求	满分	得分与扣分
评分标准	6	检查阀盖密封面、盘根填料室有无损伤和砂眼	阀盖密封面光洁，填料室光滑	2	少检查1项扣0.5分
	7	红丹粉检查阀门密封	阀线连续成线	2	未检查扣2分
	8	检查阀体无裂纹、剥落，门盖螺栓进行硬度实验	阀体无裂纹，门盖螺栓布氏硬度为217~255	2	少检查1项扣0.5分
	9	检查填料盖内外，应光滑、无毛刺，并测量内外间隙	填料盖与阀杆间隙0.34~0.67mm，填料盖与阀盖间隙为0.10~0.30mm	2	未检查扣1分，未测量扣1分

编　号	C32A025	行为领域	e	鉴定范围	3
考核时间	4h	题　型	A	题　分	20
试题正文	管道滑动支架的安装				
其他需要说明的问题和要求	1. 掌握管道滑动支架的安装过程 2. 符合安装标准 3. 只考核安装工作 4. 操作时注意安全、文明 5. 以 $\phi219$ 管道滑动支架为例				
设备场地工具材料	设备：$\phi219$ 管道滑动支架 场地：现场型，照明充足 工具：直尺、水平尺、手锤、錾子、梅花扳手（30、32） 材料：托座、托架、斜垫铁若干块				

	序号	项目名称	质量要求	满分	得分与扣分
评分标准	1	根据管道的位置，找正支架的标高，找正支架的中心，找平支架的水平	支架标高找正支架中心找正	10	标定未找正扣5分。中心未找正扣5分
	2	考虑管道的热膨胀影响，要以支架的中心线为始点，将托架沿管道热膨胀的反方向移动该管段热位移的一半，定出托架中心	确定支架中心	3	方法不正确扣3分
	3	托座与基础连接牢固，托架与管道连接牢固	托座平面应水平，托架不应歪斜	7	未连接好 1 个扣 3.5 分

行业：电力工程　　　工种：汽轮机辅机检修工　　　等级：高/技师

编　　号	C32A026	行为领域	e	鉴定范围	3
考核时间	1h	题　　型	A	题　　分	20
试题正文	凝汽器打压缩空气查漏				
其他需要说明的问题和要求	1. 要求 2 人配合工作 2. 掌握查漏过程 3. 符合检修标准 4. 只考核查漏工作 5. 操作时注意安全、文明 6. 以 N-18750 型凝汽器为例				
设备场地工具材料	设备：N-18750 型凝汽器 场地：现场型，检修工作票已办理，凝汽机人孔门已打开，安全措施已落实 工具：电筒、12 寸活络扳手 2 把 材料：1.5 级压力表				

	序号	项目名称	质量要求	满分	得分与扣分
评分标准	1	凝汽器经高位灌水后，关闭各通往凝汽器的疏水管道阀门	关闭各疏水管阀门	3	方法不正确扣 3 分
	2	将 1 只凝汽器真空表换为 1.5 级压力表，关闭其余真空表一次门	更换 1.5 级压力表，其余一次门可靠关闭	8	未换压力表扣 4 分，未关闭其余一次门扣 4 分
	3	打开压缩空气至凝汽器门，严密监视凝汽器压力不得超过 0.04MPa	压力不得超过 0.04MPa	3	无人监视凝汽器压力扣 3 分
	4	凝汽器起压后检查灌水高度以上部分的严密情况，重点查低压缸、连通管和防爆门		3	方法不正确扣 3 分
	5	打压结束后停压缩空气，凝汽器汽侧放水		3	方法不正确扣 3 分

行业：电力工程　　　工种：汽轮机辅机检修工　　　等级：高/技师

编　　　号	C32A027	行为领域	e	鉴定范围	3
考核时间	4h	题　　型	A	题　　分	20
试题正文	高压加热器查漏				
其他需要说明的问题和要求	1. 要求 2 人配合工作 2. 掌握查漏过程 3. 符合查漏标准 4. 只考核查漏工作 5. 操作时注意安全、文明 6. 以 JG885-1-3 型（卧式）高压加热器为例				
设备场地工具材料	设备：JG885-1-3 型（卧式）高压加热器 场地：现场型，照明充足，检修工作票已办理，人孔门已打开 工具：梅花扳手 1 套，10、12 寸活络扳手各 1 把，手锤，记录卡 材料：堵板、堵头、皮管、肥皂水				

	序号	项目名称	质量要求	满分	得分与扣分
评分标准	1	配合运行人员做好隔离工作,关闭汽侧进汽门及与系统有连接的阀门	阀门均应关闭	5	阀门未关闭扣 5 分
	2	从汽侧放汽阀接入压缩空气,使高压加热器汽侧压力升至 0.6MPa,用肥皂水涂管口查漏。当发现泄漏的钢管和管口,做好记录,待泄压后,将管口清理干净,敲入堵头,用电焊焊固。如管板有漏点,需挖补,清理后用焊条焊固	泄漏点应可靠封堵	10	查漏方法不正确扣 5 分,封堵方法不正确扣 5 分
	3	焊后,再次进行打压找漏一遍,检查各管束和焊口焊接情况		5	未再找漏一遍扣 5 分

行业：电力工程　　工种：汽轮机辅机检修工　　等级：高/技师

编　　号	C32A028	行为领域	e	鉴定范围	3
考核时间	1h	题　　型	A	题　　分	20
试题正文	除氧器水位调节门检修				
其他需要说明的问题和要求	1. 掌握检修过程 2. 符合检修标准 3. 只考核检修工作 4. 操作时注意安全、文明 5. 以 GC-1080 型除氧器水位调节门为例				
设备场地工具材料	设备：GC-1080 型除氧器水位调节门 场地：现场型，检修工作票已办理，阀门解体工作已结束 工具：钢丝刷、手锤、钳丝钳、锉刀 材料：砂布、红丹粉				

	序号	项目名称	质量要求	满分	得分与扣分
评分标准	1	清理各零件	清理干净	4	少清理1件扣1分
	2	检查门杆，应光滑，无磨损、无弯曲	门杆光滑无磨损，弯曲度不大于0.05mm	4	未检查扣2分，未测量扣2分
	3	检查调节套筒内外壁，应完好、光洁，无异常磨伤、吹损，和调节门头配合间隙不超标	调节套筒和调节门头表面无损伤，径向配合间隙为0.12～0.20mm	4	未检查部件表面状况扣2分，未检查、测量径向配合间隙扣2分
	4	检查阀盖和阀体法兰结合密封面，无吹损、无径向划痕，填料室光滑、无毛刺	法兰无吹损，无径向划痕	4	未检查扣4分
	5	检查阀座与阀门壳体结合密封面，无吹损、磨损等缺陷，红丹粉检查阀头与阀座密封线完好	阀座与阀门壳体结合密封面无吹损；阀头与阀座密封线应连续均匀，无吹损	4	未检查阀座与阀门壳体结合密封面扣2分；未用红丹粉检查阀头与阀座密封线扣2分

行业：电力工程　　　工种：汽轮机辅机检修工　　　等级：高/技师

编号	C32A029	行为领域	e	鉴定范围	3
考核时间	4h	题　型	A	题　分	20
试题正文	板式热交换器解体、清洗				

其他需要说明的问题和要求	1. 要求2人配合工作 2. 掌握解体过程 3. 符合清洗标准 4. 只考核解体、清洗工作 5. 操作时注意安全、文明 6. 以板式热交换器检修为例

设备场地工具材料	设备：板式热交换器 场地：现场型 工具：1套梅花扳手、手锤、电筒、卷尺 材料：除锈剂、橡胶垫、记号笔、白棉布

	序号	项目名称	质量要求	满分	得分与扣分
评分标准	1	办理工作票，确认系统已解列，放尽余水	必要的安全措施	2	安全措施不到位扣2分
	2	做好标记，拆除进、出口法兰螺栓	不损坏部件	3	方法不正确扣2分
	3	拆除板式热交换器地脚螺丝，将交换器整体吊出，拉到检修场地	不损坏部件	3	方法不正确扣2分
	4	在热交换器板组的侧面做好标记（斜线标识），测量板组的叠厚（上、下、左、右），并做好记录	标标识要清晰，测量尺寸要准确	4	未做记号扣2分，未测量扣2分
	5	上、下对称留4棵螺栓，其余的先拆除，然后按对称均匀松开4棵压紧螺栓至换热片达到自由状态，取下压紧螺栓，拆除压紧板，依次拆除换热片，按顺序放好	不损坏部件	4	方法不正确扣4分
	6	逐片清洗换热片两面，直到每一片换热片干净为止，然后用白丝绸布擦拭换热片和密封条	不损坏部件	4	清洗不干净扣4分

行业：电力工程　　　工种：汽轮机辅机检修工　　　等级：高/技师

编　　　号	C32A030	行为领域		e	鉴定范围	3
考核时间	4h	题　　型		A	题　　分	20
试题正文	循环水泵出口蝶阀检修					
其他需要说明的问题和要求	1. 要求 2 人配合工作 2. 掌握检修过程 3. 符合检修标准 4. 只考核检修工作 5. 操作时注意安全、文明 6. 以 HB741-6-1800 型循环水泵出口蝶阀为例					
设备场地工具材料	设备：HB741-6-1800 型循环水泵出口蝶阀 场地：现场型，照明充足，检修工作票已办理，人孔门已打开 工具：一套梅花扳手、起子、手锤、矿灯、电筒 材料：密封橡胶条、盘根					

	序号	项目名称	质量要求	满分	得分与扣分
评分标准	1	进入阀内工作，人孔门处必须有人监护，只能使用矿灯、电筒或 12V 安全电压照明工具	必要的安全措施	4	安全措施未到位扣 4 分
	2	开启阀门，检查阀瓣四周密封橡胶条损坏情况，必要时更换密封条	密封条无损坏，密封情况好	4	未检查扣 4 分
	3	手摇关闭阀门，检查操作是否灵活	操作灵活，无卡涩现象	4	未检查扣 4 分
	4	检查阀瓣中轴磨损情况	中轴无磨损	4	未检查扣 4 分
	5	检查盘根严密性	盘根严密不漏	2	未检查扣 2 分
	6	配合热工人员校验行程		2	未进行配合校验行程扣 2 分

行业：电力工程　　　工种：汽轮机辅机检修工　　　等级：高/技师

编　号	C32A031	行为领域	e	鉴定范围	3
考核时间	4h	题　型	A	题　分	20
试题正文	高压加热器联成阀检修				
其他需要 说明的问 题和要求	1. 要求1人配合工作 2. 掌握检修过程 3. 符合检修标准 4. 只考核检修工作 5. 操作时注意安全、文明 6. 以JG-540型高压加热器联成阀为例				
设备场地 工具材料	设备：JG-540型高压加热器联成阀 场地：现场型，照明充足，检修工作票已办理，阀门解体工作已结束 工具：0～200mm游标卡尺、铸铁研磨工具、锉刀 材料：砂布、研磨膏、红丹粉				

	序号	项目名称	质量要求	满分	得分与扣分
评 分 标 准	1	清理各零部件	清理干净	2	少清理1件扣1分
	2	检查阀芯与上下阀座密封面，应完好无损，无腐蚀、麻点、凹坑，确保接触吻合，关闭严密。如有吹损等缺陷，则应修磨，直到用红丹粉检查密封面连续均匀	密封面光洁平整，红丹粉检查密封面连续均匀	4	未检查扣2分，未用红丹粉检查扣2分
	3	检查液压缸内壁及活塞	光滑，无毛刺	1	未检查扣1分
	4	检查上阀杆丝扣及活令丝扣磨损情况，如磨损，则应加工更换	丝扣无滑牙、毛刺，内外丝扣配合良好	2	未检查阀杆扣1分，未检查活令丝扣1分

	序号	项目名称	质量要求	满分	得分与扣分
评分标准	5	检查填料室座,衬套应完整良好,无磨损、裂纹、吹损等,并测量配合间隙	阀杆与填料室径向间隙 0.34~0.52mm;阀体与填料室外径间隙 0.30~0.45mm;阀杆与衬套径向间隙 0.10~0.18mm	4	未检查扣 2 分,少测量 1 项扣 1 分
	6	检查四合环及四合环槽,应完好,无毛刺、裂纹和变形	无裂纹和变形	1	少检查 1 项扣0.5 分
	7	检查阀杆表面,应光滑,无腐蚀、锈垢、磨损,测量弯曲度	表面光滑,无磨损,弯曲度不大于0.03mm	1	未检查扣 0.5分,未测量扣 0.5分
	8	检查阀瓣压盖丝扣、止动垫圈	丝扣无滑牙、毛刺,内外丝扣配合良好,垫圈完好	1	少检查 1 项扣0.5 分
	9	测量阀体与密封圈径向间隙,测量阀体与密封圈外径间隙	标准值:0.10~0.15mm;标准值:0.30~0.45mm	4	少测量 1 项扣 2分

行业：电力工程　　　工种：汽轮机辅机检修工　　　等级：高/技师

编　　号	C32A032	行为领域		e	鉴定范围	3
考核时间	1h	题　　型		A	题　　分	20
试题正文	高压加热器安全门解体					
其他需要说明的问题和要求	1. 要求 1 人以上配合工作 2. 掌握解体过程 3. 符合检修标准 4. 只考核解体工作 5. 操作时注意安全、文明 6. 以 JG–1150–1 型高压加热器安全门为例					
设备场地工具材料	设备：JG–1150–1 型高压加热器安全门已解体 场地：现场型，照明充足，检修工作票已办理 工具：专用长螺栓、1 套梅花扳手、12 寸活络扳手、手锤、0～300mm 深度游标卡尺 1 把 材料：砂布					

	序号	项目名称	质量要求	满分	得分与扣分
评分标准	1	旋出安全门上部保护罩壳，测量阀杆露出部分高度及调整螺杆高度	做好记录	5	未做记录扣 5 分
	2	拆除阀盖短螺栓，将长螺栓螺帽均匀松到弹簧无弹力时，拆去螺栓，取出弹簧及弹簧托板，清理检查并测量自由长度	弹簧无裂纹，无严重锈蚀和变形，两端平整。自由长度与原始值比较无明显改变	5	未检查弹簧扣2分，未测量自由长度和进行比较扣3分
	3	取出阀杆导向套、反冲盘及阀芯，清理检查	阀杆无吹损、磨损和锈蚀，弯曲度不大于 0.03mm，导向套光洁无拉毛	3	未清理检查扣2分，未测量弯曲度扣1分
	4	解体反冲盘及阀芯，将反冲盘外圈两面用木板填好，利用它的自重在木板上冲击，将芯击出	不损坏零件	2	方法不正确扣2分
	5	测量调节圈行程，拆除调节圈固定螺钉，旋出调节圈，并做好记录	测量调节圈行程，做好记录	5	未做好记录扣5分

编　　　号	C21A033	行为领域	e	鉴定范围	2
考核时间	30min	题　　型	A	题　　分	20
试题正文	H-1型横作用力支吊架的检查				
其他需要说明的问题和要求	1. 掌握检查的过程 2. 符合检查标准 3. 只考核检查工作 4. 检查操作时注意安全、文明				
设备场地工具材料	设备：H-1型横作用力支吊架 场地：现场型，照明充足 工具：电筒 材料：无				

	序号	项目名称	质量要求	满分	得分与扣分
评分标准	1	检查固定卡子柱杆及各零部件，应正常良好，没有变形和断裂等缺陷		5	未检查扣5分
	2	检查框架结构要完整牢固，焊口应无裂纹，无变形松动和其他不良现象		5	未检查扣5分
	3	检查弹簧，没有裂纹、折断和变形，要弹性良好，不松不卡		5	未检查扣5分
	4	支吊架各部完整良好，固定牢固，螺栓连接无松动		5	未检查扣5分

编　　　号	C21A034	行为领域	f	鉴定范围	2
考核时间	4h	题　　　型	A	题　　　分	20
试题正文	管道滚动支架安装				
其他需要说明的问题和要求	1. 掌握管道滚动支架安装的过程 2. 符合安装标准 3. 只考核安装工作 4. 操作时注意安全、文明 5. 以ϕ219管道滚动支架为例				
设备场地工具材料	设备：滚动支架 场地：现场型，要求照明充足 工具：直尺、手锤、水平尺 材料：托座、三个滚子、托架				

	序号	项目名称	质量要求	满分	得分与扣分
评分标准	1	根据管道的位置找正支架的标高、支架的中心及水平		6	支架的标高未找正扣2分，支架的中心未找正扣2分，支架的水平未找正扣2分
	2	考虑管道的热膨胀，要以支架的中心线为始点，将托架沿管道膨胀反方向移动该管段热位移的一半，定出托架中心		4	托架安装方法不正确扣4分
	3	三个滚子的安装：第一个滚子的安装中心与支架同中心；第二个滚子的安装中心应在该管热位移反方向的1/4处；第三个滚子安装中心应在该管段热位移反方向的1/2处，也就是与托架同中心	滚子应保证滚动自如	6	滚子的安装错1个扣2分
	4	托座与基础连接牢固，托架与管道连接牢固	托座平面水平，托架不应歪斜	4	未正确连接1个扣2分

行业：电力工程　工种：汽轮机辅机检修工　等级：技师/高级技师

编　　号	C21A035	行为领域	f	鉴定范围	1
考核时间	1h	题　　型	A	题　　分	20
试题正文	主蒸汽管道上蠕变测点的安装				
其他需要说明的问题和要求	1. 要求电焊工配合工作 2. 掌握蠕变测点的安装过程 3. 符合安装工艺标准 4. 只考核安装工作 5. 操作时注意安全、文明				
设备场地工具材料	设备：主蒸汽管道上蠕变测点 场地：现场型，照明充足 工具：手锤、锉刀、砂布、200～225mm外径千分尺 材料：测钉座、测钉头				

	序号	项目名称	质量要求	满分	得分与扣分
评分标准	1	签好检修工作票，确认系统已隔离	必要的安全措施	3	安全措施未到位扣3分
	2	测点应装在平直管道的中部同一横截面的对称4块	不可靠近焊口和支架等处	3	方法不正确扣3分
	3	用电焊将测钉座焊在管道上，然后将测钉头拧上去，进行测量，符合要求时再将其点焊，冷却后再测量，做好原始记录	两组测点都要有档案记录	7	方法不正确扣3分 未记录扣4分
	4	安装好的测点，两相邻测钉头之间角度误差应不超过±2%，两组测点的直径误差应小于0.10mm		7	相邻角度误差大于±2%扣4分；两组直径误差大于0.10mm扣3分

编　　号	C21A036	行为领域		f	鉴定范围		1
考核时间	4h	题　型		A	题　　分		20
试题正文	高压阀门密封面的堆焊检修						
其他需要说明的问题和要求	1. 要求焊工配合工作 2. 掌握堆焊的过程 3. 符合检修标准 4. 只考核密封面堆焊工作 5. 操作时注意安全、文明						
设备场地工具材料	设备：高压阀门密封面 场地：现场型，照明充足 工具：手锤、电筒 材料：焊条						

	序号	项目名称	质量要求	满分	得分与扣分
评分标准	1	轻微局部损坏可直接用与密封面同样材料的焊条焊接；若损坏严重，则应先把需堆焊的密封面车出圆形堆焊沟槽，堆焊沟槽底部尖角应带圆弧，圆弧半径应大于等于2mm，要求圆滑不留夹角，以防夹渣和造成气孔、砂眼等缺陷	焊条与密封面同样材料，焊前应将锈垢及油污等清理打磨干净	5	焊条材料选择不正确扣2分，焊前处理不干净扣2分，方法不正确扣1分
	2	每堆焊一层，应把溶渣彻底清理干净，并详细检查有无气孔、裂纹等缺陷，处理好再焊。焊缝接头应重合10～15mm，断弧应在凹槽边缘填满后，且各层接头焊口应叉开	每层应无气孔和裂纹，焊缝接头重合10～15mm，各层接头焊口应叉开	5	方法不正确扣5分
	3	堆焊时尽量使内应力小，为此堆焊层一般为三层，每层厚度2～4mm，以防产生裂纹	每层厚度2～4mm	5	方法不正确扣5分
	4	焊完后立即进行热处理，加热到800℃，恒温4h，然后随即以20～25℃/h的速度冷却到250～300℃		5	方法不正确扣5分

行业：电力工程 工种：汽轮机辅机检修工 等级：技师/高级技师

编　号	C21A037	行为领域	f	鉴定范围	1
考核时间	4h	题　型	A	题　分	20
试题正文	闸阀检修				
其他需要说明的问题和要求	1. 掌握检修过程 2. 符合检修标准 3. 只考核检修工作 4. 操作时注意安全、文明 5. 以 Z41H–40　DN250 闸阀为例				
设备场地工具材料	设备：Z41H–40　DN250 闸阀 场地：现场型，照明充足 工具：研磨盘、钢丝刷、电筒、锉刀 材料：砂布、红丹粉、研磨膏				

	序号	项目名称	质量要求	满分	得分与扣分
评分标准	1	清理各零部件	清理干净	2	清理不干净扣2分
	2	检查各螺栓丝扣	丝扣完好，无毛刺，旋转灵活	2	未检查扣2分
	3	检查丝母丝扣磨损情况，如果磨损严重，则应更换	丝扣无严重磨损	2	未检查扣2分
	4	检查平面轴承，应灵活，无锈垢、无卡涩，否则应更换	转动灵活无卡涩	2	未检查扣2分
	5	检查填料室，应光滑无毛刺，门盖法兰平面无吹损或无径向刮痕	填料室光滑无毛刺，门盖法兰平面无吹损	2	未检查扣2分
	6	检查门杆，表面应无麻点或损伤。丝扣部分无磨损、不变形，测量弯曲度	门杆表面光滑无麻点，丝扣完好，弯曲度小于0.05mm	2	未检查扣2分
	7	阀芯、阀座密封面进行研磨，用红丹粉检查，直到配合严密无泄漏	密封面完整光洁，密封面连续均匀	8	未检查扣8分

行业：电力工程　工种：汽轮机辅机检修工　等级：技师/高级技师

编　　号	C21A038	行为领域	f	鉴定范围	1
考核时间	4h	题　　型	A	题　　分	20
试题正文	除氧器水箱安全门检修				
其他需要说明的问题和要求	1. 掌握检修过程 2. 符合检修标准 3. 只考核检修工作 4. 操作时注意安全、文明 5. 以 GC-1080 型除氧器水箱安全门为例				
设备场地工具材料	设备：GC-1080 除氧器水箱安全门 场地：检修场地，照明充足，检修工作票已办理，阀门解体工作已结束 工具：钢丝刷、研磨盘、12 寸活络扳手、锉刀 材料：砂布、红丹粉、研磨膏				

	序号	项目名称	质量要求	满分	得分与扣分
评 分 标 准	1	清理各零部件	清理干净	2	未清理干净扣2分
	2	检查调整螺丝及并帽丝扣	丝扣完好，调整灵活无卡涩	2	未检查扣2分
	3	检查阀杆，应光滑无腐蚀，无弯曲，并测量弯曲度	弯曲度不大于0.05mm	2	未检查扣2分
	4	检查弹簧，应无裂纹、腐蚀、变形等缺陷	无裂纹、腐蚀、变形	3	未检查扣3分
	5	检查限位块，应无裂纹等缺陷	无裂纹	2	未检查扣2分
	6	检查套筒与阀头结合面，应光滑无磨损，动作灵活无卡涩	光滑无磨损，动作灵活无卡涩	3	未检查扣3分
	7	用红丹粉检查阀头与阀座密封面，应配合严密，必要时进行修磨	密封面应连续均匀	6	未检查扣6分

行业：电力工程　工种：汽轮机辅机检修工　等级：技师/高级技师

编　　号	C21A039	行为领域	f	鉴定范围	1
考核时间	4h	题　型	A	题　分	20

试题正文	再循环阀的检修
其他需要说明的问题和要求	1. 掌握检修过程 2. 符合检修标准 3. 只考核检修工作 4. 操作时注意安全、文明 5. 以 L64H–180 型再循环阀为例
设备场地工具材料	设备：L64H–180 型再循环阀 场地：现场型，照明充足，检修工作票已办理，阀门解体工作已结束 工具：研磨盘、电筒、锉刀 材料：研磨膏、砂布、红丹粉、阀芯密封圈及填料

	序号	项目名称	质量要求	满分	得分与扣分
评分标准	1	清理各零部件	清理干净	2	少清理 1 件扣 0.5 分
	2	检查阀杆、阀座吹损情况。检查节流组件吹损情况，不符合标准时，应该修磨或更换；阀杆、阀座光滑无吹损	节流组件与阀座接触弧面光滑，接触吻合连续	8	少检查 1 项扣 2 分
	3	检查阀座与阀芯之间密封线吹损情况，应无腐蚀、无麻点、无凹痕等，否则应该修磨	密封线连续无吹损接触吻合	2	未检查扣 2 分
	4	检查阀杆表面应光滑，不弯曲，测量弯曲度	弯曲度小于 0.05mm	2	未检查扣 2 分
	5	检查阀盖内外壁，应无毛刺、无腐蚀，阀体内壁光滑	阀盖无毛刺、无裂纹，阀体内壁光滑	2	未检查扣 2 分
	6	检查筒套磨损情况，应光滑，上下平面无凹痕裂纹等	筒套应光滑，上下平面无凹痕裂纹	2	未检查扣 2 分
	7	更换阀芯密封圈，更换填料		2	少更换 1 项扣 0.5 分

行业：电力工程　工种：汽轮机辅机检修工　等级：技师/高级技师

编　　号	C21A040	行为领域	f	鉴定范围	1
考核时间	6h	题　　型	A	题　分	20

试题正文	抽汽止回阀的检修
其他需要说明的问题和要求	1. 掌握检修过程 2. 符合检修标准 3. 只考核检修工作 4. 操作时注意安全、文明 5. 以 FH-45-150 抽汽止回阀为例
设备场地工具材料	设备：FH-45-150 抽汽止回阀 场地：现场型，要求照明充足，检修工作票已办理，阀门解体工作已结束 工具：研磨盘、钢丝刷、电筒、0～200mm 游标卡尺、起子、锉刀 材料：红丹粉、研磨膏、砂布

	序号	项目名称	质量要求	满分	得分与扣分
评分标准	1	清理零部件	清理干净	2	少清理 1 件扣 0.5 分
	2	检查所有螺栓及进出口法兰、阀盖、阀体结合面	螺栓丝扣完好，无毛刺；结合面平整无吹损，无径向划痕	1	未检查扣 1 分
	3	检查测量操纵座套筒、活塞，弹簧及弹簧支座	套筒内壁光滑无吹损，泄水孔畅通无污垢。活塞无毛刺、无腐蚀、无污垢。弹簧无锈蚀、无断裂和变形。弹簧支座平整无锈蚀，活塞与套筒配合间隙为 0.05～0.10mm	3	未检查扣 2 分，未测量扣 1 分
	4	检查阀杆是否正直无弯曲、丝扣完整无毛刺，测量阀杆与阀杆套间隙	丝扣完好，弯曲度不大于 0.03mm，阀杆与阀杆套配合间隙为 0.20～0.25mm	3	未检查扣 2 分，未测量扣 1 分

	序号	项目名称	质量要求	满分	得分与扣分
评分标准	5	检查和测量阻汽片、疏汽圈及汽封室	汽封室内部无污垢、无吹损，疏水孔畅通，疏汽圈内外圈无磨损，阻汽片内外圈光滑，疏汽圈与阀杆间隙为0.20～0.25mm；阻汽片与汽封室间隙为 0.10～0.15mm；阻汽片与阀杆间隙为0.20～0.25mm	3	未检查扣2分，未测量扣1分
	6	检查和测量阀盖、活塞套筒、缓冲活塞	汽阀活塞套筒、缓冲活塞光滑无毛刺、无腐蚀、无磨损；泄压孔畅通；汽阀活塞套筒与缓冲活塞间配合间隙为0.35～0.45mm	3	未检查扣2分，未测量扣1分
	7	检查阀芯、阀座，用红丹粉检查密封面	密封面连续均匀	1	未检查扣1分
	8	组合阀芯、缓冲活塞，旋紧缓冲活塞上螺塞，用支头螺钉固定		1	方法不正确扣1分
	9	装复阻汽片、疏汽圈，旋好汽封螺塞，并用支头螺钉固定，测量间隙	疏汽圈中心对准汽室疏汽孔中心；阻汽片与汽封螺塞轴向间隙为1～2mm	3	方法不正确扣2分，未测量扣1分

4.2.2 多项操作

行业：电力工程　　　工种：汽轮机辅机检修工　　　等级：初/中

编　　号	C54B041	行为领域	d	鉴定范围	5
考核时间	1h	题　型	B	题　分	30
试题正文	内冷水系统激光打孔水过滤器解体与检修				
其他需要说明的问题和要求	1. 掌握解体与检修过程 2. 符合检修标准 3. 操作时注意安全、文明 4. 以内冷水系统激光打孔水过滤器为例				
设备场地工具材料	设备：内冷水系统激光打孔水过滤器 场地：现场型，照明充足 工具：梅花扳手（24）1 把，8、12 寸活络扳手各 1 把 材料：聚四氟乙烯垫片				

	序号	项目名称	质量要求	满分	得分与扣分
评分标准	1	签好检修工作票，确认系统已隔离	必要的安全措施	5	安全措施未落实扣 5 分
	2	拆除上部法兰盖螺栓，取下盖板、密封垫，取出滤芯体	不损坏零件	10	方法不正确扣 10 分
	3	检查并用压缩空气吹扫滤芯上每个孔，检查并用面团粘干净筒体内每个部位	滤芯体和筒体内部的清理必须认真、仔细	10	未检查扣 5 分，未清洗干净扣 5 分
	4	回装滤芯及过滤器盖	回装过程必须保持绝对清洁，更换聚四氟乙烯垫片	5	回装过程发生二次污染扣 3 分，未更换聚四氟乙烯垫片扣 2 分

行业：电力工程　　　工种：汽轮机辅机检修工　　　等级：初/中

编　　号	C54B042	行为领域		d	鉴定范围		5
考核时间	1h	题　　型		B	题　　分		30
试题正文	止回阀解体与检修						
其他需要说明的问题和要求	1. 掌握解体与检修过程 2. 符合检修标准 3. 操作时注意安全、文明 4. 以 H44T–10　DN65 型止回阀为例						
设备场地工具材料	设备：HT44T–10　DN65 型止回阀 场地：现场型，照明充足 工具：梅花扳手（19）、手锤、8～10 寸活络扳手各 1 把、锉刀 材料：砂布						

	序号	项目名称	质量要求	满分	得分与扣分
评 分 标 准	1	签好检修工作票，确认系统已隔离	必要的安全措施	5	安全措施未落实扣 5 分
	2	拆除门盖螺栓，取下门盖清理干净	不损坏零件	10	方法不正确扣 5 分，未清理扣 5 分
	3	检查翻板与轴销磨损情况，如磨损严重应更换	翻板灵活，位置正确，轴销等零件无磨损	15	未检查扣 15 分

行业：电力工程　　工种：汽轮机辅机检修工　　　等级：初/中

编　　号	C54B043	行为领域		d	鉴定范围	5
考核时间	2h	题　　型		B	题　　分	30
试题正文	前置泵进口滤网解体与检修清理					
其他需要说明的问题和要求	1. 要求 2 人以上配合工作 2. 掌握解体、检修、清理工作过程 3. 符合工艺标准 4. 只考核滤网解体清理检修工作 5. 操作时注意安全、文明					
设备场地工具材料	设备：斜插式滤网 场地：现场型，照明充足 工具：梅花扳手（30）、手锤、12 寸活络扳手、绳索 材料：80 目不锈钢滤网、铁丝					

	序号	项目名称	质量要求	满分	得分与扣分
评分标准	1	签好检修工作票，确认系统已隔离，内部存水放尽	必要的安全措施	5	安全措施未落实扣 3 分，存水未放尽扣 2 分
	2	搭好脚手架，木板两头捆扎牢固	必要的安全措施	2	木板未捆扎牢固扣 2 分
	3	拆端盖紧固螺栓，取下端盖	放置在合适场地	3	损坏 1 件扣 1 分
	4	卸下滤网	不损坏零件	5	方法不正确扣 5 分
	5	清理滤网内垃圾，冲洗干净滤网	滤网清洗干净	5	清洗不干净扣 5 分
	6	检查滤网有无破损。若有破损，则进行修补或更换	滤网完整无破损	10	未检查滤网扣 5 分，修补或更换不正确扣 5 分

行业：电力工程　　工种：汽轮机辅机检修工　　等级：初/中

编　　号	C5B044	行为领域	d	鉴定范围	5
考核时间	2h	题　　型	B	题　　分	30
试题正文	汽轮机本体疏水扩容器检修				
其他需要说明的问题和要求	1. 要求1人配合工作 2. 掌握解体检修过程 3. 符合检修标准 4. 操作时注意安全、文明				
设备场地工具材料	设备：本体疏水扩容器 场地：现场型，照明充足 工具：梅花扳手1套、活络扳手、手锤 材料：砂布、缠绕垫片、除锈剂、防咬剂				

	序号	项目名称	质量要求	满分	得分与扣分
评分标准	1	签好检修工作票，确认系统已隔离	必要的安全措施	5	安全措施未落实扣5分
	2	拆除人孔门盖，内部清理，内部各部件检查	容器内使用12V以下低压电源，容器内部无锈垢、杂物	5	没有人专门监护扣2分，清理不干净扣3分
	3	检查减温水喷头、支撑钢管及筋板焊缝	检查减温水喷头无堵塞、不松动；支撑钢管及筋板无吹损、脱落，焊缝无裂纹	8	不检查减温水喷头扣4分，不检查支撑钢管及筋板扣4分
	4	各集管进汽挡板及焊缝检查	各集管进汽挡板无吹损、脱落，焊缝无裂纹	4	不检查各集管进汽挡板扣4分
	5	扩容器内壁表面、焊缝缺陷检查，就地压力表、温度计检查	内壁表面及焊缝无裂纹、变形、冲刷、腐蚀等缺陷；就地压力表、温度计完好，校验合格	8	未检查内壁表面及焊缝扣6分，未检查就地压力表、温度计扣2分

行业：电力工程　　　工种：汽轮机辅机检修工　　　等级：初/中

编　　号	C54B045	行为领域	d	鉴定范围	5
考核时间	1h	题　型	B	题　分	30
试题正文	磁性过滤器的解体与检修				
其他需要说明的问题和要求	1. 掌握解体检修过程 2. 符合检修标准 3. 操作时注意安全、文明 4. 以 L250 型磁性过滤器的解体与检修为例				
设备场地工具材料	设备：L250 型磁性过滤器 场地：现场型，有足够照明 工具：梅花扳手 1 套、常用活络扳手、手锤 材料：砂布、煤油				

	序号	项目名称	质量要求	满分	得分与扣分
评分标准	1	签好检修工作票，确认系统已隔离，放尽内部存水	必要的安全措施	5	安全措施未落实扣 5 分
	2	拆去端盖及 M16 固定螺栓，依次从外筒体口由两端转拉出滤网筒体	不损坏零件	5	方法不正确扣 5 分
	3	拆去支承筋，在连接螺栓上扳紧两个螺母，连接螺栓和磁环一起松开，从滤网筒体内拉出	不损坏零件	10	方法不正确扣 10 分
	4	清理滤网和除去磁环的铁磁性杂质	清理干净	5	未清理扣 5 分
	5	检查护网壳等零件，各焊接固定点无脱落现象。检查外壳体内挂板和挡条焊接质量	焊接牢固，无脱落	5	未检查扣 5 分

行业：电力工程　　　工种：汽轮机辅机检修工　　　等级：初/中

编　　号	C54B046	行为领域	d	鉴定范围	5
考核时间	2h	题　　型	B	题　　分	30
试题正文	闸阀的解体与检修				
其他需要说明的问题和要求	1. 掌握解体检修过程 2. 符合检修标准 3. 操作时注意安全、文明 4. 以 Z41T-16　DN100 型闸阀为例				
设备场地工具材料	设备：Z41T-16　DN100 型闸阀 场地：现场型 工具：梅花扳手 1 套、手锤、扦子、12 寸活络扳手、电筒、锉刀 材料：砂布、红丹粉、平板				

	序号	项目名称	质量要求	满分	得分与扣分
评分标准	1	签好检修工作票，确认系统已隔离	必要的安全措施	3	安全措施未落实扣 3 分
	2	在法兰结合面处做好标志	不损坏零件	3	未做标记扣 3 分
	3	将阀门打开一些，松开阀盖螺栓	不损坏零件	3	方法不正确扣 3 分
	4	平稳抽出阀盖，取下阀头，阀头与阀座密封面做好方向记号	不损坏零件	3	方法不正确扣 3 分
	5	松开填料压盖螺母，挖出填料，旋出门杆	不损坏零件	3	方法不正确扣 3 分
	6	清理各零件部件	清理干净	3	少清理 1 件扣 1 分
	7	检查填料室、门盖法兰面	填料室光滑无毛刺，门盖法兰平面无径向划痕	3	少清理 1 项扣 1 分
	8	检查门杆	门杆光滑无磨损，丝扣部分完好，弯曲度不大于 0.05mm	6	少检查 1 项扣 3 分
	9	阀芯、阀座密封面进行红丹粉检查	密封线连续均匀	3	未检查扣 3 分

行业：电力工程　　　工种：汽轮机辅机检修工　　　等级：初/中

编　　号	C54B047	行为领域	d	鉴定范围	5
考核时间	4h	题　　型	B	题　　分	30

试题正文	管道蠕变测量

其他需要说明的问题和要求	1. 要求 2 人配合工作 2. 掌握测量过程 3. 符合检修标准 4. 只考核测量、记录工作 5. 操作时注意安全、文明 6. 以 φ460 主蒸汽管道蠕变测量为例

设备场地工具材料	设备：φ460 主蒸汽管道蠕变测点 场地：现场型、照明充足 工具：450～500mm 外径千分尺一套 材料：丙酮、白布、记录本

	序号	项目名称	质量要求	满分	得分与扣分
评分标准	1	签好检修工作票，确认系统已隔离	必要的安全措施	4	安全措施未落实扣 4 分
	2	具备测量条件后，将精密量具放在测量现场	被测管壁温度应低于 50℃，精密量具放置在测量现场 0.5h 以上	4	条件不具备各扣 2 分
	3	用丙酮仔细清洗管道蠕变测量点	清洗方法正确，不得采用可能磨损测点的清理方法	4	清理方法不正确扣 4 分
	4	两人配合测量、读数	一人把千分尺对准测点中心，另一人均匀、平稳转动测量尺旋钮，测量尺旋钮响三声进行读数，每个测点必须测量三次，每次的读数偏差不得大于 0.01mm，每组测量完后用标准杆校验千分尺，每次校准偏差不得超过 0.02mm	10	测量、读数方法不正确每处扣 2 分
	5	记录数据要求	绘制表格，记录每组测量数据，包括管壁温度、环境温度、测点处管道直径（三组）、千分尺零位校准值	8	记录数据不全面扣 2 分，不合要求每处扣 2 分

328

编　号	C54B048	行为领域	d	鉴定范围	5
考核时间	8h	题　型	B	题　分	30
试题正文	轴封加热器解体与检修				
其他需要说明的问题和要求	1. 要求 2 名检修工、1 名起重工配合工作 2. 掌握解体过程 3. 符合解体与检修标准 4. 只考核解体工作 5. 操作时注意安全、文明 6. 以 JQ–70 型轴封加热器为例				
设备场地工具材料	设备 JQ–70 型轴封加热器 场地：现场型、照明充足 工具：敲击扳手、大锤、铲刀、专用吊具、枕木、手拉葫芦（3t）、梅花扳手 1 套、8～12 寸活络扳手各 1 把、锉刀 材料：砂布、堵头、皮管				

	序号	项目名称	质量要求	满分	得分与扣分
评分标准	1	签好检修工作票，确认系统已隔离	必要的安全措施	3	安全措施未落实扣 3 分
	2	联系热工拆除大盖上的温度计	不损坏零件	2	未拆温度计扣 2 分
	3	拆除凝结水进口法兰的连接螺栓	不损坏零件	2	损坏 1 件扣 1 分
	4	拆除大法兰螺栓，吊下大盖	不损坏零件	2	损坏 1 件扣 1 分
	5	用专用吊架及手拉葫芦缓慢地将芯体从筒体中拉出，地下放一根枕木，将芯子的 U 形一边架在枕木上放好	不损坏零件	3	方法不正确扣 3 分

	序号	项目名称	质量要求	满分	得分与扣分
评分标准	6	将所有法兰面的密封垫全部清理干净,使各法兰面光滑无槽迹	不损坏零件	3	少清理1件扣1分
	7	检查芯子上蒸汽进口处挡板的汽蚀情况	挡板无汽蚀现象	2	未检查扣2分
	8	检查筒体内部的汽蚀情况	筒体内无锈垢、杂物,无汽蚀现象	2	未检查扣2分
	9	将芯子吊起竖立,大法兰朝上,灌水进行静水压试验。如有钢管漏水,用堵头进行塞堵,再用焊条焊牢,并做好检修记录	钢管无泄漏	7	未检查扣7分
	10	检查水位计一次门	无泄漏现象	2	未检查扣2分
	11	检查磁性水位计,浮球完好,指示牌翻转灵活	浮筒完好,指示牌翻转灵活	2	未检查扣2分

行业：电力工程　　　工种：汽轮机辅机检修工　　　等级：中/高

编　　号	C43B049	行为领域	e	鉴定范围	4
考核时间	4h	题　　型	B	题　　分	30
试题正文	加球室检修				
其他需要说明的问题和要求	1. 掌握检修过程 2. 符合检修标准 3. 只考核检修工作 4. 操作时注意安全、文明 5. 以 DH600 加球室为例				
设备场地工具材料	设备：DH600 加球室 场地：现场型，检修工作票已办理，解体已结束 工具：10 寸活络扳手、手锤、扦子、锉刀 材料：10mm×10mm 石墨盘根、3mm 橡胶垫				

	序号	项目名称	质量要求	满分	得分与扣分
评分标准	1	检查漏斗网体是否损坏。若损坏，应进行检修	网体完整无破损	5	未检查扣 5 分
	2	检查加球室盖的橡胶垫是否完好，否则更换	橡胶垫完好无老化	5	未检查扣 5 分
	3	检查传动轴与从动轴连接处焊口是否完好，有裂纹应进行补焊	两轴连接牢固	5	未检查扣 5 分
	4	检查放水门是否畅通，关闭是否严密	放水门完好	5	未检查扣 5 分
	5	检查放空气门考克是否畅通，关闭是否严密	考克完好	5	未检查扣 5 分
	6	传动轴填料室加盘根	压盖螺母松紧正常	5	方法不正确扣 5 分

行业：电力工业　　　工种：汽轮机辅机检修工　　　等级：中/高

编　　号	C43B050	行为领域		e	鉴定范围		4
考核时间	4h	题　　型		B	题　　分		30
试题正文	轴封加热器检修						
其他需要说明的问题和要求	1. 要求 2 名检修工、1 名起重工配合工作 2. 掌握检修过程 3. 符合检修标准 4. 只考核检修工作 5. 操作时注意安全、文明 6. 以 JQ–65 型汽封加热器为例						
设备场地工具材料	设备：JQ–65 型汽封加热器 场地：现场型，检修工作票已办理，加热器已解体 工具：铲刀、手锤、电筒、梅花扳手（19）、10 寸活络扳手、锉刀 材料：砂布、堵头						

	序号	项目名称	质量要求	满分	得分与扣分
评分标准	1	钢管进行静水压试验，1h 无泄漏	静水压试验 24h	4	未做静水压试验扣 4 分
	2	如管子泄漏，将管口清理干净，用堵头敲入管中，再用焊条焊牢，并做好记录	钢管无泄漏	6	方法不正确扣 3 分，未做检修记录扣 3 分
	3	吊出芯子，清理各法兰结合面，如有沟槽，应进行修补	法兰面平整无沟槽	4	少清理法兰面 1 面扣 1 分
	4	检查芯子上蒸汽进口处挡板的汽蚀情况，如严重，应更换	挡板无汽蚀现象	4	未检查扣 4 分
	5	检查筒体内部汽蚀情况	筒体内无杂物、无汽蚀现象	4	未检查扣 4 分
	6	检查磁性水位计的浮筒及指示牌	浮筒完好，指示牌翻转灵活	4	未检查扣 4 分
	7	检查水位计一次门法兰盘根	一次门无渗漏现象	4	未检查扣 4 分

行业：电力工业　　　工种：汽轮机辅机检修工　　　等级：中/高

编 号	C43B051	行为领域	e	鉴定范围	4
考核时间	8h	题 型	B	题 分	30

试题正文	润滑冷油器检修

其他需要说明的问题和要求	1. 要求2人配合工作 2. 掌握检修过程 3. 符合检修标准 4. 操作时注意安全、文明 5. XL8型润滑冷油器为例

设备场地工具材料	设备：XL8型润滑冷油器 场地：现场型，照明充足 工具：1套梅花扳手、10寸活络扳手、毛刷、手动试压泵 材料：砂布、耐油橡胶垫

	序号	项目名称	质量要求	满分	得分与扣分
评分标准	1	签好检修工作票，确认系统已隔离	必要的安全措施	3	安全措施未落实扣3分
	2	拆除进出油管及冷却水管，将存油放尽	不损坏零件	3	方法不正确扣3分
	3	拆除筒体与端盖的连接螺栓，吊去端盖。拆除水封端盖与管板紧固螺栓，取下水封盖，拆除两半圆法兰与螺栓	不损坏零件	4	方法不正确扣4分
	4	拆除进水室与管板连接螺栓，吊去进出水室，将芯子往进出水室方向抽出，吊至检修现场	不损坏零件	4	方法不正确扣4分
	5	清理冷油器芯子油侧，用毛刷清洗铜管水侧，并用水冲洗干净	芯子无油污杂物，铜管无损伤	4	未清理扣4分
	6	检查芯子两端管板锈蚀、腐蚀情况，必要时进行彻底清理，铲除锈垢，并涂防锈漆	管板无严重腐蚀，筒体内壁清洁	4	未检查扣4分
	7	调好各结合面耐油橡胶密封垫，将芯子吊入筒体内，按解体逆向装复	不损坏零件	4	方法不正确扣4分
	8	向油室打水泵压，如泄漏，加胀管口或铜管两端堵住	泵压压力是1.25倍工作压力，5min不降压	4	方法不正确扣4分

行业：电力工业　　　工种：汽轮机辅机检修工　　　等级：中/高

编　　号	C43B052	行为领域	e	鉴定范围	4
考核时间	4h	题　　型	B	题　　分	30
试题正文	凝汽器灌水查漏				
其他需要说明的问题和要求	1. 要求 3 人配合工作 2. 掌握查漏过程 3. 符合检修标准 4. 操作时注意安全、文明 5. 以 N–18750 型凝汽器为例				
设备场地工具材料	设备：N–18750 型凝汽器 场地：现场型、照明充足 工具：梅花扳手 1 套、专用扳手、大锤、手锤、矿灯、电筒 材料：堵头、橡胶垫				

	序号	项目名称	质量要求	满分	得分与扣分
评分标准	1	签好检修工作票，确认系统已隔离	必要的安全措施	3	安全措施未落实扣 3 分
	2	全部打开进出水室人孔门，确保空气流通	确保空气流通	2	少开 1 个扣 1 分
	3	进入凝汽器内工作，外面必须有人监护	必要的安全措施	2	无人监护扣 2 分
	4	水室工作的照明必须采用安全电压，或者矿灯	采用 12V 安全电压或者矿灯	2	未使用安全电压扣 2 分
	5	在水室进水口上部使用木板搭起牢固的跳板	必要的安全措施	2	未铺设木板扣 2 分

	序号	项目名称	质量要求	满分	得分与扣分
评分标准	6	在凝汽器底部及弹簧底座处支起专用保险支撑螺栓,并加装临时水位计	支撑加装牢固;水位计显示正常	3	支撑不牢固扣2分,水位计显示不正常扣1分
	7	与运行班长联系好开始灌水,灌水高度为末级下半圆形叶片底部	经常巡视;注意水位变化	2	无人监视扣2分
	8	逐根检查铜管及胀口有无泄漏,并做好记录	做好检修记录	3	无记录扣3分
	9	将泄漏的铜管用堵头在两端堵好,胀口泄漏可用胀管器补胀	对泄漏的铜管全部封堵	5	未封堵1根扣0.5分
	10	查漏结束,联系运行班放水,放净后,拆除临时水位计及专用撑头	拆除后必须仔细检查	2	未拆除扣2分
	11	拆除进水口上部木板	拆除木板	2	未拆除扣2分
	12	检查水侧人孔门的橡胶垫应完好,无损,不老化。确认无任何遗留物后,装复人孔门	密封垫完整无损,不老化	1	未检查扣1分
	13	把检修场地打扫干净,终结检修工作票	工完料尽场地清	1	未清扫扣1分

行业：电力工业　　　工种：汽轮机辅机检修工　　　等级：中/高

编　　号	C43B053	行为领域	e	鉴定范围	4
考核时间	8h	题　　型	B	题　　分	30

试题正文	凝汽器更换铜管

其他需要说明的问题和要求	1. 要求 3 人配合工作 2. 掌握更换铜管过程 3. 符合检修标准 4. 操作时注意安全、文明 5. 以 N-18750 型凝汽器为例

设备场地工具材料	设备：N-18750 型凝汽器 场地：现场型、照明充足 工具：专用扳手、大锤、手锤、胀管器、外径千分尺、梅花扳手、15 寸活络扳手 材料：砂布

	序号	项目名称	质量要求	满分	得分与扣分
评分标准	1	签好检修工作票，确认系统已隔离	必要的安全措施	2	安全措施未落实扣2分
	2	搭好脚手架，放好跳板	必要的安全措施	2	安全措施未落实扣2分
	3	拆去凝汽器大端盖	必要的安全措施	2	方法不正确扣2分
	4	在循环水进水管口搭好跳板	必要的安全措施	2	安全措施未落实扣2分
	5	每根铜管进行外观检查，管子表面应无裂纹、砂眼、腐蚀、凹陷、毛刺和油斑等缺陷，管内应无杂物和堵塞现象，管子不直应校正	铜管采用经检验合格的产品，不弯曲，管内无堵塞现象，管外无裂纹、毛刺等	5	未检查扣5分
	6	在铜管的胀口部位用乙炔焰进行400～450℃退火	退火时转动铜管，防止温度过高熔化铜管	2	未退火扣2分
	7	用不淬火的鸭嘴錾子将铜管两端管口凿成三叶花形，然后抽出铜管	必要的工艺	2	方法不正确扣2分

336

	序号	项目名称	质量要求	满分	得分与扣分
评分标准	8	将管板上的管孔和铜管的管头打磨光滑，擦拭干净，不得有油污	铜管头和管板孔要光亮、洁净，不允许有 0.10mm 以上的沟槽	2	方法不正确扣2分
	9	把铜管穿上摆好，在管板两端各露出 1.5～2mm，另一端有人扶住，防止窜动。管内涂以少许黄油，插入胀管器，然后用电动胀管器胀管，待胀管器力矩达到停止后，管子就胀好。若此时管子仍未胀好，则可能是铜管与管孔间隙太大，或胀管器力矩不够，必须调整好重胀。如仍不行，可改用手工用扳手胀管	铜管应胀牢固，胀管深度为管板厚度的 75%～90%，不小于 16mm	6	方法不正确扣2分，每泄漏1根扣0.5分
	10	胀接好的管子应露出管板 1～3mm，然后进行 15°翻边	15°翻边	2	方法不正确扣2分
	11	胀管后应进行水压试验，拆除进水口上铺设的木板	胀管无泄漏	2	未进行水压试验扣1分，未拆除进水口木板扣 1分
	12	清理好大端盖螺栓，将橡胶条装入凝汽器法兰的凹槽中，接头处做成 45°压好，装复大端盖			
	13	拆除脚手架，清理、打扫现场，办理终结工作票	工完料净场地清	1	未清扫扣1分

行业：电力工程　　　　工种：汽轮机辅机检修工　　　　等级：中/高

编　　号	C43C054	行为领域	e	鉴定范围	4
考核时间	8h	题　型	B	题　分	30
试题正文	填料式管道热膨胀补偿器检修				
其他需要说明的问题和要求	1. 要求 1 人配合工作 2. 掌握检修过程 3. 符合检修标准 4. 操作时注意安全、文明 5. 以 PN1.0　DN150 填料式管道热膨胀补偿器为例				
设备场地工具材料	设备：PN1.0 DN150 填料式管道热膨胀补偿器 场地：现场型，照明充足，搭好检修脚手架 工具：手锤，梅花扳手 1 套，10、12 寸活络扳手各 1 把，掏盘根工具一套 材料：砂布、二硫化钼膏、金属丝盘根、细铁丝				

	序号	项目名称	质量要求	满分	得分与扣分
评分标准	1	签好工作票，确认系统已隔离	必要的安全措施	3	安全措施未到位扣 2 分
	2	拆下格兰螺母，向前滑动格兰，拉出盘根压套，留出掏盘密封填料位置	工艺正确，不损坏零部件	3	工艺方法每错 1 次扣 1 分
	3	用掏盘根工具掏出失效的密封填料，清理填料室	掏出工艺正确，清理干净填料室	5	工艺方法每错 1 次扣 1 分，填料室未清理干净扣 3 分
	4	在填料室涂抹适量二硫化钼膏，加装盘根填料	填料室涂抹二硫化钼膏应均匀，盘根填料配做长度合适、斜口角度 60°，每加装一道用盘根压套和格兰配合压推到位，每道接口互相错开 90°～120°	10	工艺方法每错 1 次扣 2.5 分
	5	装上盘根压套和格兰，适当紧固格兰压紧螺栓	工艺正确	4	工艺方法不当扣 2 分
	6	检查膨胀节前、后侧管道上的导向支架	支架正常支撑管道重量，导向滑动功能正常	5	工艺方法每错 1 次扣 2.5 分

行业：电力工程　　　工种：汽轮机辅机检修工　　　等级：高/技师

编　　号	C32B055	行为领域	e	鉴定范围	3
考核时间	2h	题　　型	B	题　　分	30
试题正文	射水抽气器解体与检修				
其他需要说明的问题和要求	1. 要求2人配合工作 2. 符合检修过程 3. 符合检修标准 4. 只考核解体与检修工作 5. 操作时注意安全、文明 6. 以CS-45-75-1型射水抽气器为例				
设备场地工具材料	设备：CS-45-75-1型射水抽气器 场地：现场型，照明充足，检修工作票已办理 工具：梅花扳手1套、12寸活络扳手、0~200mm游标卡尺、卷尺、錾子、手锤、锉刀 材料：砂布				

	序号	项目名称	质量要求	满分	得分与扣分
评分标准	1	将各法兰和连接部分均打好标记，然后开始拆除。先把水室、进水法兰、空气管法兰、收缩管法兰拆下	不损坏零件	3	方法不正确扣3分
	2	卸下射水抽气器在支架上的地脚螺钉，将抽气器置于平地上	不损坏零件	3	方法不正确扣3分
	3	拆开水室与吸入室，喷嘴与水室的连接螺栓	不损坏零件	3	方法不正确扣3分
	4	清理各零部件，除去锈垢，打磨光亮	擦拭干净，打磨光亮	3	少清理1件扣1分

	序号	项目名称	质量要求	满分	得分与扣分
评分标准	5	检查喷嘴、扩散管，喷嘴不应结垢和堵塞，进口不得有冲蚀现象	喷嘴光滑平整，无麻点、裂纹等缺陷	3	未检查扣3分
	6	测量喷嘴喉部直径	直径为φ138	3	未检查扣3分
	7	测量收缩管喉部直径	直径为φ305，误差不得超过0.5mm	3	未检查扣3分
	8	测量喷嘴入口至收缩管入口截面距离	距离为605mm，不合格时通过垫片调整	3	未检查扣3分
	9	检查各法兰面、螺栓	法兰面光滑平整，无损伤，螺栓完好	3	未检查扣3分
	10	检查空气侧的止回阀，动作应灵活，做灌水实验应严密不漏	动作应灵活，灌水实验应严密不漏	3	未检查扣3分

编　　　号	C32B056	行为领域	e	鉴定范围	3
考核时间	8h	题　　型	B	题　　分	30
试题正文	旋启式止回阀解体与检修				
其他需要说明的问题和要求	1. 要求1人以上配合工作 2. 掌握解体与检修过程 3. 符合检修标准 4. 操作时注意安全、文明 5. 以 H41H–25　DN300 型旋启式止回阀为例				
设备场地工具材料	设备：H41H–25　DN300 型旋启式止回阀 场地：现场型，照明充足 工具：1套梅花扳手、12寸活络扳手、手锤、铜棒、钢丝刷、研磨盘、锉刀、钢丝钳 材料：砂布、红丹粉、二硫化钼、研磨膏				

	序号	项目名称	质量要求	满分	得分与扣分
评分标准	1	拆除门盖螺栓,吊走门盖	不损坏零件	2	方法不正确扣2分
	2	旋出销子端埋头螺丝,旋松连杆与销子定位螺丝,抽出销子	不损坏零件	2	方法不正确扣2分
	3	取出阀瓣与连杆	不损坏零件	2	方法不正确扣2分
	4	解除连杆与阀瓣连接销子保险,抽出销子,分解连杆与阀瓣	不损坏零件	2	方法不正确扣2分
	5	清理各零部件	清理干净	2	清理不干净扣2分

	序号	项目名称	质量要求	满分	得分与扣分
评分标准	6	检查门盖与阀体法兰面,应无吹损、径向划痕	法兰面无吹损和径向划痕	2	未检查扣2分
	7	检查埋头螺丝扣及底牙,应完好无滑牙现象,埋头螺丝铜垫片应做回火处理		2	未检查扣2分
	8	检查两只销子,如果磨损严重,应更换	销子无磨损	2	未检查扣2分
	9	检查连杆,应无裂纹、变形等损伤	连杆无裂纹与变形	2	未检查扣2分
	10	检查阀瓣及阀座密封面,应无吹损、无腐蚀、无径向划痕等缺陷,红丹粉检查严密性良好	密封线连接均匀	6	未检查扣6分
	11	选用合适的垫片,各螺栓丝扣涂擦二硫化钼,阀体内吹扫干净,密封面擦干净,按拆卸相反顺序装复	阀体内吹扫干净,更换法兰面垫片,螺栓涂擦二硫化钼	6	方法错扣6分

行业：电力工程　　　工种：汽轮机辅机检修工　　　等级：高/技师

编　　号	C32B057	行为领域	e	鉴定范围	3
考核时间	8h	题　型	B	题　分	30
试题正文	除氧器水箱安全门解体与检修				
其他需要说明的问题和要求	1. 要求 1 人配合工作 2. 掌握检修过程 3. 符合检修标准 4. 操作时注意安全、文明 5. 以 GC-1080 型除氧器水箱安全门为例				
设备场地工具材料	设备：GC-1080 型除氧器水箱安全门 场地：现场型，照明充足，检修工作票已办理 工具：专用扳手、梅花扳手 1 套、12 寸活络扳手、手锤、0～300mm 深度游标卡尺、铸铁研磨盘 材料：砂布、研磨膏、红丹粉、二硫化钼				

	序号	项目名称	质量要求	满分	得分与扣分
评分标准	1	在法兰结合面做好标记，用专用工具旋下罩壳盖	不损坏零件	2	方法不正确扣 2 分
	2	用专用扳手松开并帽，用深度游标卡尺测量调整螺丝外部高度，做记录；旋出调整螺丝，释放完弹簧紧力	做好记录	4	方法不正确扣 2 分，未做记录扣 2 分
	3	拆除阀盖法兰螺栓，吊出阀盖，取出阀杆、弹簧及限位块，取出套筒及阀头	不损坏零件	2	方法不正确扣 2 分
	4	各部件清理干净	清理干净	1	未清理干净扣 1 分

343

	序号	项目名称	质量要求	满分	得分与扣分
评分标准	5	检查调整螺丝及并帽丝扣	丝扣完好,调整灵活无卡涩	2	未检查扣2分
	6	检查阀杆,应光滑无腐蚀、无弯曲,并测量弯曲度	弯曲度不大于0.05mm	4	未检查扣2分,未测量扣2分
	7	检查弹簧,应无裂纹、无腐蚀、无变形等缺陷	无裂纹,无腐蚀,不变形	2	未检查扣2分
	8	检查限位块,应无裂纹等缺陷	无裂纹等缺陷	2	未检查扣2分
	9	检查套筒与阀头结合面,应光滑无磨损,动作灵活无卡涩	光滑无磨损,动作灵活无卡涩	2	未检查扣2分
	10	用红丹粉检查阀头与阀座密封面,应配合严密,必要时进行修磨	密封面连续均匀	3	未检查扣3分
	11	在各丝扣上涂擦二硫化钼,阀体内吹扫干净,阀线擦拭干净,按拆卸相反顺序组装	调整螺丝外部长度,按解体前测量所得长度放置	4	方法错1步扣1分
	12	试压校验	运行工况是0.6MPa,动作压力按运行工况压力1.1倍进行校验	2	方法不正确扣2分

编　　号	C32B058	行为领域	e	鉴定范围	3
考核时间	4h	题　　型	B	题　　分	30

试题正文	再循环阀的解体与检修

其他需要说明的问题和要求	1. 要求 1 人配合工作 2. 掌握检修过程 3. 符合检修标准 4. 只考核解体与检修工作 5. 操作时注意安全、文明 6. 以 L64H-180 型再循环阀为例

设备场地工具材料	设备：L64H-180 型再循环阀 场地：现场型，照明充足，检修工作票已办理，检修脚手架搭制合格 工具：专用长螺栓、1 套梅花扳手、12 寸活络扳手、内六角扳手（6mm）、研磨盘、锉刀 材料：砂布、研磨膏、红丹粉、石棉填料、密封圈

	序号	项目名称	质量要求	满分	得分与扣分
评分标准	1	拆去电动执行机构	不损坏零件	1	方法不正确扣 1 分
	2	松开阀杆与传动杆并帽		1	方法不正确扣 1 分
	3	用内六角扳手拆除阀杆与传动杆连接件		1	方法不正确扣 1 分
	4	拆除电动装置座架		1	方法不正确扣 1 分
	5	拆除阀盖螺栓，吊出阀盖		1	方法不正确扣 1 分
	6	取出阀盖及阀杆		1	方法不正确扣 1 分
	7	拆除阀杆并帽，松开填料压盖螺母，拆开阀盖及阀杆		1	方法不正确扣 1 分

	序号	项目名称	质量要求	满分	得分与扣分
评分标准	8	用专用长螺栓吊出筒套及节流组件		1	方法不正确扣1分
	9	取出阀体内密封底座		1	方法不正确扣1分
	10	所有零件清洗干净		1	方法不正确扣1分
	11	检查阀杆、阀座吹损情况,检查节流组件吹损情况,不符合标准时应修磨或更换	阀杆、阀座光滑无吹损,节流组件与阀座接触面光滑,接触吻合连续	5	少检查1项扣2.5分
	12	检查阀座与阀芯之间密封线吹损情况,应无腐蚀、麻点凹坑等,否则应修磨	密封线连续无吹损,接触吻合	2	未检查扣2分
	13	检查阀杆不弯曲,表面光滑,测量弯曲度	弯曲度小于0.05mm	3	未测量扣3分
	14	检查阀盖内外壁,应无毛刺、无腐蚀、无裂纹,阀体内壁光滑	阀盖无毛刺、无裂纹,阀体内壁光滑	2	未检查扣2分
	15	更换阀芯密封圈	密封圈光滑无划痕,与阀杆配合严密	3	未更换扣3分
	16	检查筒套磨损情况,应光滑,上下平面无凹痕裂纹等	筒套应光滑,上下平面无凹痕裂纹	2	未检查扣2分
	17	更换填料		3	未更换扣3分

编　　号	C32B059	行为领域	e	鉴定范围	2
考核时间	1h	题　　型	B	题　　分	30
试题正文	检查铜管的工艺性能				
其他需要说明的问题和要求	1. 掌握检查铜管工艺性能的过程 2. 符合检查标准 3. 操作时注意安全、文明				
设备场地工具材料	设备：铜管 场地：检修场地，有足够照明 工具：手锤、0～200mm游标卡尺、放置铜管木架1副 材料：铜管试样、45°车光锥体				

	序号	项目名称	质量要求	满分	得分与扣分
评分标准	1	压扁试验：切取20mm长的试样，压成椭圆形，使短径相当于原铜管直径的一半，检查试样，应无裂纹或其他损坏现象，则试验合格		15	方法不正确扣15分
	2	扩胀试验：切取50mm长的试样，打入45°的车光锥体，当铜管内径比原铜管内径大30%时，检查试样不出现裂纹，则试验合格		15	方法不正确扣15分

编　　号	C21B060	行为领域	f	鉴定范围	2
考核时间	8h	题　型	B	题　　分	30
试题正文	高压加热器安全门解体与检修				
其他需要说明的问题和要求	1. 要求 1 人配合工作 2. 掌握解体与检修过程 3. 符合检修标准 4. 操作时注意安全、文明 5. 以 JG-1150-1 型高压加热器的安全门为例				
设备场地工具材料	设备：JG-1150-1 型高压加热器安全门 场地：现场型，照明充足，检修工作票已办理 工具：1 套梅花扳手、手锤、8～12 寸活络扳手、0～300mm 游标卡尺、0～300mm 深度游标卡尺、专用长螺栓、平板、锉刀 材料：砂布、凡尔砂、红丹粉、二硫化钼、高压橡胶石棉垫				

评分标准	序号	项目名称	质量要求	满分	得分与扣分
	1	旋出安全门上部保护罩壳，测量阀杆露出部分高度及调整螺杆高度，做好记录	做好记录	3	未做好记录扣 3 分
	2	拆除阀盖短螺栓螺帽后，将长螺栓、螺帽均匀松到弹簧无弹力时，拆去螺帽，取出弹簧及弹簧托板，清理、检查并测量自由长度	弹簧无裂纹，无严重锈蚀和变形，两端平整，自由长度与原始值比较无明显改变	3	未检查弹簧等零件扣 2 分，未测量自由长度扣 1 分
	3	取出阀杆导向套、反冲盘及阀芯，清理、检查	阀杆无吹损、磨损、锈蚀，弯曲度小于 0.03mm，导向套光洁无拉毛	3	未清理检查扣 2 分，未测量阀杆扣 1 分
	4	解体反冲盘及阀芯，将反冲盘外圈两面用木板垫好，利用它的自重在木板上冲击，将芯击出	不损坏零件	1	方法不正确扣 1 分

	序号	项目名称	质量要求	满分	得分与扣分
评分标准	5	测量调节圈行程，拆除调节圈固定螺钉，旋出调节圈，并做好记录	测量调节圈行程，做好记录	3	未做记录扣3分
	6	用砂布与平板磨光阀芯阀座后，再用凡尔砂研磨，用红丹粉检查密封面	密封面接触连续均匀	3	未磨光阀芯阀座扣2分，未检查密封面扣1分
	7	组装阀芯与反冲盘	用二硫化钼擦亮	3	方法不正确扣3分
	8	按原测量行程装入调节圈，将调节圈固定螺钉旋紧	按记录行程装入调节圈	3	未按原记录装配扣3分
	9	垫好高压橡胶石棉垫，装入导向套阀杆	导向套与反冲盘间隙为0.35～0.45mm	3	未垫高压石棉垫扣2分，未测量间隙扣1分
	10	装入弹簧上下托板、弹簧，盖上阀盖，拧紧螺栓		1	方法不正确扣1分
	11	按原测量高度旋好调节螺杆，并将防松螺帽旋紧，装上保护罩	按原测量高度旋好调节螺杆	4	未按原记录装配扣4分

行业：电力工程　工种：汽轮机辅机检修工　等级：技师/高级技师

编　号	C21B061	行为领域	f	鉴定范围	2
考核时间	8h	题　型	B	题　分	30
试题正文	止回阀解体与检修				
其他需要说明的问题和要求	1. 要求 1 人配合工作 2. 掌握解体与检修过程 3. 符合检修标准 4. 操作时注意安全、文明 5. 以 NF01 止回阀为例				
设备场地工具材料	设备：NF01 止回阀 场地：现场型，照明充足，工作票办好，搭好检修脚手架 工具：铜棒、手锤、梅花扳手 1 套，8、12 寸活络扳手各 1 把，铜丝刷，电筒，锉刀 材料：砂布、研磨膏、红丹粉、二硫化钼、金属丝盘根细铁丝				

	序号	项目名称	质量要求	满分	得分与扣分
评分标准	1	拆下螺母，取下盖		2	方法不正确扣 2 分
	2	将密封座向里敲打，使密封处松动，用铁丝穿入扇形环上的孔，将其四块分别取下，取出挡圈		2	方法不正确扣 2 分
	3	重新装上盖及螺母，旋动螺母把密封座从阀体中取出，取下螺母盖及密封座		2	方法不正确扣 2 分
	4	拆下四条螺栓，拆下调整盖，取出盖，将密封轴向里敲打，以放松密封，用细铁丝穿入扇形环的孔中，将其四块分别取下。拧上调整盖，将密封轴取出，并取出套，用 M12 螺丝拧入转轴的螺孔中，将其取出		2	方法不正确扣 2 分

	序号	项目名称	质量要求	满分	得分与扣分
评分标准	5	从大孔中取出阀瓣	小心碰伤密封面	2	方法不正确扣2分
	6	清理各零部件	清理干净	1	少清理1件扣0.5分
	7	检查扇形环,应无裂纹和严重变形,拼合时缝隙紧密,平面光洁无毛刺,检查其他零件,应无裂纹和变形,表面应光洁	无裂纹和变形,表面光洁	3	未检查扇形环扣2分,未检查其他零件扣1分
	8	阀瓣密封面的修整:如有轻微锈斑或磨痕,可用铸铁研磨盘修整;如磨损厉害,不能研磨修整,应进行机加工,获得一完整的平面,然后进行研磨	研磨直至获得一个清洁平整表面。机加工时,应确保表面正确度	4	未检查扣3分,方法不正确扣1分
	9	阀体、阀口密封面的修整:如有轻微锈斑或磨痕,可用铸铁研磨盘研磨修整;如磨损厉害,不易修复时,将阀体从管道上切割下来,进行机加工或堆焊,再经过研磨而成	研磨直至获得一个清洁平整表面。机加工时,应确保表面正确度	4	未检查扣3分,方法不正确扣1分
	10	用红丹粉检查密封面	密封面连续均匀	3	未检查扣3分
	11	回装:按解体的相反步骤进行回装,小心密封面,不得碰伤	密封面不得碰伤,盘根搭头紧密,交错120°~180°	5	方法错1步扣0.5分

编　　号	C21B062	行为领域	f	鉴定范围	1
考核时间	8h	题　　型	B	题　分	30
试题正文	给水泵出口止回阀解体与检修				
其他需要说明的问题和要求	1. 要求 1 人配合工作 2. 掌握解体与检修过程 3. 符合检修标准 4. 操作时注意安全、文明 5. 以 DG600–240 给水泵出口止回阀为例				
设备场地工具材料	设备：DG600–240 给水泵出口止回阀 场地：现场型，照明充足，工作票已办理，搭好检修脚手架 工具：铜棒、手锤、梅花扳手 1 套、专用长螺栓、8～12 寸活络扳手、钢丝刷、研磨盘、0～200mm 游标卡尺、外卡、电筒、锉刀 材料：砂布、研磨膏、红丹粉、二硫化钼、高压盘根				

	序号	项目名称	质量要求	满分	得分与扣分
评分标准	1	拆下阀盖螺母，吊出阀盖支承盖板	不损坏零件	1	方法不正确扣 1 分
	2	用合适铜棒插入孔内，敲出分段环	不损坏零件	1	方法不正确扣 1 分
	3	重新装上阀盖支承板，并用阀盖螺母装在螺栓上，不断地旋转，将密封缸头与密封环和间隔环一起提起，当密封缸头碰到阀盖支承盖板时，拆去螺母和盖板	不损坏零件	2	方法不正确扣 2 分
	4	拆下侧部端盖螺栓，抽出调整垫块、外侧套筒和轴，拆出阀芯组件，并解体阀芯组件	不损坏零件	2	方法不正确扣 2 分

続表

	序号	项目名称	质量要求	满分	得分与扣分
评分标准	5	清理各零部件	清理干净	2	少清理 1 件扣 0.5 分
	6	检查分段环,应无裂纹和严重变形,拼合时缝隙紧密,平面光洁无毛刺,测量分段环槽配合间隙	分段环槽配合间隙为 0.30～0.40mm	3	未检查扣 2 分,未测量扣 1 分
	7	检查其他零件,应无裂纹与变形,表面应光洁		1	未检查扣 1 分
	8	修磨阀芯,如有少量凹坑或表面划痕,可用铸铁研磨盘研磨修复;如凹坑较深不能研磨时,阀芯表面进行机加工,以尽可能小的切削量获得一个完整的平面,然后进行研磨	研磨直至获得一个好的表面。机加工时应确保表面正确度	5	未检查扣 3 分,方法不正确扣 2 分
	9	修磨阀座:如只有少量划痕,可用铸铁研磨盘进行研磨;如划痕较严重,不能研磨修复时,阀座应从管道上拆下,机加工阀座表面,确保表面正确,以尽可能小的切削量获得完整的表面,然后进行研磨	研磨直至获得一个好的表面。机加工时应确保表面的正确度	4	未检查扣 2 分,方法不正确扣 2 分

353

	序号	项目名称	质量要求	满分	得分与扣分
评分标准	10	用红丹粉检查密封面接触情况	密封面接触应连续均匀，宽度不小于2/3	3	未检查扣3分
	11	测量阀轴、轴向调整垫块、内外侧套筒与阀芯的轴向装配间隙符合膨胀要求	同时满足：内、外侧套筒与阀芯轴向装配间隙为0.6～0.8mm，轴向调整垫块与外侧套筒轴向装配间隙为2mm	2	未检查扣2分
	12	将阀芯放入阀体中，并将它放在阀座中心位置，装配阀轴、轴向调整垫块、外侧套筒及侧部端盖	位置安放正确，密封面不得碰伤	1	方法不正确扣1分
	13	把新的成型密封环放到密封缸头上，小心地将密封缸头放入阀体内	搭头应紧密，并交错120°～180°，尽可能填实、填满	1	方法不正确扣1分
	14	将间隔环装在密封环上部，装上分段环	分段环擦二硫化钼	1	方法不正确扣1分
	15	装上阀盖支承盖板，保证支承盖板上的凸台落入分段环内，装上阀盖螺母，并拧紧成密封	保证凸台落入分段环内	1	方法不正确扣1分

行业：电力工程　工种：汽轮机辅机检修工　等级：技师/高级技师

编　号	C21B063	行为领域		f	鉴定范围	1
考核时间	8h	题　型		B	题　分	30
试题正文	高压旁路调节阀检修					
其他需要说明的问题和要求	1. 要求有一名检修工配合工作 2. 掌握解体与检修过程 3. 符合检修标准 4. 操作时注意安全、文明 5. 以 LPY963V–250Y 型高压旁路调节阀为例					
设备场地工具材料	设备：LPY963V–250Y 型高压旁路调节阀 场地：现场型，照明充足，检修工作票已办理 工具：1 套梅花扳手、12 寸活络扳手、铜棒、手锤、研磨盘、电筒、锉刀、油石 材料：金属丝高压填料、石墨填料、红丹粉、研磨膏、砂布					

	序号	项目名称	质量要求	满分	得分与扣分
评分标准	1	切断电动装置电源，拆卸电动装置与短轴连接螺钉，将电动装置拆下	不损坏零件	1	方法不正确扣1分
	2	拆除开度限位指示器	不损坏零件	1	方法不正确扣1分
	3	拆除阀门与电动装置过渡头连接螺钉，将电动头、过渡头旋转取下	不损坏零件	1	方法不正确扣1分
	4	拆卸阀杆填料压盖与填料座室、吊架螺钉	不损坏零件	1	方法不正确扣1分
	5	拆卸阀体与支架连接螺钉及抱箍	不损坏零件	1	方法不正确扣1分
	6	将填料室下压，取出四合环及垫圈	不损坏零件	1	方法不正确扣1分

	序号	项目名称	质量要求	满分	得分与扣分
评分标准	7	垂直取出阀杆与内压自密封盖	不损坏零件	1	方法不正确扣1分
	8	取出阀杆密封填料及阀盖填料,将阀杆与阀盖分解	不损坏零件	1	方法不正确扣1分
	9	清理各零部件	清理干净	1	少清理1件扣0.5分
	10	检查阀芯密封面的吹损情况,如有轻微吹损或划痕,进行研磨修复。如凹坑较深,阀芯表面进行机加工,以尽可能小的切削量获得一个完整的平面,然后进行研磨	密封面完整光洁,机加工时应确保表面正确度	4	未检查扣1分,方法不正确扣3分
	11	检查阀座的吹损情况,阀座如有吹损应进行修补。先将吹损部位打磨干净,用A132或A102焊丝,采用氩弧焊补焊;用磨光机打掉补焊处的高起部分,用油石条精修补焊点,使其基本与周围未补焊部分平齐,用铸铁车成45°角,专用研磨工具进行研磨,直至密封面连续光洁	密封面完整光洁	4	未检查扣3分,方法不正确扣1分

序号	项目名称	质量要求	满分	得分与扣分
12	用红丹粉检查密封面	密封面连续均匀	4	未检查扣4分
13	检查阀杆表面是否有损伤、梯形螺纹的磨损情况，测量弯曲度	阀杆表面光滑、无毛刺，丝扣磨损不大于20%，弯曲度不大于0.03mm	1	未检查扣1分，未测量扣0.5分
14	检查阀盖密封面和盘根填料室有无损伤或孔洞，如有应补焊	密封面平整光洁，填料室光滑无毛刺	1	未检查扣1分
15	检查填料盖，应内外光滑、无毛刺，测量与阀杆、阀盖间隙	填料盖与阀杆间隙：0.34～0.67mm；填料盖与阀盖间隙：0.10～0.30mm	1	未检查扣0.5分，未测量扣0.5分
16	检查四合环、垫圈、螺栓，螺栓应进行硬度试验，合格	四合环无裂纹和严重变形，拼合时缝隙紧密；垫圈完好；螺栓丝扣完好，布氏硬度为217～255	1	未检查扣0.5分，未试验扣0.5分
17	检查自密封圈，如有缺陷更换	自密封圈无裂纹或变形	1	未检查扣1分
18	将阀体吹扫干净，密封面擦干净，各零件涂擦二硫化钼，按拆卸相反的顺序组装	阀体吹扫干净，密封面擦干净，零件擦拭二硫化钼	4	未吹扫干净扣1分，未擦拭二硫化钼扣1分，方法错扣2分

评分标准

行业：电力工程　工种：汽轮机辅机检修工　等级：技师/高级技师

编　　号	C21B064	行为领域	f	鉴定范围	1
考核时间	8h	题　　型	B	题　分	30
试题正文	抽汽止回阀的解体与检修				
其他需要说明的问题和要求	1. 要求2人配合工作 2. 掌握解体与检修过程 3. 符合检修标准 4. 操作时注意安全、文明 5. 以FH-45-150型抽气止回阀为例				
设备场地工具材料	设备：FH-45-150型抽气止回阀 场地：现场型，照明充足，检修工作票已办理 工具：1套梅花扳手、12寸活络扳手、10寸活络扳手、专用顶丝工具、专用长螺栓、0~200mm游标卡尺、研磨盘、锉刀、电筒 材料：红丹粉、研磨膏、砂皮、填料				

	序号	项目名称	质量要求	满分	得分与扣分
评分标准	1	拆下控制水与阀门水室的接头	不损坏零件	1	方法不正确扣1分
	2	拆除上部操作螺丝，取出座盖，装上松活塞用的专用顶丝工具，旋进压紧活塞后拆去阀杆顶部螺母，再逐渐松长螺栓螺帽，直至弹簧不再受压，拆除专用工具，取出活塞、阀杆、弹簧	不损坏零件	1	方法不正确扣1分
	3	拆除行程指示器及阀盖螺栓，拆除操作座活塞套螺栓，吊出操作座，取出弹簧支座	不损坏零件	2	方法不正确扣2分
	4	拆除阀盖螺栓，吊出阀盖，取出阀芯	不损坏零件	1	方法不正确扣1分

	序号	项目名称	质量要求	满分	得分与扣分
评分标准	5	清理零部件	清理干净	1	少清理 1 件扣 0.5 分
	6	检查所有螺栓及进出口法兰、阀盖、阀体结合面	结合面平整无吹损，无径向划痕，螺栓丝扣完好，无毛刺	2	未检查扣 2 分
	7	检查、测量操纵座套筒、活塞、弹簧、弹簧支座	套筒内壁光滑，无吹损，泄水孔畅通无污垢。活塞无毛刺、无腐蚀、无污垢。弹簧无锈蚀、无断裂和变形，弹簧支座平整无锈蚀。活塞与活塞套筒配合间隙为 0.05～0.10mm	3	未检查扣 2 分，未测量扣 1 分
	8	检查阀杆是否正直无弯曲，丝扣完整无毛刺，测量阀杆与阀杆套间隙	丝扣完好，弯曲度小于 0.03mm；阀杆与阀杆套配合间隙为 0.20～0.25mm	3	未检查扣 2 分，未测量扣 1 分
	9	检查测量阻汽片、疏汽圈及汽封室	汽封室内部无污垢、无吹损，疏水孔畅通，疏汽圈内外圈无磨损。阻汽片内外圈光滑。疏汽圈与阀杆间隙为 0.20～0.25mm，阻汽片与汽封室间隙为 0.10～0.15mm，阻汽片与阀杆间隙为 0.20～0.25mm	3	未检查扣 2 分，未测量扣 1 分

	序号	项目名称	质量要求	满分	得分与扣分
评分标准	10	检查测量阀杆、活塞套筒、缓冲活塞	汽阀活塞套筒、缓冲活塞光滑无毛刺、无腐蚀、无磨损。泄压孔畅通,汽阀活塞套筒与缓冲活塞配合间隙为 0.35～0.45mm	3	未检查扣2分,未测量扣1分
	11	检查阀芯、阀座。用红丹粉检查密封面	密封面连续均匀	3	未检查扣3分
	12	组合阀芯、缓冲活塞,旋紧缓冲活塞上螺塞,用支头螺钉固定		1	方法不正确扣1分
	13	装复阻汽片、疏汽圈,旋好汽封螺塞并用支头螺钉固定,测量间隙	疏汽圈中心对准汽室疏水孔中心。阻汽片与汽封螺塞轴向间隙为1～2mm	3	方法不正确扣2分,未测量扣1分
	14	按解体相反顺序装复		3	方法不正确扣3分

编　　号	C21B065	行为领域	f	鉴定范围	1
考核时间	4h	题　　型	B	题　分	30
试题正文	阀杆火焰校直				
其他需要说明的问题和要求	1. 要求 1 人配合工作 2. 掌握检修过程 3. 符合检修标准 4. 只考核测量与校直工作 5. 操作时注意安全、文明 6. 以 $\phi80×1200mm$　12Cr1MoV 阀杆为例				
设备场地工具材料	设备：$\phi80×1200mm$　12Cr1MoV 阀杆 场地：现场型，照明充足，阀门解体工作已完成 工具：1m×1m 标准平板，大号 V 型铁 2 副，小号 V 型铁 2 副，磁力表座及百分表 6 块，中、小号火焊割炬各一把，手持式红外线测温仪一个 材料：细砂布、破布、引水软管 30m				

	序号	项目名称	质量要求	满分	得分与扣分
评分标准	1	清理阀杆表面，去除附着异物	阀杆表面洁净，无锈垢、氧化皮等异物	2	清理方法不正确扣 1 分，清理质量不符合要求扣 1 分
	2	在标准平板上布置大号 V 型铁，架好阀杆和测量表百分表，缓慢转动阀杆，调整表百分表，初测阀杆圆周晃动值	支架阀杆、布置百分表平稳、可靠、位置合理	2	布置、调整方法不正确扣 2 分
	3	在阀杆端面八等分，按八点测量、记录阀杆圆周晃动值，标记各断面晃动最大、最小点位置	分度、测量方法正确，记录、标记方法正确	3	分度、测量方法不正确扣 2 分，记录、标记方法不正确扣 1 分

	序号	项目名称	质量要求	满分	得分与扣分
评分标准	4	计算、绘制阀杆弯曲度曲线，确认、标记最大弯曲度点	计算、绘制方法正确，标记方法正确	3	计算、绘制方法不正确扣2分，标记方法不正确扣1分
	5	火焰加热校直操作准备	转动阀杆在V型铁上位置，把阀杆弯曲最大点位置放置在正上方，用石笔画出加热尺寸带；装好火炬，调整好加热火焰	5	阀杆位置、加热区域标记方法不正确扣3分，加热火焰调整方法不正确扣2分
	6	在标记好的区域进行快速加热，加热过程用红外线测温仪间断测量阀杆表面温度	依据阀杆直径和弯曲值，选择加热温度为450～500℃，在标记好的区域进行快速、均匀加热，阀杆表面温度达到500℃立即停止加热，自然冷却2min后用准备好的冷水浇注在阀杆正上方加热区域	10	加热操作方法不正确扣5分，测温方法不正确扣2分，浇注冷水方法不正确扣3分
	7	清理设备及现场，重新架好阀杆和测量表百分表，测量阀杆圆周晃动值，计算、标记最大弯曲度点	质量要求同第3步	4	分度、测量方法不正确扣2分，记录、标记方法不正确扣2分
	8	阀杆弯曲度未达到质量标准，进行第二次校直操作	阀杆校直弯曲度合格标准为不大于0.05mm	1	一次校直合格加5分；第一次操作弯曲度减小不加分，总得分不超过30分。

行业：电力工程　工种：汽轮机辅机检修工　等级：技师/高级技师

编　号	C21B066	行为领域	f	鉴定范围	1
考核时间	4h	题　型	B	题　分	30
试题正文	给水泵再循环阀的解体与检修				
其他需要说明的问题和要求	1. 要求1人配合工作 2. 掌握检修过程 3. 符合检修标准 4. 只考核解体与检修工作 5. 操作时注意安全、文明 6. 以美国进口SD-900-160DA最小流量再循环阀为例				
设备场地工具材料	设备：SD-900-160DA最小流量再循环阀 场地：现场型，照明充足，检修工作票已办理、批准开工 工具：专用扳手、1套梅花扳手、12寸活络扳手、内六角扳手（6mm）、研磨盘、锉刀、2t手拉葫芦一台、短钢丝绳头三根 备品、材料：截流减压套组件一个、阀塞一只、砂布、研磨膏、红丹粉、石墨成型填料、密封圈一套				

	序号	项目名称	质量要求	满分	得分与扣分
评分标准	1	拆除气动执行机构气源管、定位器等附件，松开阀杆与传动杆连接，拆去气动执行机构	拆除步序正确，不损坏零件	2	拆除步序不正确扣1分，异常损坏零件扣1分
	2	拆除阀盖螺栓，吊出阀盖、阀杆与阀塞组件	拆除步序正确，不损坏零件	3	拆除步序不正确扣1分，异常损坏零件扣2分
	3	拆开阀杆与阀塞连接，抽出阀杆，检查各零部件，测量阀杆弯曲度，对一般性缺陷进行处理	拆除步序正确，不损坏零件；检查缺陷方法正确，阀杆弯曲度不大于0.05mm；一般性缺陷处理方法正确	5	拆除步序不正确扣1分，异常损坏零件扣1分，阀杆弯曲度测量方法不正确扣1分，缺陷处理方法不正确扣2分
	4	回装阀杆及阀杆密封件，组装阀杆与阀塞	回装步序正确，不损坏零件	2	回装步序不正确扣1分，损坏零件扣1分
	5	取出截流减压套、阀座及各道密封件；检查阀门壳体内壁有无异常吹损情况，必要时进行处理	拆除步序正确，及时发现内部缺陷，处理方法正确	2	未及时发现内部缺陷扣1分，处理方法不正确扣1分

	序号	项目名称	质量要求	满分	得分与扣分
评分标准	6	检查、清理截流减压套、阀座及各道密封件,对一般性缺陷进行处理	检查方法正确,一般性缺陷做研磨处理,零部件严重吹损更换备件	3	检查方法不正确扣1分,研磨方法不正确扣1分,备件质量检查方法不正确扣1分
	7	涂红丹检查、用汽门研磨膏研磨阀座与壳体密封面接触情况	阀座与壳体密封面接触吻合连续、均匀	1	检查、研磨不合要求扣1分
	8	涂红丹检查、用汽门研磨膏研磨阀塞与阀座密封面接触情况	阀塞与阀座光滑无吹损,密封面接触吻合连续、均匀	1	检查、研磨不合要求扣1分
	9	涂红丹检查、用汽门研磨膏研磨节流减压组件与阀座密封面接触情况	接触面光滑,接触吻合连续、均匀	1	检查、研磨不合要求扣1分
	10	涂红丹检查、用汽门研磨膏研磨节流减压组件与阀盖密封面接触情况	接触面光滑,接触吻合连续、均匀	1	检查、研磨不合要求扣1分
	11	涂红丹检查、用汽门研磨膏研磨阀盖与阀门壳体密封面接触情况	接触面光滑,接触吻合连续、均匀	1	检查、研磨不合要求扣1分
	12	阀壳内部检查、清理,所有零件清洗干净	面团清理	1	清理不合要求扣1分
	13	更换整套密封件,组装阀塞、节流减压组件,吊装阀盖、阀杆与阀塞组件	组装步序正确,吊装一次到位	3	组装步序不正确扣1分,吊装未做到一次到位扣2分
	14	检修、装配、紧固阀盖螺栓	螺栓修理、试戴合格,紧固顺序正确,力矩控制500Nm	2	螺栓修理、装配不合格扣1分,紧固不符合要求扣1分
	15	恢复气动执行机构,连接阀杆与驱动杆及阀位指示	组装步序正确,连接一次到位	1	组装步序不正确扣1分

行业：电力工业　　工种：汽轮机辅机检修工　　等级：技师/高级技师

编　号	C21B067	行为领域	f	鉴定范围	1
考核时间	8h	题　型	B	题　分	30
试题正文	凝汽器汽侧检修				
其他需要说明的问题和要求	1. 要求 2 人配合工作 2. 掌握检修项目及内容 3. 符合检修标准 4. 操作时注意安全、文明 5. 以 N-18750 型凝汽器为例				
设备场地工具材料	设备：N-18750 型凝汽器 场地：现场型，凝汽器喉部照明充足，脚手架搭设验收合格 工具：梅花扳手 1 套、专用扳手、手锤、矿灯、电筒、风动角磨 材料：堵头、橡胶垫				

	序号	项目名称	质量要求	满分	得分与扣分
评分标准	1	签好检修工作票，确认系统已隔离	必要的安全措施	2	安全措施未落实扣 2 分
	2	打开凝汽器喉部和热井人孔门，确保空气流通	确保空气流通	2	少开 1 个扣 1 分
	3	凝汽器内使用照明、工具必须符合安全规定，进入凝汽器内工作，外面必须有人监护	照明使用 12V 安全电压，打磨使用风动工具，按要求监护	2	不符合安全要求扣 1 分，无人监护扣 1 分
	4	检查五、六段抽汽管道，及时发现缺陷并妥善处理	波纹节及其拉杆状态正常，管道焊缝无异常，支架可靠、防冲刷护板正常	3	未检查扣 1 分/项，处理缺陷方法不正确扣 1 分
	5	检查七、八段抽汽管道，及时发现缺陷并妥善处理	波纹节及其拉杆状态正常，管道焊缝无异常，支架可靠、防冲刷护板正常	3	未检查扣 1 分/项，处理缺陷方法不正确扣 1 分

	序号	项目名称	质量要求	满分	得分与扣分
评分标准	6	检查7号、8号低压加热器状况，及时发现缺陷并妥善处理	支持固定端螺栓连接紧固可靠，膨胀端螺栓预留膨胀间隙，壳体防冲刷护板正常	3	未检查扣1分/项，处理缺陷方法不正确扣1分
	7	检查前后轴封供、回汽管道，及时发现缺陷并妥善处理	波纹节及其拉杆状态正常，管道焊缝无异常，支架可靠、防冲刷护板正常	3	未检查扣1分/项，处理缺陷方法不正确扣1分
	8	逐根检查铜管外壁、缝、空抽区，清理异物，及时发现缺陷并妥善处理	外壁严重受损铜管标记、在水室中可靠封堵，彻底清理异物	3	未检查扣1分/项，处理缺陷方法不正确扣1分
	9	检查、清理热井及底部出水口滤网	彻底清理干净	2	未达要求扣1分
	10	检查喉部支撑结构件，及时发现缺陷并妥善处理	喉部支撑焊缝正常，无异常冲刷痕迹	2	未检查扣2分
	11	拆除脚手架，清理出检修工器具	过程不得碰撞损坏铜管	2	未拆除扣2分
	12	检查汽侧人孔门的橡胶垫，应完好无损，未老化。确认无任何遗留物后，装复人孔门	密封垫完整无损，未老化	2	未检查扣1分
	13	把检修场地打扫干净，终结检修工作票	工完料尽场地清	1	未清扫扣1分

4.2.3 综合操作

行业：电力工程		工种：汽轮机辅机检修工		等级：初/中	

编　号	C54C068	行为领域	d	鉴定范围	5
考核时间	4h	题　型	C	题　分	50
试题正文	凝汽器胶球收球网检修				
其他需要说明的问题和要求	1. 要求 1 人配合进行 2. 掌握检修过程 3. 符合检修标准 4. 操作时注意安全、文明 5. 以 BSF12 型凝汽器胶球收球网为例				
设备场地工具材料	设备：BSF12 型凝汽器胶球收球网 场地：现场型 工具：专用扳手、手锤、电筒、钢丝刷 材料：10mm×10mm 方橡胶条				

	序号	项目名称	质量要求	满分	得分与扣分
评分标准	1	办理检修工作票，确认系统已隔离。存水放尽，挂好警告牌	做好安全措施	5	安全措施未到位扣 5 分
	2	拆人孔门拉紧螺母，打开人孔门		5	操作不正确扣 5 分
	3	检查收球网网体是否正常，并清理	在收球位置时，围带与筒体内壁应贴合严密，个别最大间隙不超过 5mm，网体清理干净	10	未检查围带与筒体内壁间隙扣 5 分，未清理扣 5 分
	4	检查传动装置是否灵活，所有销子是否完好	开关位置正确，关闭时能到位	10	未检查传动装置扣 10 分
	5	检查活动网板是否灵活、无破损	网板完好无损。到限位后位置要对正	10	未检查网板到限位的位置扣 5 分，未检查网板破损情况扣 5 分
	6	检查密封面橡皮垫是否完好	橡皮垫无破损、老化现象	5	未检查密封面橡皮垫 5 分
	7	装复人孔门盖	关闭严密	5	操作不正确扣 5 分

行业：电力工程　　　工种：汽轮机辅机检修工　　　　等级：初/中

编　号	C54C069	行为领域		d	鉴定范围	5
考核时间	8h	题　型		C	题　分	50
试题正文	低压加热器检修					

其他需要说明的问题和要求	1. 要求 3 人配合工作 2. 掌握检修过程 3. 符合检修标准 4. 操作时注意安全、文明 5. 以 DR600-3 型低压加热器为例

设备场地工具材料	设备：DR600-3 型低压加热器 场地：现场型 工具：梅花扳手 1 套，8、12 寸扳手各 1 把，手锤，矿灯，电筒 材料：砂布、堵头、洗洁精水

	序号	项目名称	质量要求	满分	得分与扣分
评分标准	1	签好检修工作票，确认系统已隔离，容器外部搭起牢固脚手架	必要的安全措施，容器内工作使用矿灯或12V安全电压照明	5	安全措施未到位扣 3 分，未使用安全照明扣 2 分
	2	拆除人孔门螺栓，打开人孔门盖；拆除隔板人孔门螺栓，打开隔板人孔门盖	余热散尽后方可入内进行工作；进入容器内工作，外面必须有人监护	5	安全措施未到位扣 3 分，无人监督扣 2 分
	3	清理人孔门盖结合面法兰	清理干净	2	未清理扣 2 分

	序号	项目名称	质量要求	满分	得分与扣分
评分标准	4	管束查漏时,与低压加热器汽侧相连的管道阀门均应关闭;从汽侧放空气门接入压缩空气,压力为0.4～0.6MPa;往上部管板涂洗洁精水,从上部管板检查钢管及管口的泄漏情况。发现泄漏的钢管和管口,可以做好记录,待泄压后将管口处理干净,用20号钢加工成锥形堵头敲入管中,再用J507焊条焊固。如是管口泄漏,将管口打磨清理干净后,用J507焊条焊固。焊后再次打压检查钢管和管口有无泄漏	对泄漏的钢管要全部封堵	20	查漏工艺不正确扣5分,封堵管子不正确扣5分,未再打压检查扣10分
	5	对堵去的钢管的位置做好记录	做好检修记录	3	未做记录扣3分
	6	检查法兰螺栓、螺帽,无裂纹、毛刺、乱扣、翻边,配合良好		2	未检查扣2分
	7	检查磁性水位计	浮筒完好,无损伤。指示牌翻转灵活	5	未检查1项扣2.5分
	8	检查磁性水位计一次阀门	阀门关闭严密,盘根完好	3	未检查扣3分
	9	回装	按拆相反顺序装复	5	装复工艺错1项扣1分

行业：电力工程　　　　工种：汽轮机辅机检修工　　　　等级：中/高

编　　号	C43C070	行为领域	e	鉴定范围	4
考核时间	8h	题　　型	C	题　　分	50
试题正文	除氧器检修				
其他需要说明的问题和要求	1. 要求 4 人配合进行工作 2. 掌握检修过程 3. 符合检修标准 4. 操作时注意安全、文明 5. 以 GC-1080 型除氧器为例				
设备场地工具材料	设备：GC-1080 型除氧器 场地：现场型，照明充足 工具：大锤、专用扳手、电筒、矿灯、梅花扳手 1 套、手锤、10 寸活络扳手 1 把 材料：砂布				

	序号	项目名称	质量要求	满分	得分与扣分
评分标准	1	办理检修工作票，并确认系统已隔离，且存水已放尽，挂好警告牌	做好安全措施	5	安全措施未到位扣 5 分
	2	拆除氧头和水箱人孔门连接螺栓，打开人孔门盖	打开人孔门后，要使内部余热散尽后方可进入工作，门外有人监护	5	安全措施未到位扣 5 分
	3	进入除氧头内，拆下喷嘴室挡板	方法正确	3	方法不正确扣 3 分
	4	检查喷嘴	喷嘴完整无损坏、无锈垢，喷水畅通良好，固定牢固，弹簧完好无卡涩	5	未检查扣 5 分
	5	检查填料支架等有无裂纹、有无损坏及脱焊的地方	无裂纹、未脱焊	2	未检查扣 2 分

	序号	项目名称	质量要求	满分	得分与扣分
评分标准	6	检查淋水盘填料的装配情况	装配正常，无变形、破损、移位等缺陷	3	未检查扣3分
	7	检查汽、水、放空气管道根部有无裂纹	焊缝无裂纹、无脱焊缺陷	3	未检查扣3分
	8	检查水箱内部并清理	清理干净	2	未检查扣2分
	9	检查水箱内各汽、水管道有无堵塞、锈蚀、损坏	必要时进行防腐处理	2	未检查扣2分
	10	检查容器内表面、开孔接管处，有无介质腐蚀或冲刷磨损；固定支架、支座钢板焊接有无裂纹；容器内焊缝接头和其他应力集中部位有无裂纹或断裂	对不合格部位进行补焊等处理	8	少检查1项扣1分
	11	检查磁性水位计	浮筒完好，无损伤。指示牌翻转灵活	2	未检查扣2分
	12	检查各个一次阀门	阀门关闭严密，盘根完好	3	少检查1项扣1分
	13	检查滚动支架	滚子无裂纹，支撑平面平整，滚子与支座间清洁、接触严密无间隙	2	未检查扣2分
	14	联系金属试验人员，进行金属监督检查；联系化学人员检查内部腐蚀和结垢情况		5	少联系1项扣2.5分

行业：电力工程　　工种：汽轮机辅机检修工　　等级：高/技师

编　号	C32C071	行为领域		e	鉴定范围	3
考核时间	8h	题　型		C	题　分	50
试题正文	止回阀的检修					
其他需要说明的问题和要求	1. 要求 1 人配合工作 2. 掌握检修过程 3. 符合检修标准 4. 操作时注意安全、文明 5. 以 H64H–180 型止回阀为例					
设备场地工具材料	设备：H64H–180 型止回阀 场地：现场型，照明充足，检修工作票已办理，检修脚手架搭制合格 工具：铜棒、手锤、大锤、0～200mm 游标卡尺、梅花扳手 1 套、12 寸活络扳手、研磨盘、锉刀、电筒 材料：砂布、红丹粉、二硫化钼、金属石棉垫、研磨膏					

	序号	项目名称	质量要求	满分	得分与扣分
评分标准	1	拆除压盖上 3 个固定螺栓，取出压盖，用铜棒击松内压圈	不损坏零部件，拆卸方法正确	2	损坏 1 件扣 1 分，方法不正确扣 1 分
	2	在外壳上的四个小孔中，先轻击出平行厚挡块，依次拆去其余挡块	不损坏零部件，拆卸方法正确	3	损坏 1 件扣 2 分，方法不正确扣 1 分
	3	拉出内压圈，松开 M20 螺栓及止动垫圈	不损坏零部件，拆卸方法正确	2	损坏 1 件扣 1 分，方法不正确扣 1 分
	4	用铜棒击松内顶圈，随后取出薄挡圈和内顶圈，最后取出定位板、启闭杆及阀芯	不损坏零部件，拆卸方法正确	3	损坏 1 件扣 2 分，方法不正确扣 1 分

	序号	项目名称	质量要求	满分	得分与扣分
评分标准	5	宏观检查厚挡块的表面有无裂纹、较大变形，在阀壳槽内，挡块应滑动配合良好	四合环宏观检查无裂纹和严重变形，拼合时缝隙紧密，平面光滑无毛刺，与阀壳槽配合间隙为 0.30～0.40mm	5	未检查扣 3 分，未测量扣 2 分
	6	检查阀芯与定位板连接销轴及销轴衬圈的磨损和松动情况	销轴与定位板轴套的配合间隙为 0.03mm	5	未检查扣 3 分，未测量扣 2 分
	7	检查阀芯螺母点焊有无裂纹	必要时修锉后重新点焊	5	未检查扣 5 分
	8	检查启闭杆内孔与门芯螺栓配合间隙	启闭杆与阀芯中心螺栓配合间隙为 0.40～0.60mm，启闭杆与阀芯中心螺母的间距为 0.5mm	10	少检查测量 1 项扣 5 分
	9	涂色检查阀芯和阀座严密性	阀芯与阀座密封严密，涂色检查密封线应连续均匀	5	未检查扣 5 分
	10	装复	装配填料时搭头应紧密，并交错120°～180°，并注意尽可能填实、填满，以减少压缩量。配合处涂擦二硫化钼粉剂	10	方法不正确扣 1 分，损坏 1 件扣 1 分

行业：电力工程　工种：汽轮机辅机检修工　等级：技师/高级技师

编　号	C21C072	行为领域	f	鉴定范围	2
考核时间	8h	题　型	C	题　分	50
试题正文	高压加热器联成阀检修				
其他需要说明的问题和要求	1. 要求 1 人配合工作 2. 掌握检修过程 3. 符合检修标准 4. 操作时注意安全、文明 5. 以 JG-1000 高压加热器联成阀为例				
设备场地工具材料	设备：JG-1000 高压加热器联成阀 场地：现场型 　　工具：专用扳手、梅花扳手 1 套、12 寸活络扳手、铜棒、手锤、0～200mm 游标卡尺、电筒、锉刀 材料：砂布、铸铁研磨盘、120 目与 280 目刚玉研磨膏、红丹粉、O形密封圈、垫片和填料				

	序号	项目名称	质量要求	满分	得分与扣分
评分标准	1	签好检修工作票，确认已与系统隔离	必要的安全措施	2	安全措施未到位扣 2 分
	2	切断与液压缸联接的凝结水管及疏水管道	不损坏零件	1	方法不正确扣 1 分
	3	拆除阀盖与液压缸连接法兰螺栓，将阀盖吊出	不损坏零部件	1	方法不正确扣 1 分
	4	拆除液压缸与连接座法兰螺栓，将液压缸吊出，取出活塞	不损坏零部件	1	方法不正确扣 1 分
	5	拆除开度指示器，拆除连接座与阀体法兰连接螺栓，将连接座吊走	不损坏零部件	1	方法不正确扣 1 分
	6	用专用扳手松压盖螺钉，取出压盖	不损坏零部件	1	方法不正确扣 1 分

374

	序号	项目名称	质量要求	满分	得分与扣分
评分标准	7	用专用扳手松开两只并帽。取出盖板、四合环、均压环	不损坏零部件	1	方法不正确扣1分
	8	用行车吊出填料室座。旋出挡圈盖板与上阀座连接螺栓,取出挡圈	不损坏零件	1	方法不正确扣1分
	9	取出四合环及下阀座,然后吊出下阀杆及阀瓣	不损坏零件	1	方法不正确扣1分
	10	用专用扳手将底部密封圈座两只并帽松开。取出底部填料室座。取下盖板、四合环,取出底部密封圈座	不损坏零件	1	方法不正确扣1分
	11	清理各零件,消除锈垢,擦拭干净	各零件打磨光滑,擦拭干净	2	少清理1件扣0.5分
	12	检查阀芯与上下阀座密封面,应完好无损,没有腐蚀、麻点、凹坑,确保接触吻合、关闭严密,如有吹损等缺陷,则应修磨,直至用红丹粉检查密封面持续均匀	密封面光洁平整,红丹粉检查密封面持续均匀	5	未检查扣3分,未用红丹粉检查密封面扣2分
	13	检查液压缸内壁及活塞	光滑无毛刺	2	未检查扣2分
	14	检查上阀杆丝扣磨损情况,如磨损严重,则应加工更换	丝扣无滑牙、毛刺,内外丝扣配合良好	3	未检查阀杆丝扣扣2分,未检查活令丝扣扣1分

	序号	项目名称	质量要求	满分	得分与扣分
评分标准	15	检查填料室座，衬套完整良好，没有磨损、裂纹、吹损等，并测量配合间隙	阀杆与填料室径向间隙为0.34～0.52mm，阀体与填料室外径间隙为0.30～0.45mm，阀杆与衬套径向间隙为0.10～0.18mm	8	少测量1项扣2分
	16	检查四合环及槽道，应完好，无毛刺、裂纹和变形	无裂纹和变形	2	少检查1项扣1分
	17	检查阀杆弯曲度，表面应光滑，无腐蚀、无锈垢、无磨损	弯曲度小于0.03mm，表面光滑，无磨损	2	未检查扣1分，未测量扣1分
	18	检查阀瓣压盖丝扣、止动垫圈	丝扣无滑牙、毛刺，内外丝扣配合良好，垫圈完好	3	少检查1项扣1分
	19	测量阀体与密封圈径向间隙，测量阀体与密封座外径间隙	阀体与密封圈径向间隙为0.10～0.15mm，阀体与密封圈径外间隙为0.30～0.45mm	5	少测量1项扣2.5分
	20	更换所有垫片和填料，阀体内各部件吹扫擦拭干净，按解体相反的顺序装复		6	未更换垫片和填料扣1分，未吹扫干净扣1分，装复方法错1步扣1分
	21	清点工具，打扫工作场地，办理终结检修工作票	工完料尽场地清	1	未清扫场地扣1分

编　　号	C21C073	行为领域	f	鉴定范围	2
考核时间	8h	题　　型	C	题　分	50
试题正文	低压蒸汽转换阀检修				
其他需要说明的问题和要求	1. 要求 2 人配合工作 2. 掌握检修过程 3. 符合检修标准 4. 操作时注意安全、文明 5. 以哈尔滨电力设备厂 DY965Y–P$_{54}$4V 低压蒸汽转换阀为例				
设备场地工具材料	设备：低压蒸汽转换阀 DY965Y–P$_{54}$4V 场地：现场型 工具：专用扳手、梅花扳手 1 套、内六方扳手一套、12 寸活络扳手、铜棒、手锤、锉刀、铲刀、0~200mm 游标卡尺、电筒、锉刀、专用阀门研磨机、拆卸装阀座专用工装、2t 手拉葫芦一台、短钢丝绳头三根 材料：砂布、研磨机研磨片、铅笔、密封垫片和成型填料				

<table>
<tr><td rowspan="5">评
分
标
准</td><td>序号</td><td>项目名称</td><td>质量要求</td><td>满分</td><td>得分与扣分</td></tr>
<tr><td>1</td><td>签好检修工作票，确认热力系统压力为零、温度为常温、电动执行机构切电后联系拆除电机接线</td><td>必要的安全措施</td><td>2</td><td>安全措施未到位扣 2 分</td></tr>
<tr><td>2</td><td>拆卸电动执行装置驱动杆与门杆连接卡夫和开度指示器，拆除执行器与支架连接螺栓，吊走执行器至检修场地。拆卸支架与阀盖连接螺栓，吊走支架部分</td><td>不损坏零件，步序正确</td><td>5</td><td>异常损坏零件扣 2 分，拆卸步序、方法不正确扣 3 分</td></tr>
<tr><td>3</td><td>拆除阀盖与阀体连接螺栓，将阀盖、阀杆与阀碟组件吊出，放置在检修场地</td><td>不损坏零部件，吊出垂直、平稳，进出管口处应用合适堵板封堵可靠</td><td>5</td><td>异常损坏零件扣 2 分，吊出不平稳或外斜扣 2 分，内部堵封不正确扣 1 分</td></tr>
<tr><td>4</td><td>拆开门杆与阀碟连接，拆下盘根压盖，抽出门杆，掏出全部门杆密封填料</td><td>不损坏零部件，步序正确</td><td>3</td><td>异常损坏零件扣 2 分，拆卸步序、方法不正确扣 1 分</td></tr>
</table>

	序号	项目名称	质量要求	满分	得分与扣分
评分标准	5	检查、清理门杆、阀碟、盘根压盖、盘根室等部件和各结合面，应无损伤，毛刺、变形等缺陷	检查出各类缺陷，修理方法正确	3	未及时检查出缺陷扣1分，修理方法不正确扣2分
	6	检查阀杆弯曲度，表面应光滑，无腐蚀、锈垢、磨损	弯曲度小于0.03mm，表面光滑，无磨损	3	未测量扣3分，测量方法不正确扣2分
	7	检查阀壳体内部有无裂纹、砂眼、汽蚀、表面起皮氧化，检查、清理喷水喷嘴，检查、清理阀座	阀壳体内部应无裂纹、砂眼、汽蚀等缺陷；表面起皮氧化层应用角磨打去；喷嘴畅通、无缺陷；阀座用细纱布打磨、清理干净	3	未检查扣1分/项，处理方法不正确扣1分/项
	8	组装阀盖、阀杆与阀碟、填料压盖组件，在阀碟密封线上画铅笔道，并吊装复位	更换新的门杆密封填料，各部位涂擦优质黑铅粉，吊装应垂直、平稳	3	装配不正确扣2分，吊装不平稳、歪斜扣1分
	9	拉起门杆，突然释放，用撞击法研磨密封线，撞击6~8次，吊起查看效果，对存在的缺陷正确处理后重新检查密封性状况	拉起门杆80mm释放，正确判断密封线上存在的缺陷，提出正确的处理措施（阀碟与阀座密封线应连续均匀并有一定宽度，结合面上无沟槽，轻度断线痕迹可对阀座用专用研磨机修磨，阀碟缺陷可在车床上修磨；严重缺陷可更换阀碟、阀座）	5	拉起高度不正确扣1分，判断不正确扣2分，提出的处理措施不正确扣2分

序号	项目名称	质量要求	满分	得分与扣分
10	组装阀盖、阀杆与阀碟组件,并吊装复位,测量阀碟行程	阀碟行程应为(100±2)mm	2	行程不正确扣2分
11	吊出阀盖、阀杆与阀碟组件,检查、清理阀门内部、门盖密封面及螺丝底孔,取出封堵堵板	阀门壳体内部用面团彻底粘清干净,门盖密封面和螺丝底孔清理干净	3	内部检查、清理不合格扣1分,封堵物未取出扣2分
12	正式吊装阀盖、阀杆与阀碟组件到位	更换新的密封垫,下落过程平稳、对正,一次到位	3	未更换新的密封垫扣1分,吊装未一次成功扣2分
13	紧固阀盖与阀体螺栓	对称、均匀紧固,力矩控制1000Nm	3	方法不正确扣2分,力矩控制不准确扣1分
14	恢复支架与阀盖连接螺栓,恢复电动执行装置与支架部分连接螺栓,恢复电机驱动杆与阀杆连接及开度指示器	不损坏零件,步序正确	3	异常损坏零件扣1分,拆卸步序、方法不正确扣2分
15	手动操作电动执行装置;检查阀门开关,应灵活、行程足够	手摇开关灵活,行程正确	2	手摇开关不灵活或行程不正确扣2分
16	联系热工人员恢复电动执行装置接线,并进行静态调试	静态调试合格	1	静态调试不合格扣1分
17	清点工具,打扫工作场地,办理终结检修工作票	工完料尽场地清	1	未清扫场地扣1分

编　　号	C21C074	行为领域	f	鉴定范围	1
考核时间	8h	题　　型	C	题　　分	50
试题正文	循环泵出口蓄能式液控止回蝶阀液压站检修				
其他需要说明的问题和要求	1. 要求 2 人配合工作 2. 掌握检修过程 3. 符合检修标准 4. 操作时注意安全、文明 5. 以 DX7K41X–0.6 型蓄能式液控止回蝶阀液压站为例				
设备场地工具材料	设备：DX7K41X–0.6 型蓄能式液控止回蝶阀液压站 场地：现场型 　　工具：专用扳手、梅花扳手 1 套，12 寸活络扳手、内六方扳手一套，铜棒，手锤、拔销器一把，0～200mm 游标卡尺，电筒，锉刀，2t 手拉葫芦一台，短钢丝绳头三根，氮气测压及补充专用工具 　　材料：砂布、破布、丙酮、面团、O 形密封圈一套、活塞缸密封圈一套、垫片				

	序号	项目名称	质量要求	满分	得分与扣分
评分标准	1	签好检修工作票，确认油泵电动机和控制电磁阀已切电	必要的安全措施	2	安全措施未到位扣 2 分
	2	打开液压系统泄荷阀，泄去油压	泄压为零	1	方法不正确扣 1 分
	3	拆开摆动油缸进、出油接头，拆除高压油管并保存好密封圈	方法正确，不损坏零部件	1	方法不正确扣 1 分
	4	拆除机械传动部分前挡板，并采取措施固定摆动油缸以防滑落	方法正确，不损坏零部件	2	方法不正确扣 2 分
	5	拆除活塞杆与门杆驱动拐臂连接		2	方法不正确扣 2 分

	序号	项目名称	质量要求	满分	得分与扣分
评分标准	6	拆除连杆下部两轴套及中部球面活动套,并检查零部件磨损情况,及时发现缺陷	方法正确,发现缺陷及时、准确,不损坏零部件	3	方法不正确扣1分,未及时准确发现缺陷扣2分
	7	吊下液压活塞缸至检修场地,松掉其顶部连接头锁紧并帽,旋下连接头,拆除油缸下部无杆腔室的进油组件	方法正确,不损坏零部件	3	方法不正确扣2分
	8	用铜棒缓慢敲击,使液压活塞杆从油缸尾部缓慢退出,检查油缸内部、活塞、密封件、活塞杆有无损伤痕迹	方法正确,发现缺陷及时、准确,不损坏零部件	5	方法不正确扣2分,未及时准确发现缺陷扣2分
	9	仔细清理液压缸内部、各零部件零件,修理缺陷,更换各部位密封件,进行液压缸组装	清理干净,消缺符合要求,密封件全套更换,组装方法正确	5	清理、消缺、密封件更换不符合要求扣3分,组装方法不正确扣2分
	10	拆除液压集成块上电磁阀、泄荷阀及油道堵头,用压缩空气吹清各油道,确认干净后更换各密封件,恢复电磁阀、泄荷阀及油道堵头	拆卸方法正确,不损坏零件,清理干净,消缺符合要求,密封件全套更换,组装方法正确	5	拆除、组装方法不正确扣2分;清理、消缺、密封件更换不符合要求扣3分
	11	拆卸油泵与液压系统连短管接头及油泵与油箱的连接螺栓,将电机和油泵一同吊至检修场地	拆卸方法正确,不损坏零件	2	方法不正确扣1分

	序号	项目名称	质量要求	满分	得分与扣分
评分标准	12	检查电机和油泵连接,清理各零件,及时发现缺陷并正确修理	电机和油泵连接可靠;发现缺陷及时,修理方法正确	3	发现缺陷不及时扣1分,修理方法不正确扣2分
	13	放掉油箱存油并彻底清理油箱	面团清理	3	清理方法不正确扣2分
	14	恢复油泵及出口管道安装	吊装平稳、一次到位	2	未一次到位扣1分
	15	恢复液压油缸、液压油管及侧向面板安装	油缸吊装平稳、一次到位,液压油管平顺、接头密封可靠	3	未一次到位扣2分,有关安装不合要求扣1分/项
	16	油位计、蓄能器等附件检修	检查方法正确,缺陷处理正确	2	检查、处理方法不正确扣2分
	17	专用工具检查蓄能器氮气压力,不足补充	专用工具使用正确,静态补充氮气压力至9MPa	2	专用工具使用不正确扣1分,氮气压力补充值不正确扣1分
	18	恢复液压油缸与阀门驱动拐臂连接,进行整体试运调试,确认液压系统动作、系统保压性能、蝶阀开关位置,并作必要调整	调整达到:液压系统动作正确,系统保压性能正常,蝶阀开关位置到位	3	液压系统动作不正确扣2分,系统保压性能不正常扣1分
	19	清点工具,打扫工作场地,办理终结检修工作票	工完料尽场地清	1	未清扫场地扣1分

编　号	C21C075	行为领域	f	鉴定范围	1
考核时间	8h	题　型	C	题　分	50

试题正文	高压加热器检修

其他需要说明的问题和要求	1. 要求 2 人配合工作 2. 掌握检修过程 3. 符合检修标准 4. 操作时注意安全、文明 5. 以 JG–1150–1 高压加热器为例

设备场地工具材料	设备：JG–1150–1 高压加热器 场地：现场型 工具：专用扳手、风动扳手 1 套、12 寸活络扳手、铜棒、手锤、0～200mm 游标卡尺、电筒、圆锉刀、充气软管 20m、2t 手拉葫芦 1 台、短钢丝绳头 3 根 材料：砂布、破布、风动内圆磨、风动角磨、带锥度钢堵头、洗洁精检漏液、红丹粉、O 形密封圈、成型专用胀圈、管口堵板、水室隔板密封垫

评分标准	序号	项目名称	质量要求	满分	得分与扣分
	1	签好检修工作票，确认汽侧、水侧已与系统隔离，压力、温度下降至常温常压	必要的安全措施	3	安全措施未到位扣 1 分/项
	2	拆除自密封人孔缸头拉紧螺栓，向内压松自密封缸头	操作方法、工具恰当，不损坏零件	3	工具、方法不正确扣 2 分，损坏零件扣 1 分
	3	拆出四合环、自密封缸头及密封胀圈，清理人孔内壁	操作方法、工具恰当，不损坏零件	3	工具、方法不正确扣 2 分，损坏零件扣 1 分
	4	装好进水管口堵板，人员进入下水室检查管口、管板、管口防冲刷套管状况，记录存在缺陷	操作方法、工具恰当，及时发现存在缺陷	3	未安装进水管口堵板扣 2 分，未及时发现存在缺陷扣 3 分

	序号	项目名称	质量要求	满分	得分与扣分
评分标准	5	拆除上、下水室隔板连接螺栓,拆下两只水室隔板,清理干净原密封垫片	操作方法、工具恰当,不损坏零件	3	工具、方法不正确扣2分,异常损坏零件扣1分
	6	检查上水室管口、管板状况和出口水管与上水室焊接情况,记录存在缺陷	操作方法、工具恰当,及时发现存在缺陷	3	未见查扣2分,未及时发现存在缺陷扣3分
	7	人员出水室,连接好压缩空气软管,缓慢向高压加热器汽侧充入压缩空气,观察就地压力表,达到0.2MPa时停止冲压	软管连接可靠,充压过程控制合理	2	方法不正确扣2分
	8	人员进入水室,在管口涂刷检漏液,检查换热管、封口处是否存在漏点,并准确标记	检漏方法正确,标记准确	3	方法不正确扣3分,标记不准确扣1分
	9	检漏完成,泄去封压,对管口清理、挖去封口焊肉,打入专用带锥度钢堵头,由焊工施封口焊(φ2.5mm J507焊条)	管口清理露出金属光泽,深度40mm;封口焊肉挖深2~3mm,但不能伤及相邻焊肉;专用冲头打入堵头管口内2~3mm	5	管口清理、焊肉挖除方法不正确扣3分,堵头打入方法不正确扣2分
	10	施焊结束,再次充压查漏,未见漏点;升压至0.6MPa进行风压试验	应一次完成查、堵后风压试验合格	3	未能实现一次完成查、堵后风压试验合格扣3分

	序号	项目名称	质量要求	满分	得分与扣分
评分标准	11	对上水室与出口水管焊接部位检查，吹损部位挖补	认真检查，吹损部位修磨、补焊	2	未实施扣2分
	12	恢复两只水室隔板	密封面清理干净，螺丝修理合格并涂防咬合剂，更换新密封垫片	2	少清理 1 件扣 0.5分
	13	清理下水室，抽取进水管口堵板	清理干净，堵板取出	3	未清理干净扣2分，未取堵板扣3分
	14	检查、清理四合环槽道，回装缸头、密封胀圈、限位压环、四合环、拉紧压板等，并预拉紧缸头螺栓	四合环槽无毛刺、裂纹和变形，零部件清理干净、修正无毛刺，螺栓丝扣修理配合良好、涂防咬合剂	3	零部件检修不合要求扣2分，丝扣检修不合要求扣1分
	15	加热器汽侧安全阀检修、校压	安全阀解体检查密封线、弹簧，回装后进行水压试验，调校动作压力至规定值	3	检修方法不正确扣2分，调校压力方法不正确扣3分
	16	加热器水位计、排空气门、放水门等附件检修	检查、消除各阀门内外漏点，水位计浮筒及翻板检修	5	少检修1项扣1分
	17	清点工具，打扫工作场地，办理终结检修工作票	工完料尽场地清	1	未清扫场地扣1分

行业：电力工程　工种：汽轮机辅机检修工　等级：技师/高级技师

编　　　号	C21C076	行为领域	f	鉴定范围	1
考核时间	4h	题　　型	C	题　　分	50
试题正文	高压给水管道与高压加热器组入口电动三通阀安装对口				
其他需要说明的问题和要求	1. 要求 2 人配合工作 2. 掌握检修过程 3. 符合检修标准 4. 操作时注意安全、文明 5. 以φ426×55 管道与高压加热器组入口电动三通阀安装对口为例				
设备场地工具材料	设备：φ426×55 管道与高压加热器组入口电动三通阀 场地：现场型 工具：自爬式管道坡机、梅花扳手 1 套、12 寸活络扳手、铜棒、手锤、样板尺、楔形塞尺、角尺、电筒、电动内、外角磨机、3t 手拉葫芦 3 台、合适钢丝绳若干根 材料：固定拉板若干				

	序号	项目名称	质量要求	满分	得分与扣分
评分标准	1	签好检修工作票，确认已与系统隔离	必要的安全措施	3	安全措施未到位扣 3 分
	2	按 U 形坡口形式制作管道侧坡口，并打磨距管口断面 150mm 范围内、外表面露出金属光泽	能正确使用坡口机，坡口制作规范，角尺检查管口端面偏差不大于 1mm，内、外管口打磨符合要求	10	不能正确使用坡口机扣 2 分，破口制作不规范扣 6 分，内、外管口打磨不符合要求扣 2 分
	3	检查阀门侧坡口形式，测量内、外坡口角度，应符合内、外壁尺寸均不相等对口条件，并打磨距管口断面 150mm 范围内、外表面露出金属光泽	坡口检查、测量方法正确，角尺检查管口端面偏差不大于 1mm，内、外管口打磨符合要求	5	破口检查、测量方法不正确扣 3 分，内、外管口打磨不符合要求扣 2 分

	序号	项目名称	质量要求	满分	得分与扣分
评分标准	4	用手拉葫芦吊正、吊平阀门至安装位置，吊正、吊平管道至安装位置，进行对口调整	阀门、管道吊装平整，一次到位，具备调整条件	8	方法不正确扣3分；阀门、管道吊装不平整扣3分，不能一次到位扣2分
	5	调整阀门和管道轴向中心线一致	样板尺检查管道外壁距管口200mm处偏差不大于1mm	5	方法不正确扣2分，管道外壁距管口200mm处偏差超标扣3分
	6	调整阀门和管道内径偏差及对口间隙	内径偏差不大于1mm，对口间隙为3mm，间隙不平不大于2mm	8	方法不正确扣2分，内径偏差超标扣2分，对口间隙不符合要求扣2分，间隙不平扣2分
	7	对口拉板电焊固定，固定后测量对口数据	固定沿圆周均布4~6点，固定过程对口数据不发生变化	7	固定方法不正确扣4分，固定过程对口数据发生严重变化扣3分
	8	配合焊工点焊、打底，现场清理，交焊		4	未执行扣4分

行业：电力工程　工种：汽轮机辅机检修工　等级：技师/高级技师

编　　号	C21C077	行为领域	f	鉴定范围	1
考核时间	8h	题　　型	C	题　　分	50
试题正文	气控式高压缸排汽逆止阀检修				
其他需要说明的问题和要求	1. 要求 1 人配合工作 2. 掌握检修过程 3. 符合检修标准 4. 操作时注意安全、文明 5. 以 FP-40-600-2 气控式逆止阀为例				
设备场地工具材料	设备：FP-40-600-2 气控式逆止阀 场地：现场型 工具：专用扳手、梅花扳手 1 套、18 寸活络扳手、铜棒、手锤、0～200mm 游标卡尺、塞尺、电筒、锉刀 材料：砂布、铸铁研磨盘、120 目与 280 目刚玉研磨膏、红丹粉、O 形密封圈、垫片和填料				

	序号	项目名称	质量要求	满分	得分与扣分
评分标准	1	签好检修工作票，确认已与系统隔离	必要的安全措施	2	安全措施未到位扣 2 分
	2	拆除气动执行机构与逆止门阀轴拐臂连接，脱开气动执行机构	拆卸方法正确，不损坏零件	3	方法不正确扣 2 分，异常损坏零件扣 1 分
	3	拆除阀盖与阀体连接螺栓，将阀盖吊出	拆卸方法正确，不损坏零部件	2	方法不正确扣 1 分，异常损坏零件扣 1 分
	4	拆除操纵推杆与阀轴连接栓销，取下传动柄，拆下两侧填料压盖，掏出填料	拆卸方法正确，不损坏零部件	2	方法不正确扣 1 分，异常损坏零件扣 1 分
	5	在阀板与阀座正确结合位置、阀门关闭状态下用塞尺检查密封面间隙、两侧调整套间隙并作好记录	测量、标记方法正确，必要时修整调整套轴向尺寸	3	测量、标记方法不正确扣 1 分，调整套轴向尺寸调整不正确扣 2 分
	6	拆出两侧阀轴、调整套、平键，吊出阀板，检查各零件缺陷	拆卸方法正确，不损坏零部件	5	方法不正确扣 3 分，异常损坏零件扣 2 分
	7	检查、研磨阀碟、阀座，消除密封面缺陷	修理方法正确，一般性缺陷处理符合要求	5	修理方法不正确扣 3 分，一般性缺陷处理不符合要求扣 2 分

	序号	项目名称	质量要求	满分	得分与扣分
评分标准	8	检查、清理阀轴、调整套、平键、门板内孔、盘根室,涂防咬合剂	方法正确	2	方法不正确扣2分
	9	在阀座上涂适量红丹,阀座吊入阀板,装配两侧调整套、阀轴,检查密封面吃印情况,并用塞尺检查两侧调整套间隙,测量阀板全行程开度	阀座、阀碟密封面吃印应完整均匀、宽度足够,两侧调整套间隙相同,为(2±0.2)mm,阀板全行程开度为85°	5	吃印方法不正确扣3分,两侧调整套间隙不合要求扣1分,阀板全行程开度不合要求扣1分
	10	检查清理阀体内部,吊装阀盖,更换密封垫,对称紧固阀盖螺栓均匀紧固,更换两侧阀轴密封填料	方法正确	5	方法不正确扣3分,填料未更换扣2分
	11	拆除气动活塞缸下部端盖固定螺栓,拆下端盖、活塞(环)及杆,修理活塞缸内壁、各零件存在的缺陷	拆卸、修理方法正确	5	拆卸方法不正确扣2分,修理方法不正确扣3分
	12	测量、记录活塞及活塞杆与配合部位径向间隙	活塞与气缸间隙为0.4~0.5mm,活塞杆与密封部位间隙为0.2~0.3mm	2	测量、记录方法不正确扣2分
	13	检查活塞密封圈有无破损和变形,并检查活塞杆有无弯曲,如划伤、弯曲,则应更换	活塞密封圈缺陷严重更换,活塞杆弯曲度不大于0.2mm	2	未检查扣1分,弯曲度不合格扣1分
	14	活塞复装,执行机构连接	装配方法正确	3	装配方法不正确扣3分
	15	静态试验及调整	调整达到:气动执行机构动作正确、灵活,蝶阀开关灵活、到位,发讯正确可靠	3	气动执行机构动作不正确扣1分,蝶阀开关位置不到位扣1分,发讯不正确、可靠扣1分
	16	清点工具,打扫工作场地,办理终结检修工作票	工完料尽场地清	1	未清扫场地扣1分

试卷样例

中级汽轮机辅机检修工知识要求试卷

一、选择题（每题 1 分，共 25 分）

下列每题都有 4 个答案，其中只有 1 个正确答案，将正确答案的代号填入括号内。

1. 活络扳手的主要优点是通用性大，在螺栓（帽）尺寸不规范时使用较方便，另外扳力（　　　）。

（A）可任意方向；（B）只能顺时针方向；（C）只能逆时针方向；（D）只能沿活动块方向。

2. 凝汽器灌水试验的目的是（　　　）。

（A）进行凝结水泵的试运转；（B）检查冷却水管的胀接质量和与凝汽器汽侧连接的各种管道的安装质量；（C）进行抽气器的试运行；（D）进行凝汽器支座弹簧的压缩试验。

3. 管道水平部分敷设应有一定的坡度，蒸汽管道应顺流向下方倾斜，管道坡度一般不小于（　　　）。

（A）1/1000；（B）2/1000；（C）3/1000；（D）4/1000。

4. 大型机组在凝汽器喉部接管中放置最后一级加热器的目的是（　　　）。

（A）防止凝结水过冷却；（B）增加凝汽器除氧效果；（C）充分利用汽轮机排汽余热，提高机组的热效率；（D）便于抽出凝汽器内积聚的空气。

5. 设备点检是一种科学的设备管理方法，属于（　　　）管理体制。

（A）设备维修；（B）设备运行；（C）企业；（D）点检员。

6. 剖面图如图 A-5 所示，用来表示金属材料的是（　　　）。

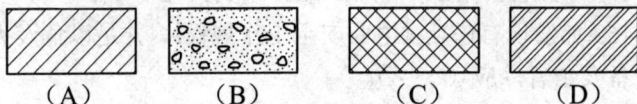

（A）   （B）   （C）   （D）

图 A-5

7. 一般来说，锯条装得过松或过紧、工件抖动或松动、锯缝歪斜、新锯条在旧锯缝卡住等，容易使（　　）。

（A）锯缝崩裂；（B）锯条折断；（C）锯齿很快磨损；（D）工件损坏。

8. 用在 550℃ 高温的螺栓丝扣在检修组装时应涂抹（　　）。

（A）石墨粉；（B）二硫化钼粉；（C）白铅粉；（D）黄油。

9. 电动装置与阀门直接相连时，连接法兰带有止口，止口间隙应为（　　）mm。

（A）0.01～0.15；（B）0.02～0.05；（C）0.06～0.08；（D）0.09～0.10。

10. 在组装凝汽器的冷却水管时，管板和隔板的管孔应使冷却水管保持（　　）。

（A）在一条水平线上；（B）中间高、两边低，形成微微上拱；（C）中间低、两边高，形成自然垂弧；（D）一端高、一端低，形成一定坡度。

11. 焊件表面的铁锈、水分未清除，容易产生（　　）。

（A）未焊透；（B）夹渣；（C）气孔；（D）虚焊。

12. 蠕变监督是在蒸汽温度较高、应力具有一定代表性、管壁较薄的同一批钢管（　　）段上进行的。

（A）垂直；（B）水平；（C）倾斜；（D）垂直或水平。

13. 在加热器的疏水管道上布置疏水调节阀时，合理的布置应该是把疏水调节阀布置在疏水管道的（　　）。

（A）靠近加热器处；（B）靠近接收疏水的容器入口；（C）中部位置；（D）任意位置。

14. 弯管时，管子加热到 1000～1050℃ 时呈（　　）色。

（A）樱桃红；（B）桃红；（C）橙黄；（D）黄。

15. 如发现有违反《电业安全工作规程》，并足以危及人身和设备安全者，应（　　）。

（A）汇报领导；（B）汇报安全部门；（C）立即制止；（D）给予行政处分。

16. 在（　　）进行动火工作，应签发二级动火工作票。

（A）油管道支架及其支架上其他管道；（B）燃油管道；（C）大修中的凝汽器内；（D）易燃易爆物品仓库。

17. JG–460–Ⅱ型高压加热器，型号中的460表示（　　）。

（A）加热温度；（B）加热面积；（C）给水流量；（D）高压加热器重量。

18. 为了便于操作和识别系统，按国家规定，过热蒸汽管道底色应涂（　　）。

（A）银色；（B）银色（黄环）；（C）银色（绿环）；（D）白色。

19. 为防止加热器水侧超压，应在水侧给水进口阀和出口阀之间设置一个安全阀或超压报警装置，安全阀接管的最小直径为（　　）mm。

（A）5；（B）10；（C）15；（D）20。

20. 管子的最大允许工作压力是随着介质温度的升高而（　　）的。

（A）不变；（B）升高；（C）降低；（D）不变或升高。

21. 刮削有色金属的三角刮刀和蛇头刮刀，其刀刃不必很硬，此种刮刀加热面可在（　　）。

（A）空气中自然冷却；（B）水中冷却；（C）油中冷却；（D）盐水中冷却。

22. 安全阀定期做手动或自动的排汽或放水试验的目的是（　　）。

（A）测开启压力；（B）测回座压力；（C）测排放量；（D）防阀瓣与阀座粘住。

23. 阀门研磨的质量标准是：阀芯与阀座密封面结合部分接触良好，表面无麻点、沟槽、裂纹等缺陷，接触面应在全宽的（　　）以上。

（A）1/2；（B）1/3；（C）1/4；（D）2/3。

24. 对有晶间腐蚀倾向的压力容器，一般要增加（　　）。

（A）射线探伤；（B）金相试验；（C）着色探伤；（D）超声波探伤。

25. 凝汽器铜管（$\phi25$）胀接前，铜管与管板之间的间隙一般应在（　　）mm 之内。

（A）0.25～0.40；（B）0.5～1；（C）1；（D）1～2。

二、**判断题**（每题 1 分，共 25 分）

判断下列描述是否正确，对的在括号内打"√"，错的在括号内打"×"。

1. 管子割刀是切割管子的专用工具，它切割的管材断面应平整垂直，割口无缩口现象。（　　）

2. 凝汽器灌水检漏时，对胀口渗漏用胀管器加胀加以消除。（　　）

3. 循环水管由于工作温度低，其热伸长值较小，依靠管道本身的弹性即可作为热伸长的补偿。（　　）

4. 主蒸汽管道疏水和再热蒸汽管道疏水不能接入同一台疏水扩容器中。（　　）

5. 加热器因泄漏而退出运行时，应先切断水侧，再切断汽侧。（　　）

6. 带黑铅粉的石棉制品的盘根适用于温度在 500℃ 以上的高压阀门。（　　）

7. 一般中间再热循环的再热温度与初始温度相近。（　　）

8. 把交流 50～60Hz、10mA 及直流 50mA 确定为人体的安全电流值。（　　）

9. 用于锉削加工余量小、精度等级高和表面粗糙度要求高

的工件，应选用中锉。　　　　　　　　　　　　　（　　）

10. 12CrMoV 钢管手弧焊时，应选择 E7015 焊条。
　　　　　　　　　　　　　　　　　　　　　　　（　　）

11. 游标卡尺是测量零件的内径、外径、长度、宽度、厚度、深度或孔距的常用工具。　　　　　　　　　　（　　）

12. 直径大于 194mm 的管子的对接焊接应采用两人对接焊，以减小焊接应力与变形。　　　　　　　　　　（　　）

13. 当阀门研磨时，如缺乏研磨工具，可用阀芯和阀座直接对研。　　　　　　　　　　　　　　　　　　（　　）

14. 自动胀管机一般由电子控制部分、动力部分和胀管器三部分组成。　　　　　　　　　　　　　　　　（　　）

15. 给水的温度超过 200℃以上时，高压加热器入口管端侵蚀损坏就非常严重。　　　　　　　　　　　　（　　）

16. 阀门的密封面沟槽缺陷深度超过 0.3mm 时，可采用车削的方法修复。一般在车床上车一刀后再进行研磨。（　　）

17. 高压加热器钢管泄漏时，可用绞刀将内径略绞大一段（约50mm深），然后用堵头堵上，堵头应缩进管板平面1～2mm，再用电焊封焊。　　　　　　　　　　　　　　　　（　　）

18. 可以在没有补偿装置的直管段上连续安装两个固定支架。　　　　　　　　　　　　　　　　　　　　（　　）

19. 热弯头加热时，碳素钢加热到950～1000℃，即当管面的氧化层成蛇皮状并开始剥落时，即可开始弯管。（　　）

20. 当压力管道的球化达到 1 级时，应对该压力管道进行更换。　　　　　　　　　　　　　　　　　　　（　　）

21. 弯管的外侧壁厚减薄和弯曲段失圆是弯管工艺的必然结果，问题在于控制其不超标。　　　　　　　　（　　）

22. 工作负责人应对工作许可人正确说明哪些设备有压力、高温和有爆炸危险。　　　　　　　　　　　　（　　）

23. 检修工作结束前，如必须改变设备的隔离方式，必须重新签发工作票。　　　　　　　　　　　　　　（　　）

24. 凝汽器铜管内表面镀膜结束后，应将凝汽器内冲洗干净并吹干，以加强膜的黏合力。　　　　　　　　　（　　）

25. 光谱定性分析复查的目的是鉴别合金钢和非合金钢以及包含哪几种元素的合金钢，以防材料误用。　　　（　　）

三、简答题（每题 6 分，共 18 分）

1. 表面式加热器的疏水方式有哪几种?发电厂中通常是如何选择的?

2. 在何种情况下，压力容器要进行强度校核?

3. 试述动火工作票负责人的职责。

四、计算题（每题 6 分，共 12 分）

1. 已知管道 DN200 的直径是 DN100 直径的 2 倍，在流速不变的情况下，DN200 管的流量是 DN100 管的流量的几倍?

2. 缠制一个圆柱形螺旋压缩弹簧，已知条件：$D = 23$，$d = 3$，$t = 5$，有效圈数 $n=10$ 圈，试计算钢丝的下料展开长度。

五、绘图题（10 分）

绘制一份内径相等、壁厚不同的大径厚管道双 V 形坡口对接图。

六、论述题（10 分）

高压和低压加热器为什么要装空气管?

中级汽轮机辅机检修工技能要求试卷

一、凝汽器热水井检查清理。（20 分）

二、加球室检修。（30 分）

三、低压加热器检修。（50 分）

中级汽轮机辅机检修工知识要求试卷答案

一、选择题

1.（D）; 2.（B）; 3.（B）; 4.（C）; 5.（A）; 6.（A）; 7.（B）;
8.（A）; 9.（B）; 10.（B）; 11.（C）; 12.（B）; 13.（B）; 14.（C）;
15.（C）; 16.（A）; 17.（B）; 18.（A）; 19.（D）; 20.（C）;

21.（C）；22.（D）；23.（D）；24.（B）；25.（A）

二、判断题

1.（×）；2.（√）；3.（√）；4.（√）；5.（×）；6.（√）；
7.（√）；8.（×）；9.（×）；10.（×）；11.（√）；12.（√）；
13.（×）；14.（√）；15.（×）；16.（√）；17.（√）；18.（×）；
19.（√）；20.（×）；21.（√）；22.（×）；23.（√）；24.（√）；
25.（√）

三、简答题

1. 答：表面式加热器的疏水方式有疏水逐级自流和疏水泵两种方式。实际上采用的往往是两种方式的综合应用，即高压加热器的疏水采用逐级自流方式，最后流入除氧器；低压加热器的疏水，一般也是采用逐级自流方式，但有时也将1号或2号低压加热器的疏水用疏水泵打入该级加热器出口的主凝结水管中，避免了疏水流入凝汽器中。

2. 答：压力容器要进行强度校核的情况有：

（1）材料牌号不明，强度计算资料不全或强度计算参数与实际情况不符；

（2）受汽水冲刷，局部出现明显减薄；

（3）结构不合理且已发现严重缺陷；

（4）修理中更换过受压元件；

（5）检验员对强度有怀疑。

3. 答：动火工作票负责人的职责是：

（1）检查动火工作票签发人所填写安全措施是否符合现场动火条件；

（2）对现场安全措施的可靠性负责，并向监火人、动火人交代安全措施执行情况；

（3）向动火人指明工作任务，交代安全注意事项，必要时另派专人监护；

（4）检查动火现场是否符合动火条件和动火人在动火工作中所站的位置是否安全可靠；

（5）发现动火现场有不安全情况时，应立即停止动火工作；

（6）工作结束后要负责清理现场，并检查有无火种遗留。

四、计算题

1. 解：由流量公式可知

DN200 管的流量　　　$Q_1 = \dfrac{3600cf_1}{v_p}$

DN100 管的流量　　　$Q_2 = \dfrac{3600cf_2}{v_p}$

$$\frac{Q_1}{Q_2} = \frac{f_1}{f_2} = \frac{d_1^2}{d_2^2} = \left(\frac{200}{100}\right)^2 = \frac{4}{1}$$

答：DN200 管的流量是 DN100 管的流量的 4 倍。

2. 解：$L = (n+5)\sqrt{t^2 + 9.86 \times (D-d)^2}$

$\qquad = (10+5)\sqrt{5^2 + 9.86 \times (23-3)^2}$

$\qquad = 15 \times \sqrt{25 + 9.86 \times 400}$

$\qquad = 15 \times 63$

$\qquad = 945 \ (\text{mm})$

答：钢丝的下料展开长度为 945mm。

五、绘图题

答：见图 E-56。

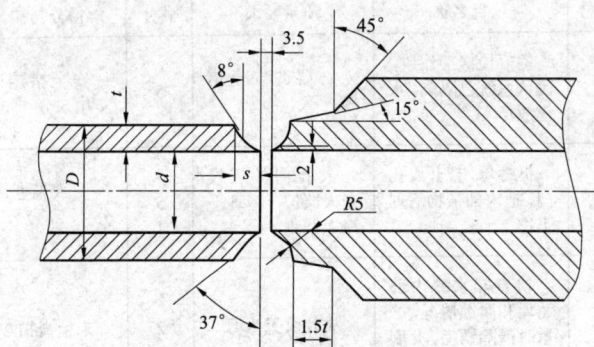

图 E-56

六、论述题

答：因为高、低压加热器蒸汽侧聚集着空气并在管束表面形成空气膜，严重地阻碍了传热效果，从而降低了热经济性，因此必须安装空气管路以抽走这部分空气。高压加热器空气管是接到低压加热器上以回收部分热量的。低压加热器空气管通往凝汽器，利用凝汽器的真空，将低压加热器内积存的空气吸入凝汽器，最后经抽气器抽出。

中级工汽轮机辅机检修技能要求试卷答案

行业：电力工程　　　工种：汽轮机辅机检修工　　　等级：中/高

编　号	C43A016	行为领域	e	鉴定范围	4
考核时间	4h	题　型	A	题　分	20
试题正文	凝汽器热水井检查清理				
其他需要说明的问题和要求	1. 要求 2 人配合工作 2. 掌握检修清理过程 3. 符合检修标准 4. 操作时注意安全、文明 5. 以 N18750-2 型凝汽器为例				
设备场地工具材料	设备：N18750-2 型凝汽器热水井 场地：现场型，照明充足 工具：梅花扳手 1 套，15、18 寸活络扳手各 1 把，手锤，矿灯，电筒，铲子，扫帚 材料：3mm 橡皮垫				

评分标准	序号	项目名称	质量要求	满分	得分与扣分
评分标准	1	签好检修工作票，确认系统已隔离，水已放尽	必要的安全措施	5	安全措施未落实扣 5 分
评分标准	2	拆螺母，打开人孔门，把内部杂物清理干净	人孔门外应设专人监护，清理干净无杂物	5	无人监护扣 5 分
评分标准	3	检查热水井内部锈垢和腐蚀情况，严重时清除锈垢，并刷防腐漆	热井内无锈垢	2	未检查扣 2 分

评分标准	序号	项目名称	质量要求	满分	得分与扣分
	4	检查真空除氧装置各部分,应完好无损;淋水板、支架完好	内部零件完好无损	5	少检查1项扣1分
	5	检查完毕,做好垫子,确认无任何遗留物件,复装人孔门	工完料尽场地清	3	安装后泄漏扣3分

行业:电力工程　　工种:汽轮机辅机检修工　　等级:中/高

编　号	C43B049	行为领域	e	鉴定范围	4
考核时间	4h	题　型	B	题　分	30
试题正文	加球室检修				
其他需要说明的问题和要求	1. 掌握检修过程 2. 符合检修标准 3. 只考核检修工作 4. 操作时注意安全、文明 5. 以DH300加球室为例				
设备场地工具材料	设备:DH300加球室 场地:现场型,检修工作票已办理,解体已结束 工具:10寸活络扳手、手锤、扦子 材料:10mm×10mm石墨盘根、3mm橡胶垫				

评分标准	序号	项目名称	质量要求	满分	得分与扣分
	1	检查漏斗网体是否损坏。若损坏,应进行检修	网体完整,无破损	5	未检查扣5分
	2	检查加球室盖的橡胶垫是否完好,否则更换	橡胶垫完好,无老化	5	未检查扣5分
	3	检查传动轴与从动轴连接处焊口是否完好,有裂纹应进行补焊	两轴连接牢固	5	未检查扣5分
	4	检查放水门是否畅通,关闭是否严密	放水门完好	5	未检查扣5分
	5	检查放空气门是否畅通,关闭是否严密	放空气门完好	5	未检查扣5分
	6	传动轴填料室加盘根	压盖螺母松紧正常	5	方法不正确扣5分

编　号	C54C069	行为领域	d	鉴定范围	5
考核时间	8h	题　　型	C	题　　分	50
试题正文	低压加热器检修				
其他需要说明的问题和要求	1. 要求 3 人配合工作 2. 掌握检修过程 3. 符合检修标准 4. 操作时注意安全、文明 5. 以 DR600-3 型低压加热器为例				
设备场地工具材料	设备：DR600-3 型低压加热器 场地：现场型 工具：梅花扳手 1 套，8、12 寸扳手各 1 把，手锤，矿灯，电筒 材料：砂布、堵头、洗洁精水				

	序号	项目名称	质量要求	满分	得分与扣分
评分标准	1	签好检修工作票，确认系统已隔离，容器外部搭起牢固脚手架	必要的安全措施，容器内工作使用矿灯或12V安全电压照明	5	安全措施未到位扣 3 分，未使用安全照明扣 2 分
	2	拆除人孔门螺栓，打开人孔门盖；拆除隔板人孔门螺栓，打开隔板人孔门盖	余热散尽后方可入内进行工作，进入容器内工作，外面必须有人监护	5	安全措施未到位扣 3 分，无人监督扣 2 分
	3	清理人孔门盖结合面法兰	清理干净	2	未清理扣 2 分

	序号	项目名称	质量要求	满分	得分与扣分
评分标准	4	管束查漏时,与低压加热器汽侧相连的管道阀门均应关闭,从汽侧放空气门接入压缩空气,压力为0.4～0.6MPa,往上部管板涂洗洁精水,从上部管板检查钢管及管口的泄漏情况。发现泄漏的钢管和管口,可以做好记录,待泄压后将管口处理干净,用20号钢加工成锥形堵头敲入管中,再用J507焊条焊固。如是管口泄露,将管口打磨清理干净后,用J507焊条焊固。焊后再次打压,检查钢管和管口有无泄漏	对泄漏的钢管要全部封堵	20	查漏工艺不正确扣5分,封堵管子不正确扣5分,未再打压检查扣10分
	5	对堵去的钢管的位置做好记录	做好检修记录	3	未做记录扣3分
	6	检查法兰螺栓、螺帽,无裂纹、毛刺、乱扣、翻边,配合良好		2	未检查扣2分
	7	检查磁性水位计	浮筒完好,无损伤;指示牌翻转灵活	5	未检查1项扣2.5分
	8	检查磁性水位计一次阀门	阀门关闭严密,盘根完好	3	未检查扣3分
	9	回装	按拆相反顺序装复	5	装复工艺错1项扣1分

6 组卷方案

6.1 理论知识考试组卷方案

技能鉴定理论知识试卷每卷不应少于五种题型，其题量为45～60题（试卷的题型与题量的分配，参照附表）。

试卷的题型与题量分配（组卷方案）表

题型	鉴定工种等级		配　分	
	初级、中级	高级工、技师、高级技师	初级、中级	高级工、技师、高级技师
选择	20题（1～2分/题）	20题（1～2分/题）	20～40分	20～40分
判断	20题（1～2分/题）	20题（1～2分/题）	20～40分	20～40分
简答/计算	5题（6分/题）	5题（5分/题）	30分	25分
绘图/论述	1题（10分/题）	1题（5分/题）2题（10分/题）	10分	25分
总　计	45～55题	47～60题	100分	100分

6.2 技能操作考核方案

对于技能操作试卷，库内每一个工种的各技术等级下，应最少保证有5套试卷（考核方案），每套试卷应由2～3项典型操作或标准化作业组成，其选项内容互为补充，不得重复。

技能操作考核由实际操作与口试或技术答辩两项内容组成，初、中级工实际操作加口试进行，技术答辩一般只在高级工、技师、高级技师中进行，并根据实际情况确定其组织方式和答辩内容。